KB144105

루다시스 미래항공교통 총서 ❶

무 인 기　운 항　안 전 관 리　개 념

무인기 교통관리와 운항안전

유광의 편저

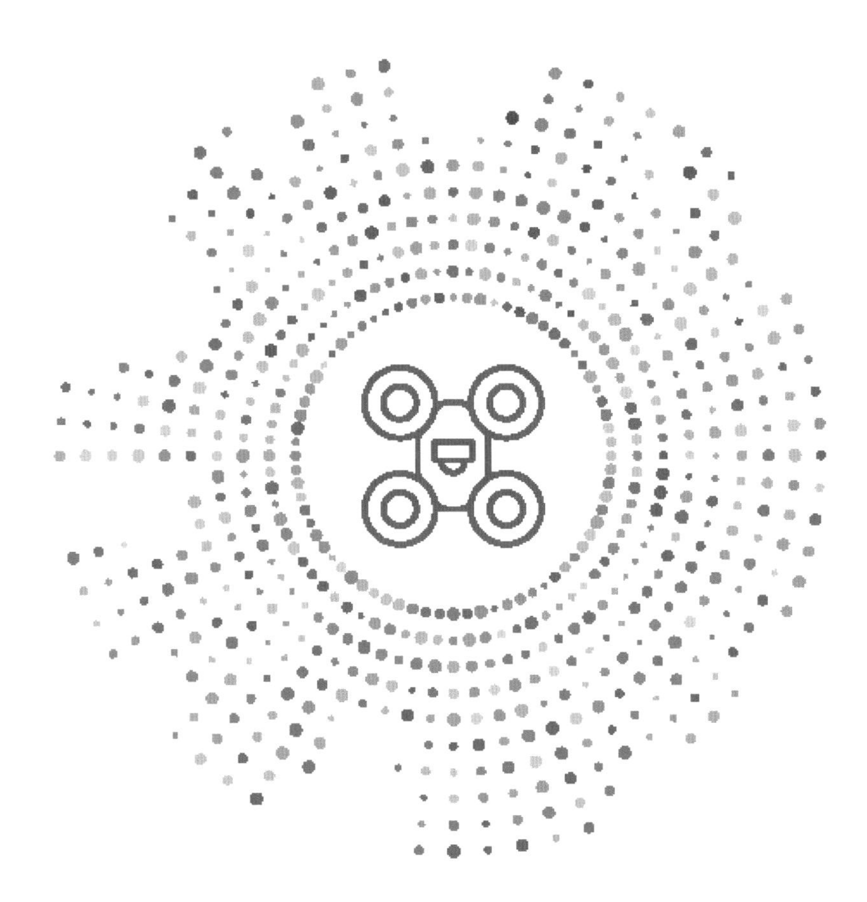

(주)백산출판사

머리말

무인항공기 운항이 새로운 공역 이용 부문으로 편입되기 시작했다. 군사적 효용성으로 인해 상당 기간 기술발전을 해온 무인항공기(드론)는 최근 들어 민간용으로도 긴요하게 활용되기 시작하면서 교통관리와 안전성 확보가 드론 산업 활성화의 주요 전제조건으로 대두되었다. 현재는 무인기들이 위험성이 적은 한산한 지역의 제한된 저고도에서만 운항하고 있지만, 향후에는 도심운항과 고고도 운항도 필요해질 것으로 예측되기 때문이다. 본서本書는 무인기 운항 안전관리 개념을 소개하는 것을 목적으로 하는 편저編著이다. 유럽EUROCON이나 미국FAA 등 선진국에서 드론 교통관리와 안전운항 확보를 위해 공공기관에서 발간한 개념서 또는 지침서를 검토하고 학자들이나 실용적 연구기관들이 발표한 논문이나 보고서 등을 섭렵하여 체계적으로 정리해보았다.

서론에서는 무인항공기의 개념과 발전사를 간략히 살펴보고 무인기 운영시스템을 정리했다. 본론에서는 무인기가 운영되는 공역의 분류와 안전운항을 위한 필수요건, 필요한 지원 서비스 등을 정리한 후 무인항공교통관리 개념을 국제민간항공기구ICAO가 제시하는 개념을 중심으로 소개했다. 중후반에서는 드론 안전운항을 위한 위험 평가와 수용 가능한 안전성 확보 방안 등의 논의를 소개하고 미래 드론 운영의 위험요인Hazards도 소개했다.

본서本書는 대학의 무인기 관련 학과나 무인기 교통관리 전공 분야에서 교재 또는 참고서적으로 활용될 것을 기대하면서 정리했다. 그러나, 뒷부분은 깊이 있고 전문적인 내용이라 앞부분과 편차가 심하므로 한 학기용으로 사용하기보다는 두 학기용으로 사용하는 것이 바람직할 것으로 보인다. 다만, 본서의 내용은 압축적이라 두 학기 동안 사용하기엔 충분하지 않기 때문에 참고문헌들을 검토해서 관련되는 보조자료를 추가해야 할 것이다. 연구자나 실무자들도 인용된 자료들의 원문을 보면서 이해의 수준을 높여야 한다. 무인기 운용 안전 논의 자체가 체계화하기에 아직은 이른 단계라서 향후 지속적인 개정이 필요할 것으로 보인다.

2023년 12월

편저자 유광의

CONTENTS

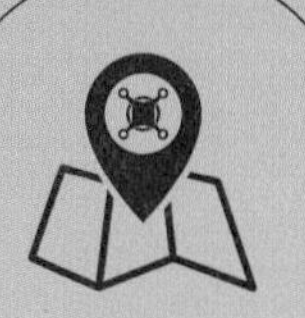

무 인 기

교통관리와

운 항 안 전

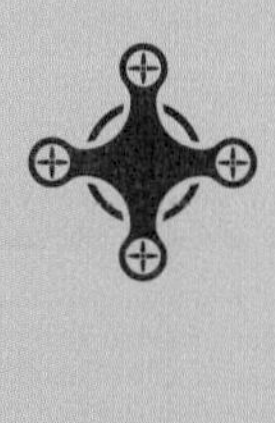

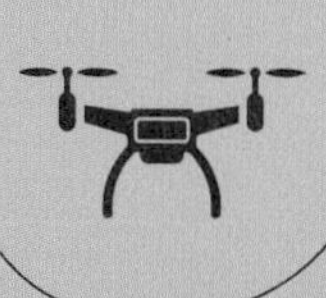

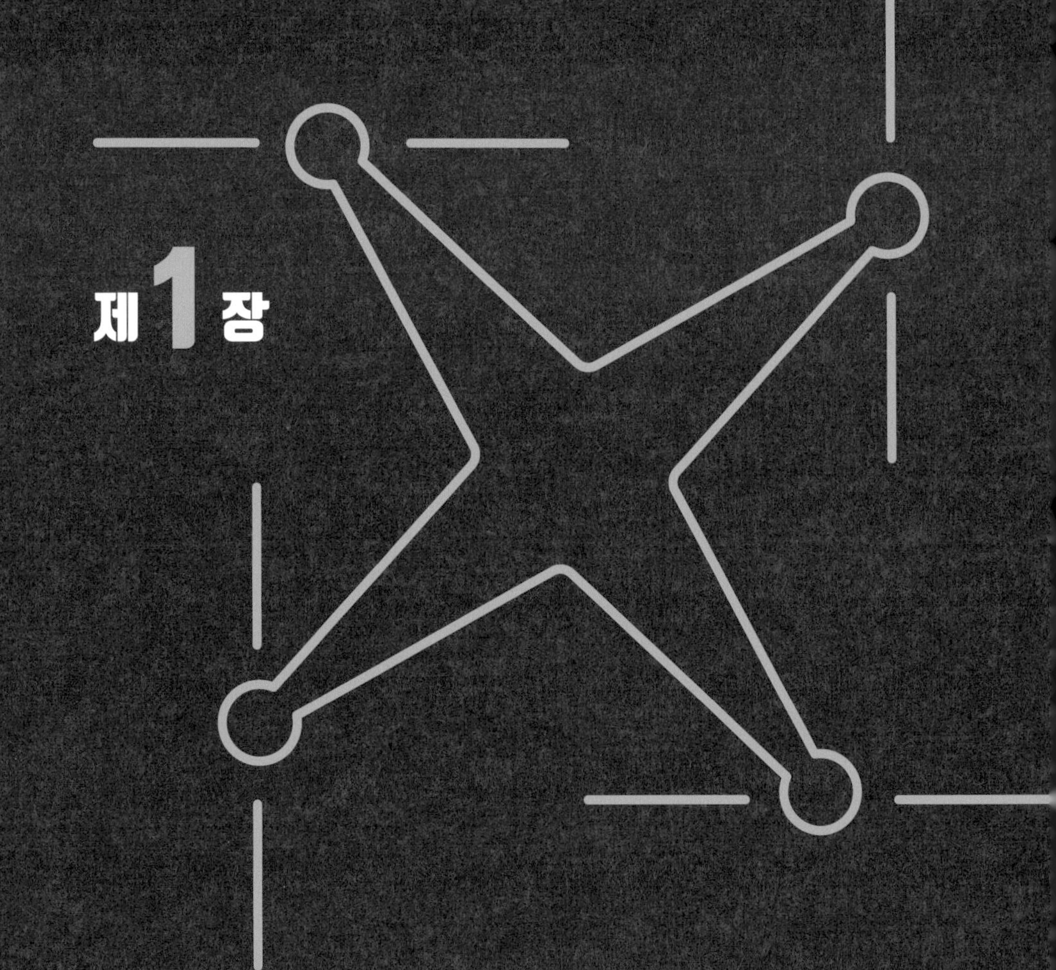

제 1 장

무인항공기 기본 개념

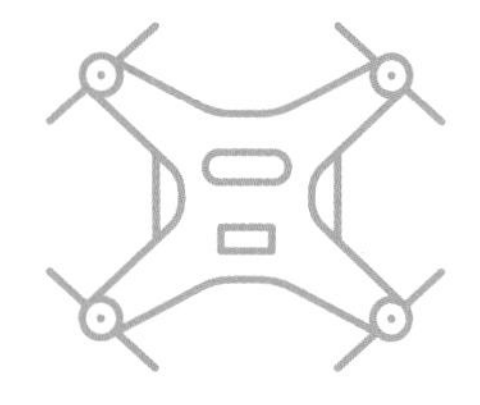

제 1 장 무인항공기 기본 개념

제1절 서론

1_ 무인항공기의 개념과 발전 배경

표준적인 우리말의 무인항공기에 대한 어원은 초기에는 Unmanned Aerial VehicleUAV라는 용어로 불리기 시작하여 Unmanned AircraftUA로 호칭이 바뀌었다. 최근에는 UASUnmanned Aircraft System라는 용어로 포괄적으로 지칭되는데, 그 이유는 무인기가 비행을 하려면 항공기뿐만 아니라 지상통제시스템이 추가되어야 하기 때문이다. 또한, 일상적 용어로서는 'Drone'(드론)이라는 이름으로 오랫동안 무인항공기를 지칭하기도 했다. 참고로, 국제민간항공기구 및 미국 정부당국에서 채택한 무인항공기에 대한 정의를 〈표 1-1〉과 같이 정리한 문헌도 있다(안진영, 2015).

무인항공기 또는 무인항공기시스템UAS: Unmanned Aircraft System은 군사용으로 활용되어 전쟁의 개념을 바꾸고 있고, 민간 부문에도 다양한 용도로 도입되기 시작했다. 인간 활동에 적용되는 UAS는 우리의 미래 사회, 경제적 활동에 심

대한 영향을 미칠 것이다. UAS의 활용은 방금 지적한 대로 국방 분야에서 효과적으로 이루어졌고, 후속적으로는 공공 분야에서 많이 도입되었다. 예를 들면, 국경감시, 수색, 야생 동식물의 조사, 기상관측, 치안활동, 통신 중계, 폭동 진압, 환경감시, 농업활동, 원격탐지 등에 사용되고 있다. 무인항공기의 이러한 활용도는 사람이 탑승하지 않음으로써 위험하고 불결한 환경에서 비행이 가능하기 때문이다.

현재 무인기의 비행활동은 주로, 유인기가 운항하지 않는 저고도 공역에서 이루어진다. 그러나, 무인기가 발전하여 보다 광범위한 용도로 활용되게 되면 유인기가 비행하는 공역을 함께 사용해야 할 것이다. 조종사가 탑승하지 않는 무인기가 조종사가 탑승하는 유인기 운항 공역에 통합되려면 조종사의 관측에 의한 위험회피see and avoid 기능의 부재 등에 따른 안전 확보 문제를 해결해야 할 필요성이 있다. 따라서, 무인항공기 체제의 보다 광범위한 활용을 위해서는 유인기와 통합하여 운영될 수 있는 기술적 문제를 해결해야 할 것이다.

표 1-1 조종사 없는 항공기에 대한 주요 정의

용어	일반적인 개념
드론 (drone)	Drones: 대중 및 미디어에서 가장 많이 사용되는 용어 중 하나로, 무인항공기를 통칭. 실제로는 군용 표적기를 부를 때 처음 사용되었고, 영국의 경우 소형 무인항공기(sUAV: small Unmanned Aircraft)로 정의함
무인비행장치 (UAV)	Unmanned Aerial Vehicle: 항공기의 분류를 명확하게 하는 점진적 과정에서 생겨난 용어로, 비행체 그 자체를 의미함. 우리나라 등 대다수 국가에서 사용
무인항공기시스템 (UAS)	Unmanned Aircraft System or Unmanned Aerial System: UAV 등의 비행체, 임무장비, 지상통제장비, 데이터 링크, 지상지원체계를 모두 포함한 개념으로, 전반적인 시스템을 지칭할 때 사용
무인항공기 (UA)	Unmanned Aircraft: 조종사가 탑승하지 않은 상태에서 원격조종 또는 탑재 컴퓨터 프로그래밍에 따라 비행이 가능한 항공기 그 자체를 설명할 때 사용
원격조종 항공기 (RPA)	RPA / RPAS: ICAO에서 새롭게 사용하기 시작한 용어로, 원격 조종하는 자에게 책임을 물을 수 있다는 의미를 내포함

자료: 안진영, 2015: 4.

2_ 무인항공기 발전사

라이트 형제가 항공기를 발명하여 1903년 최초로 비행을 한 것은 역사적으로 사람이 탑승하여 항공기를 조종하면서 비행을 했다는 데 의미가 있다. 사람이 탑승하지 않은 비행체를 날린 것은 1903년 이전에 이미 수행되었던 기록들이 있다. 엄밀히 말하면, 무인비행체의 역사는 유인항공기의 역사보다 더 길다고 볼 수 있다. 그러나 통념상 1903년의 유인항공기 비행 이후에 유인항공기에서 조종사 탑승을 배제하고 원격조종이나 자동화에 의해 통제할 수 있는 비행체의 출현을 무인항공기 역사의 시작으로 본다. 즉, 인간이 탑승하여 조종하던 유인기에서 탑승 없이 비행할 수 있는 비행체가 필요하여 개발함으로써 무인항공기의 역사가 시작되었다고 보아야 할 것이다.

기존 문헌에 의하면 1915년에 원격조종이 가능한 무인비행 이론이 제시되었고,[1] 제1차 세계대전 중 무인폭격기 개발이 시도되었지만 비행을 실현해보지 못하고 전쟁이 끝나게 되었다. 역시 제1차 대전 중인 1915년에 영국의 육군 항공대(Royal Flying Corp)가 독일군 진영 정찰 목적으로 드론을 이용했다. 1960년대에는 본격적으로 군 사용으로 개발되기 시작했으며, 현재도 드론은 전 세계적으로 전쟁 목적으로 사용되고 있다(박찬석, 2015). 드론의 발전 역사에서 1950년 말 까지를 1세대라고 하고 1960년대부터를 2세대라고 부르기도 한다(바른생활, 2019).

1 최초로 원격 조종의 무인비행기 원리를 제시한 사람은 니콜라 테슬라(Nikola Tesla)로서 오늘날 전기자동차 메이커 브랜드 네임도 이 과학자의 이름에서 기원함

표 1-2 무인항공기 발전 역사

구분	연도	드론이름	내용
1세대 무인기시스템	1898년	테슬라 소형 무인선박	라디오 주파수 모터 전원 제어/ 미국 뉴욕 매디슨 스퀘어 가든 전시회
	1918년	케터링 버그(Kettering Bug)	최초 무인비행기 80km 비행 폭탄타격/ 미국
	1918년	퀸비(Queen Bee)	지대공 사격 연습 무인기/영국
	1940년	데니드론/ Radioplane OQ2	레지널드 데니/ 대공포 사격용 무인표적기/ 미국
	1943년	프리츠엑스 FX1400 / V1	최초 원격조종 항공기(최초의 군사작전 투입) / 독일 무인공격기 / 4개의 날개 무게 1톤
	1950년	파이어비(Firebee)	군사용 무인감시기/ 미국 방산업체 라이언 베트남전 활용
2세대 무인항공기 (UAV) 시스템	1960년	스텔스 항공기 프로그램 시작	군사용 무인기/ 미국(정찰용에서 전투용으로 전환) 레이더에 잡히지 않는 무인기 개발
	1982년	스카우트(scout) / 소형 정찰 무인기	소련 대공방어망 무력화 성공/ 이스라엘
	1995년	MQ1 프레데터	미국 방산업체 제너럴아토믹스 무인비행기 9 11 사태 후 테러범 제거에 이용
	2000년	글로벌호크(Global Hawk) MQ9 리퍼(사신)	무인정찰기/ 미국 최대 20km 상공에서 지상 30cm 크기 물체 식별
	2010년	패럿(Parrot)	스마트폰 조종 최초의 AR드론/ 프랑스 드론업체
	2016년	이항 184	최초의 유인드론/ 중국 Ehang /사람이 탑승 가능
3세대 무인항공기시스템(UAS) / 인공지능이 스스로 판단해 임무를 수행하는 통합전술 운용시스템			레이저 무기, 인공지능이 결합된 미래 드론

자료: 바른생활, 2019(https://blog.naver.com/erke2000/221697675770?isInf=true).

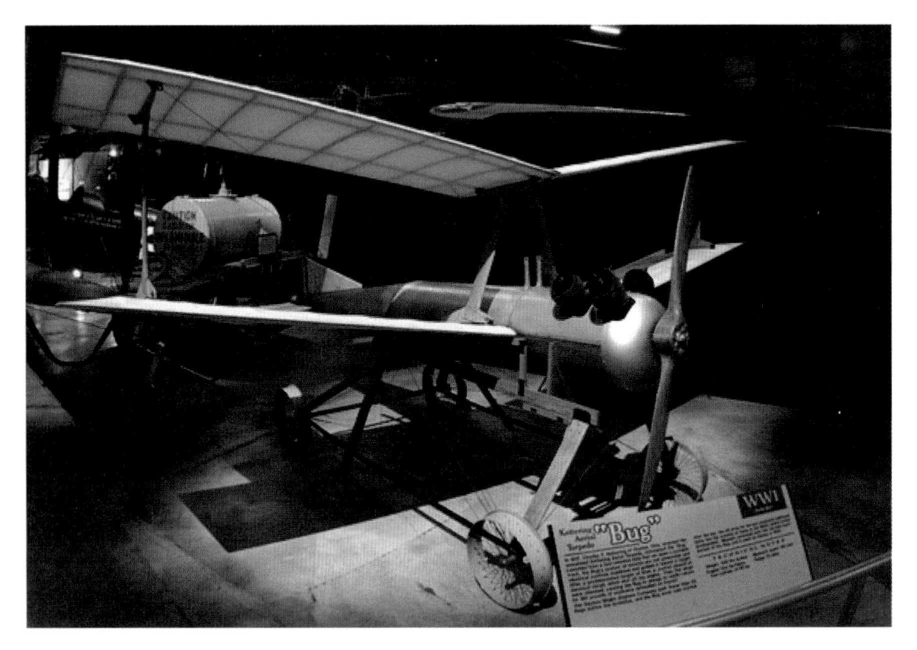

* 1918년 미국 최초의 무인기 캐터링 버그(Kettering Bug)

자료: The United State Air Force

* 1918년 영국 처칠과 무인기 Queen Bee

자료: Wikipedia

1940년 미국 Deny Drone / Radioplane OQ2

자료: Wikipedia

1950년 미국 Firebee 정찰기(베트남전 투입)

자료: Wikipedia

결국, 조종사가 탑승하지 않는 무인비행체의 필요성과 발전은 조종사의 생명위협을 회피할 수 있는 전쟁 등의 군사적 목적에서 초래되었다. 하지만, 최근에는 군사용이 아닌 민간경제용으로도 드론의 사용이 확장되고 있다. 아마존 등 물류회사가 상품배송에 드론을 사용하기도 하고, 공중감시용 또는 조사목적으로도 사용되고 있으며, 일반인의 취미활동대상이 되기도 했다. 드론 활용도가 다양화하면서 드론의 성능도 다양하게 요구되고, 이에 따라 기술이 다양하게 발전되게 되었다. 예를 들면, 초기 군사 목적으로 개발된 드론은 비행고도가 높고 장거리 비행을 해야 하는 경우도 많아서 공기역학적 효율성과 비행안전성을 고려하여 일반 항공기처럼 유선형 모양을 했었으나, 상업용 드론은 저공의 좁은 공간에서 체류하면서 임무를 수행하는 경우가 많아서 헬리콥터처럼 회전익을 적용하고 프로펠러가 4개 달린 쿼드콥터 형태도 많이 활용된다.

• **오늘날의 민간용 드론**

자료: Samsung Newroom

제2절 무인기 시스템과 무인기의 종류

1_ 무인기 운영시스템의 개념과 구성

무인기가 하늘을 날려면 무인기 자체뿐만 아니라 무인기를 통제하는 사람과 통제에 사용되는 장비나 시스템이 있어야 할 것이다. 제1절에서는 무인기에 대해서만 알아보았지만 제2절에서는 무인기가 운영되는 전반적인 시스템에 대하여 살펴본다. 다시 한번 정리하면 무인비행을 위해서는 3개 부문이 필요한데, 바로 무인항공기와 항공기를 지상에서 통제하는 사람과 항공기와 통제자를 연결해주는 시스템 등의 3요소이다. 그러나, 무인기의 활용 목적과 여건에 따라 추가되는 구성인자가 있을 수 있는데, 보다 세부적으로 열거하면 다음과 같은 리스트로 정리할 수 있다(Suraj G. Gupta, et al., 2013).

① Multiple aircraft

② Ground control shelters(C3)

③ A mission planning shelter

④ A launch and recovery shelter

⑤ Ground data terminals

⑥ Remote video terminals

⑦ Modular mission payload modules

⑧ Air data relays

⑨ Miscellaneous launch, recovery and ground support

한 가지 짚고 넘어가야 할 것은 무인기 중에는 지상에서 사람이 실시간으로 통제를 하면서 비행하는 경우도 있지만 사전에 마련된 프로그램에 의하여 자동 또는 반자동으로 비행하는 경우도 있어 지상 통제자가 실시간으로 반드시 필요하지 않은 경우도 있음에 유의해야 한다.

무인기운영시스템의 3요소 중에서 사람(통제자)과 항공기를 연결해주는 시스템에 대해서는 좀더 알아볼 필요가 있을 것이다. 통제자가 무인기를 운항할 수 있도록 연결해주는 기능을 위해서는 통신Communication, 명령Command, 통제Control가 필요할 것이다. 이를 '3C'라고도 한다. 즉, 항공기를 제어하는 명령과 통제가 요구되고 이를 전달하기 위해서는 통신수단이 있어야 할 것이다. 무인기 초기 시절에는 통신 수단으로 무선컨트롤(radio control)을 활용했고 오늘날에도 소형의 좁은 공간에서 운영되는 무인기는 Radio Control에 의해 운항하기도 하지만, 현대에는 위성통신(satellite communication)과 GNSS 항법이 흔히 사용된다.

무인기 운영에 있어서 중요하게 고려되어야 할 요소 중 하나가 안전성 확보이다. 제한된 공역에서 비행하는 무인기의 대수가 많아지면 무인기끼리 충돌할 위험이 증가되고, 인간의 사회활동이 많은 지역에서 운영하는 경우 무인기와 지상 건조물 또는 지상에 있는 사람들과 충돌할 가능성도 있다. 또한, 무인기가 고고도로 비행하거나 공항 주변에서 운항하는 경우 유인항공기와 충돌할 위험성도 크다. 따라서, 국가는 무인기 운영과 관련하여 안전규제체제를 세심하고 과학적으로 확립하고 이행해야 할 것이다.

2_ 무인항공기 분류체계

우리나라의 경우 국토교통부 항공안전법 에 따르면 무인항공기는 "사람이 탑승하지 아니하고 원격조종 등의 방법으로 비행하는 일정 조건인 경우의 비행기, 헬리콥터 그리고 비행선"으로 간단하게 구분하고 있다(〈표 1-3〉 참조).

표 1-3 **우리나라의 무인항공기와 무인비행장치 구분**

구분	분류	내용
무인항공기	무인비행기, 무인헬리콥터	연료의 중량을 제외한 자체 중량이 150킬로그램 초과하는 무인비행기, 무인헬리콥터
	무인비행선	연료의 중량을 제외한 자체 중량이 180킬로그램 초과하고 길이가 20미터 이상인 무인비행선
무인비행장치	무인동력비행장치	연료의 중량을 제외한 자체 중량이 150킬로그램 이하인 무인비행기, 무인헬리콥터 또는 무인멀티콥터
	무인비행선	연료의 중량을 제외한 자체 중량이 180킬로그램 이하이고 길이가 20미터 이하인 무인비행선

「항공안전법」에서 정한 무인항공기 분류체계의 법적 분류는 간단하지만 일반적으로 운영되고 있는 무인항공기 산업에서의 분류는 단순하지 않다. 그 이유는 무인항공기의 형태와 기능, 운용 방식 및 목적 등의 기준이 다양하여 한 가지 기준이 아닌 여러 가지의 분류기준의 복합성을 나타내고 있어 간단히 분류하기가 쉽지 않다고 볼 수 있다. 현재까지 주로 사용되고 있는 분류기준에 따른 무인항공기 분류체계를 소개하면 다음과 같다.

1) 무게에 의한 분류

현재까지 국제적인 중량기준은 없으며, 국가마다 적용하는 기준이 상이한 상태이다. 현재 개발되어 있는 무인항공기를 무게 기준으로 볼 때 초소형에서부터 Global Hawk와 같은 대형에 이르기까지 매우 다양하다.

유럽의 경우, 일반적인 무인항공기는 Model Aircraft, 150kg 이하는 소형 무인항공기, 150kg 초과는 대형 무인항공기로 구분하고 있다(〈표 1-4〉 참조).

표 1-4 중량에 의한 무인기 분류(유럽)

구분	분류	내용
Model aircraft	Each country 12,20,25,30,35kg or less Various criteria	• Engine displacement: 50CC or less • Applications of Recreation, Sports, Leisure • Only fly in Line of Sight • Prohibited aboard an organism
Small UAV	150kg or less	• Only fly into 400ft from the surface • Fly in sight of the pilot(500m) • The maximum speed is limited to 70kts • Kinetic energy should not exceed 95(Kilo-Joules
Large UAV	150kg or more	• Generally, type approval is required

자료: EASA.

2) 크기에 의한 분류

미 국방부는 크기에 따른 무인기의 분류를 다음과 같이 정리하고 있다.

① 극소형 무인항공기Very small UAVs

② 소형 무인항공기Small UAVs

③ 중형 무인항공기Medium UAVs

④ 대형 무인항공기Large UAV UAVs

(1) 극소형 무인항공기(Very small UAV)

매우 작은 UAV 형태는 대형 곤충의 크기에서 30~50cm 길이에 이르는 범위의 UAV에 해당된다. 날개나 회전날개가 있는 곤충 같은 UAV는 인기 있는 마이크로 디자인이다. 이들은 크기가 매우 작고, 매우 가벼운 무게이며, 감시 및 생물학적 전쟁에 사용할 수도 있다. 약간 큰 것은 기존의 항공기 구조와 동일하다. 펄럭이는 날개 또는 회전날개의 선택은 원하는 기동성에 따라 좌우된다. 펄럭이는 날개 형태는 작은 표면에 앉거나 착륙할 수 있게 해준다. Very small UAV의 사용 예는 [그림 1-1]과 같이 이스라엘 IAI Malat Mosquito(날개 길이 35cm와 비행시간 40분)와 미국 오로라 Flight Sciences Skate(날개 길이 60cm, 시위 길이 33cm), 호주 사이버 기술 CyberQuad Mini(42×42cm의 정사각형)와 최신 모델인 CyberQuad Maxi가 있다.

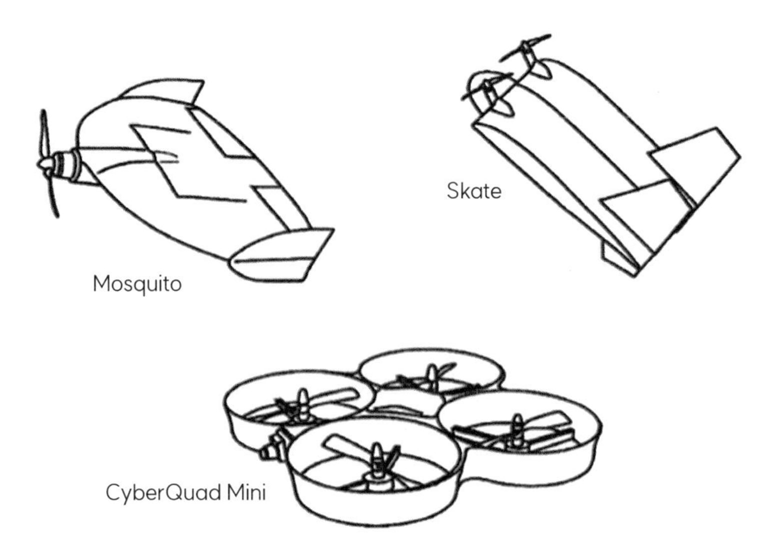

• 그림 1-1 **Examples of very small UAVs**
자료: Paul Fahlstrom & Thomas Gleason, 2012.

(2) 소형 무인항공기(Small UAV)

작은 UAV(일반적으로 미니 UAV라고 한다)는 50cm보다 크고 2미터 이하의 UAV가 해당된다. 이러한 범위의 형태 중 대부분은 고정날개 형태를 기반으로 하며, 대부분은 다음 사진에서 보는 바와 같이 손으로 공중에 던져 비행하게 한다.

• **Hand-launched small UAV**

자료: Woolpert, Inc.(woolpert.com).

• **US army RQ7 Shadow**

자료: https://images.military.com/themes/military/logo.svg.

• **RS16**

자료: American Aerospace.

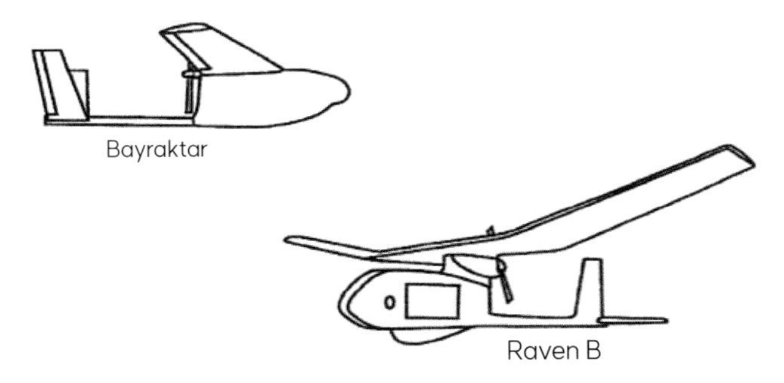

* 그림 1-2 **Examples of small UAVs**
자료: Paul Fahlstrom & Thomas Gleason, 2012.

(3) 중형 무인항공기(Medium UAV)

중형 UAV는 한 사람이 운반하기에는 너무 무겁고 경비행기보다 작은 UAV가 이에 해당된다. 이 형태들은 일반적으로 약 5~10m의 날개 길이를 가지고 있으며, 100~200kg의 탑재 용량으로 비행할 수 있다. 중간 고정 날개 UAV의 예는([그림 1-3] 참조) 이스라엘-미국의 Hunter와 영국의 Watchkeeper, 과거에 사용되어온 미국 Boeing Eagle Eye, RQ2 Pioneer, BAE Systems의 Skyeye R4E, RQ2 Pioneer, BAE Systems의 Skyeye R4E, RQ5A Hunter가 이에 해당된다. Hunter는 Wingspan이 10.2m, 길이 6.9m이며, 이륙 시 약 885kg의 탑재능력을 가지고 있다. 미국 American Aerospace의 RS20은 중간형과 소형 크기의 UAV 사양에 걸쳐 있는 또 다른 UAV 종류이다. 중간 크기의 UAV는 다른 서적이나 UAV 운용 산업현장에서도 많이 찾아볼 수 있으며, 회전형 날개 기반의 UAV에서도 다양한 종류로 존재하고 있다.

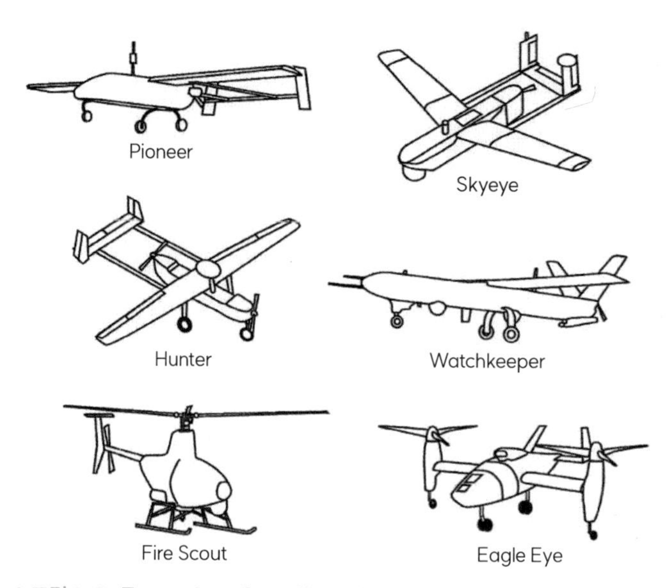

• 그림 1-3 **Examples of medium UAVs**
자료: Paul Fahlstrom & Thomas Gleason, 2012.

(4) 대형 무인항공기(Large UAV)

대형 UAV는 주로 군대의 전투작전에 사용되는 대형 UAV에 해당된다. 이러한 대형 UAV의 예로는 미국 General Atomics의 Predator A and B와 미국 Northrop Grumman의 Global Hawk ([그림 1-4] 및 사진 참조)가 있다.

• 그림 1-4 **Examples of large UAVs**
자료: Paul Fahlstrom & Thomas Gleason, 2012.

NASA's Global Hawk
자료: NASA

3) 비행 형태에 의한 분류

일반적인 비행기 형태에 따라 크게 고정익fixed wing과 회전익rotary wing으로 구분되는데 활주로나 개활지 유무, 체공시간, 임무시간, 날씨 영향에 따른 각각에 장단점을 가지고 활용되고 있다. 특히 고정익 무인항공기 경우는 연료소모량이 비교적 적어 장기 체공이 가능하고 자체 진동이 회전익보다는 낮으나 이착륙 시 활주로나 개활지가 필요하고, 회전익 무인항공기 경우는 정반대로 수직 이착륙이 가능하여 좁은 공간에서의 이착륙이 가능하나 연료효율이 낮아 장기 체공이 제한된다. 따라서, 임무조건에 따른 비행 형태의 선택이 중요하다. 〈표 1-5〉는 비행 형태에 따른 분류표로 정리하였다. 이 외에도 비행고도, 체공시간, 임무수행 방식에 따라 분류하기도 한다.

표 1-5 **비행 형태에 의한 무인기 분류**

Flight mode	Contents
Fixed Wing	• As a form of fixed-wing UAV, it is relatively long-endurance due to small fuel consumption • Runway or open space is needed
Rotary Wing	• The need of only small space due to vertical takeoff and landing • As less fuel-efficient, long-endurance is limited
Tilt-Rotor	• Variable take-off and landing UAV - Difficulty of stability / re-liability
Co-axual	• Flight duration and the system is stable, easy. - Need more drag. - Time is needed for high-speed flight en
Multi-rotor type	• Three or more multiple rotors mounted. - Vulnerable to wind.

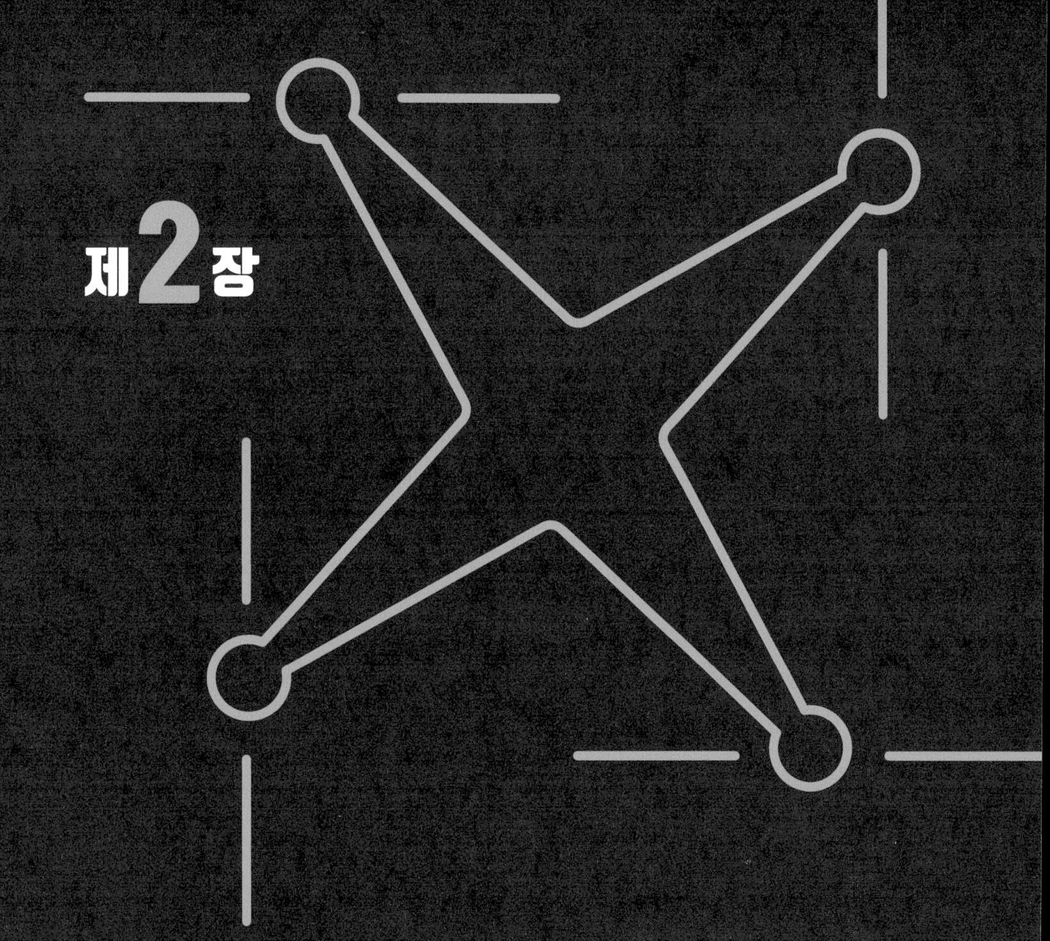

제 2 장

무인기 운용 공역

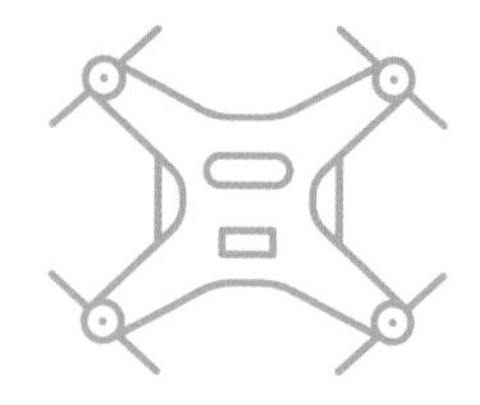

제 2 장

무인기 운용 공역

제1절 무인기의 등장과 저고도 공간활용 개념[1]

유인항공기들이 기존에 수행하고 있는 비행 활동은 지정된 공간에서 이루어지도록 규제하고 있다. 먼저, 비행 활동이 이루어지는 고도에 대하여 살펴보자. 항공기의 이륙과 착륙에 사용하는 공간은 지구 표면에서부터 활용되지만, 장소가 공항 지역으로 한정되어 있다. 항공기가 비교적 장시간 수평비행을 하는 항공로로 사용하는 공역의 고도는 공기역학적인 특성과 항공기의 성능, 비행 목적, 운항 효율성 등을 고려하여 항공기 종류별로 특정 고도 내에 국한된다. 현재 운항하고 있는 유인항공기들은 대개 1,000피트에서 60,000피트 사이의 고도에서 비행 활동을 한다.

기존의 유인기가 비행 활동을 하는 공간에 대해서는 항공 교통량 수요와 필요에 따라, 항공기 운항에 긴요한 공간에 대하여 관제 공역을 설정하고 비행 활동의 특성에 따라 등급을 나누는데 대개 A, B, C, D, E등급으로 나누어 항

1 제1절의 내용은 한국항공대학교 이금진 교수가 작성한 고양시 발주 용역 보고서 초안(출판되지 않은 내부 보고서) 내용을 대거 인용, 참조함.

공교통관제 서비스를 제공하고 관제 서비스가 제공되지 않는 공역은 G공역이라 한다.

그러므로 1,000피트 이하의 저고도는 공항 지역 이외에서는 유인기 비행 활동에 전혀 이용되지 않으므로, 안전성 확보를 위해 대부분의 국가에서 400피트, 또는 500피트 이하의 고도에서 무인항공기 비행 활동을 허락하고 있다. 따라서 현재로서 소형 무인기들이 활용하는 공역은 주로 500피트 이하의 비관제 공역이라고 할 수 있다.(아래 표 및 그림 참조)

표 2-1 항공교통관제 서비스 제공 형태에 따른 공역 등급

참고: 항공안전법 공역 (공역관리규정 별표 1 - 공역의 구분)
제공하는 항공교통업무에 따른 구분: 공역을 7개 등급으로 분류하여 등급별로 준수해야 할 비행요건, 제공업무 및 비행절차 등에 관하여 기준을 정함으로써 항공기의 안전운항 확보를 목적으로 한다. (공역관리규정 제19조)

구분		내용
관제 공역	A등급	모든 항공기가 계기비행을 해야 하는 공역
	B등급	계기비행 및 시계비행을 하는 항공기가 비행 가능하고, 모든 항공기에 분리를 포함한 항공교통관제 업무가 제공되는 공역
	C등급	모든 항공기에 항공교통관제 업무가 제공되나, 시계비행을 하는 항공기 간에는 교통정보만 제공되는 공역
	D등급	모든 항공기에 항공교통관제 업무가 제공되나, 계기비행을 하는 항공기와 시계비행을 하는 항공기 및 시계비행을 하는 항공기 간에는 교통정보만 제공되는 공역
	E등급	계기비행을 하는 항공기에 항공교통관제 업무가 제공되고, 시계비행을 하는 항공기에 교통정보가 제공되는 공역
비관제 공역	F등급	계기비행을 하는 항공기에 비행정보 업무와 항공교통조언 업무가 제공되고, 시계비행 항공기에 비행정보 업무가 제공되는 공역
	G등급	모든 항공기에 비행정보 업무만 제공되는 공역

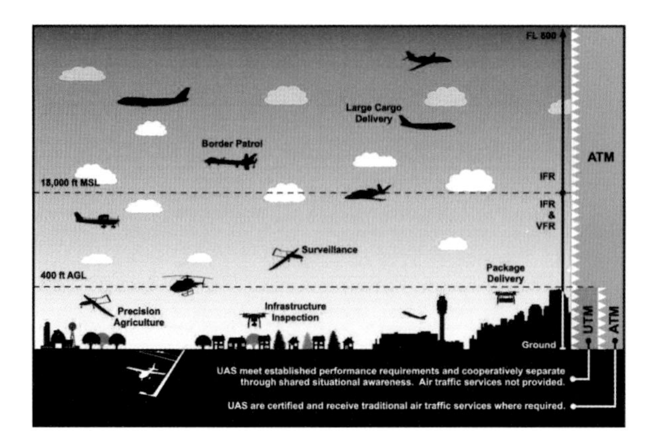

• 그림 2-1 **무인기 운항 공역 적용 범위**

자료: FAA UTM ConOps v2

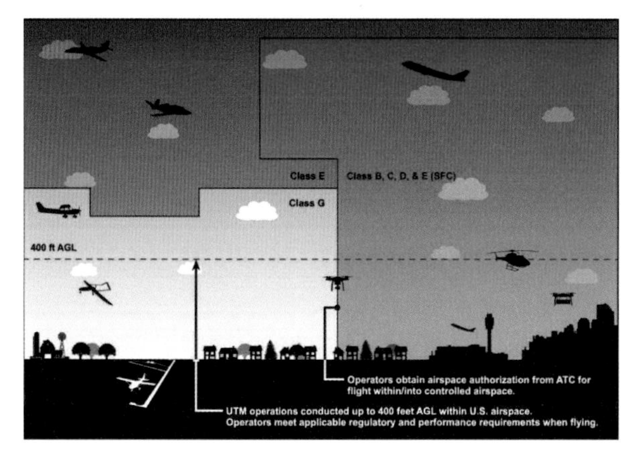

• 그림 2-2 **무인기 운용 공역**

자료: FAA UTM ConOps v2

위와 같은 이유로 인해, 초기의 무인기 운항의 관리는 400피트(또는 500피트) 이하의 공역에서 운항을 허가하는 규제체제로부터 개발되고 있다. 물론, 현재의 유인기가 사용하지 않는 공간은 60,000피트 이상의 고고도 공간도 있지만 이러한 고고도 공간은 향후 유인기도 활용할 수 있고, 무인기도 사용할 수 있을 것이며 기술 수준이 매우 향상되고 사용 필요성이 제기될 때 논의하는 것이 적당할 것이다.

400피트(또는 500피트) 이하의 고도에서 효과적으로 비행 활동을 할 수 있는 무인기의 종류는 매우 다양하며 사회, 경제적 활용 분야도 다양해서 머지않은 장래에 수요가 폭등할 것으로 예견하고 있다. 특히, 대도시 공역에서는 비행 수요가 많으나 지상의 복잡한 시설 및 차량의 운행, 인간의 활동 등과 관련한 안전 문제도 해결되어야 한다. 따라서, 저고도 무인기 항공교통관리도 체계적이고 점진적으로 발전시켜야 할 것이다.

저고도 무인기 활동의 수요에 대하여, 지금까지 무인기 산업 및 시장에서 논의된 것을 보면 가까운 미래에는, 농업, 화재진압, 기반시설 감시 등에 활용 수요가 많을 것으로 예견되며, 향후에는 다양한 분야에서 엄청난 수요가 발생할 것으로 예측한다. 무인기 교통량이 시간이 흐름에 따라 상당히 많아진다면, 안전하고 질서 있는 운항을 위해서는 무인항공기 교통관리UAS Traffic Management: UTM[2] 시스템이 필연적으로 운용되어야 할 것이다. UTM의 기본적인 개념과 구체적 기능은 본서本書에서 계속 상세히 소개될 것이지만, 운항계획, 지오펜싱(geofencing: 비행을 제한된 지역에 국한시키는 개념) 개념을 개발하고 적용하는 체제를 구축해야 하며, UTM은 각 무인기 운영자의 운항관련 상세 계획을 디지털로 공유하여 이루어진다는 점에 유의해야 한다.

교통량이 매우 적은 초기에는 UTM 도입이 거의 필요하지 않거나 제한적인 기능만 필요할 것이다. 교통량의 증가로 공역이 복잡해지면, UTM의 기능도 복잡하고 정교하게 작동해야 할 것이다. 교통량 수준에 따라 단계적으로 발전해야 할 UTM의 기능은 다음과 같이 설명할 수 있다:

첫 번째 단계는 교통량도 많지 않고 육안으로 항공기를 관찰하면서 비행하는 단계VLOS: Visual Line-of-Sight로서 UTM 개념 적용이 최소화되는 상황에서 무인기 활동이 시작될 것이다.

두 번째 단계에서는 교통량이 많지 않은 지역에서 운영자가 육안으로 자신이 조종하는 항공기를 볼 수 없는 상태BVLOS: Beyond Visiual Line-of-Sight에서 운항

2 UTM이라는 용어는 국제민간항공기구(ICAO: International Civil Aviation Organization)의 용어 정의를 참조한 것으로 이어지는 장(chapter)에서 상세히 논의할 것임.

을 할 수 있는 단계의 개발이 필요하다.

세 번째는, 무인기들이 안전분리를 위한 거리를 유지하고 지정된 지역에서 비행할 수 있는 능력을 갖추도록 하는 것이다. 이 단계에서는 교통량이 어느 정도 있는 공역에서 무인기가 주변의 다른 무인기들을 탐지하여 회피할 수 있는 능력을 갖추도록 해야 한다.

네 번째 단계는 마지막 단계로서 무인기들이 도심 상공에서 안전하게 비행할 수 있도록 UTM 능력을 갖추는 것이다. 교통량도 많고 그 밖에 회피해야 할 장애물도 많은 상황에서 무인기들이 운항할 수 있어야 하고, 악기상과 시야 확보 애로 상황, 부분적 통신 장애 상황 등을 고려한 안전확보 수준까지 개발되어야 한다. 이러한 장애 상황에서 안전을 확보하려면 UTM 시스템 기술과 무인기의 탑재 장비 및 지상에 위치한 통제장비의 수준도 개선되고 정교하며 신뢰도가 높아야 할 것이다. 매우 국지적인 기상정보도 필요하고 휴대폰 네트워크를 이용한 무인기 교통 통신 능력이 확보되어야 한다. 또한, 카메라, 레이더 등을 활용하여 무인기가 빌딩 숲을 비행할 수 있어야 하고, 다른 무인기와 같은 여타의 UTM 사용자와 통신할 수 있어야 한다. 쉽게 말해서, 하늘을 나는 택시가 복잡한 도심을 안전하게 운항할 수 있는 수준이 되어야 최종 목적이 달성되는 것이다.

제2절 무인기 운용 공역(U-Space) 개념[3]

1_ U-Space 개념

많은 양의 무인항공기(또는 드론)의 비행이 안전하고 효율적으로 이루어지

3 제2절의 내용은 유럽의 CORUS Consortium이 발행한, U-space Concept of Operation, Volume 1, 2019에서 발췌한 내용으로 유럽에서 개발한 무인기 공역의 분류와 제공서비스를 체계화한 것이다.

도록 하여 드론 산업을 발전시키는 기반을 제공하기 위한 목적으로 드론 비행 공역의 서비스 체계와 절차를 개발하고 제안하는 것이 드론공역, 즉 U-Space 개념이다.[4] 이러한 서비스와 절차는 드론 자체뿐만 아니라, 지상 운영자나 운영 환경들이 고도의 전산화digitalization와 자동화에 의존하는 방향으로 발전할 것이다.

궁극적으로 발전한 상황에서, U-Space는 드론을 일상적으로 운영할 수 있게 하는 체제를 제공할 뿐만 아니라, 유인기나 ATM 서비스와의 효과적이고 명확한 상호작용도 가능하게 해준다. 따라서, U-Space는 드론만을 위하여 분리되고 독점적인 공역만 고려하는 것은 아니다. 매우 낮은 고도VLL: Very Low Level의 공역에 국한되지 않고, 모든 환경, 모든 형태의 공역에서 드론이 원만하게 운영되도록 지원할 수 있어야 한다. 결국, U-Space는 모든 드론 비행 임무를 지원하고, 모든 드론 사용자와 모든 종류의 드론을 지원할 수 있어야 한다. 이 모든 운영 활동들이 수용 가능한 안전 수준과 공공 수용성 하에서 이루어지도록 해야 한다. 아래 그림은 U-Space 운영 개념을 참여 관계자와 고려 요인을 중심으로 체계적으로 표시한 것이다.

4 유럽을 중심으로 한 국제항공사회에서는 무인기 안전운항을 위한 관리 서비스가 제공되는 공역을 'U-Space'라 일반적으로 칭하고 있다.

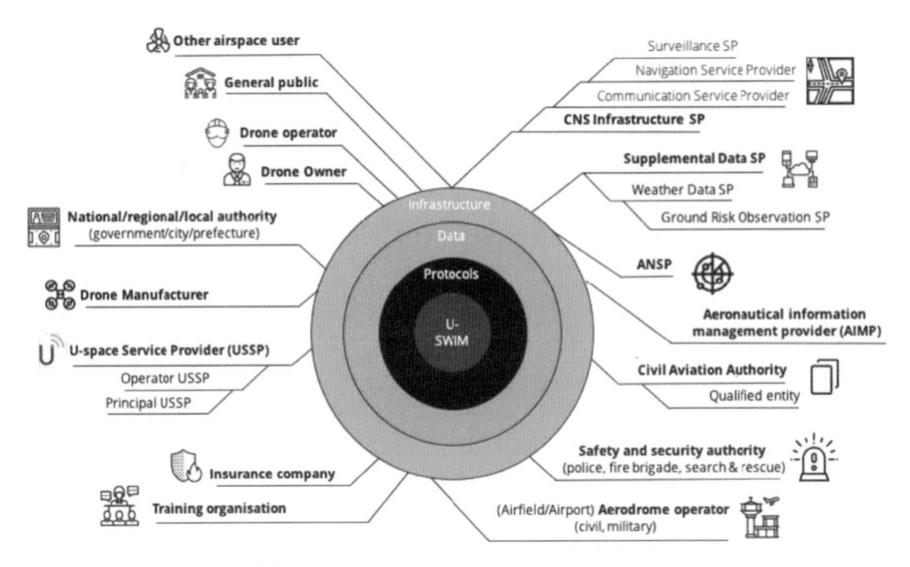

• 그림 2-3 **U-Space 개념**

U-Space의 운영 개념은 다음과 같은 핵심 원칙에 따라 정립되어야 한다.

- 모든 U-Space 공역 이용자와 지상 인원에 대한 안전 확보
- 유인기와의 상호운용을 고려하면서, 수요변화, 용량변화, 기술 및 비즈니스 모델과 응용 등의 변화에 대응할 수 있는 유연하고 적응력 높은 시스템 제공
- 복수의 자동화된 드론이 드론 기단 운영자의 감독하에 고밀도 운항을 가능하도록 할 것
- 모든 공역 사용자들에게 공평하고 공정한 공역 접근 보장
- 드론 운영자들의 비즈니스 모델을 고려하면서 경쟁적이고 비용 절약적인 서비스 제공이 항상 이루어져야 함
- 기존의 GNSS를 포함한 항행/항법 기반시설이나 모바일 통신 기반시설을 최대한 활용함으로써 U-Space 비용을 최소화할 것
- 다른 산업 분야에서 적용되고 있는 기술이나 표준 중에서 U-Space가 필요로 하는 부분을 채택할 것
- 환경보존과 사생활 보호, 데이터 보호 등을 동시에 고려하는, 안전, 보

안 및 레질리언스 관련 필수 요건을 수립할 때는 위험기반risk based 접근법이나 성능기반performance driven 접근법을 따를 것.(Cyber-security와 failure mode management 포함)

2_ U-Space 이행

위에서 제시한 U-Space 개념의 이행은 아래 그림과 같은 네 단계로 나뉘어 점진적으로 이루어진다.

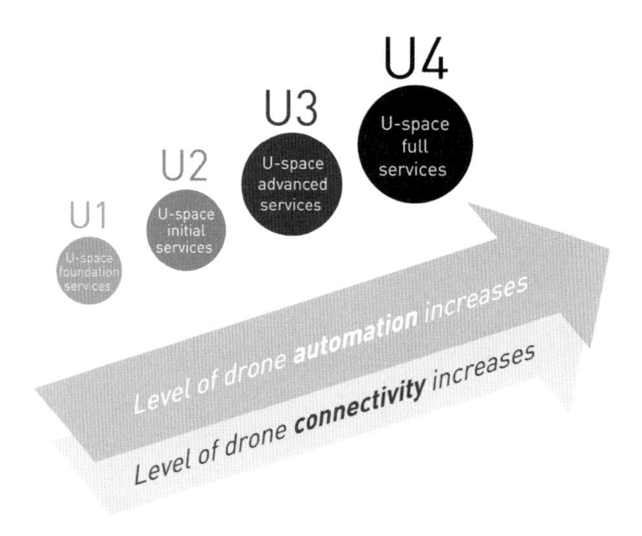

• 그림 2-4 **U-Space 개념**

단계별 발전은 단계별 서비스의 가용성, 적용 가능 기술력, 드론 자동화의 발전 수준, 전자 정보나 데이터 교환 능력에 의존하는 환경과의 상호작용의 진전 등에 따라 점진적으로 이루어질 것이다.

- U1: U-Space 기본 서비스만 제공된다(예: 전자 등록, 전자 식별, 지오펜싱 등).
- U2: U-Space 초기 서비스로서 드론 운항 관리를 지원하는데, 비행계획, 비행승인, 항공기 추적, 공역의 동적 정보, ATC와의 절차적 상호 접속

등을 포괄하는 서비스를 제공한다.

- U3: 밀집 지역에서의 복잡한 운항을 지원하며, 용량관리와 충돌 탐지를 도와준다. 자동화된 DAA(Detect and Avoid) 기능이 가능하고, 더욱 신뢰할 수 있는 통신 수단이 사용되어 거의 모든 환경에서 운항할 수 있게 된다.
- U4: U-Space 완성 서비스 단계로서 유인기와 통합된 상호작용 서비스가 제공되고, 완전한 U-Space 운영 능력을 지원한다. 높은 수준의 자동화, 연결성, 전산화 등이 드론과 U-Space 시스템에 적용된다.

3_ U-Space에서의 안전성 평가방법

무인기의 안전 운항을 담보하기 위해서는 무인기 공역U-Space의 안전성 평가가 필수적인데, 유럽의 CORUS[5]는 U-Space 안전성 평가 방법으로 MEDUSAMethoDology for the U-Space Safety Assessment를 제안한다. MEDUSA는 U-Space 관련된 드론 교통량에 따른 위험요인을 식별하고 관리하는 전략이다. 이 방법의 주요 원칙은 넓은 의미의 안전평가 접근을 채택한 EUROCONTROL의 SRMSafety Reference Material에 기초한다. 넓은 의미의 안전평가 접근법은 항공안전에 대한 U-Space의 긍정적 기여와 부정적 사고 위험을 모두 고려하는 것이다.

MEDUSA 프로세스는 무인기 운영자 관점뿐만 아니라 공역 관점까지 포함하는 포괄적 안전평가이며, ATS/ATM과의 교차운영성interoperability도 고려한다. 무인기 운영자 관점은 서로 다른 SORA[6] 평가의 수용으로 MEDUSA에

5 앞의 주석 참조

6 SORA(Specific Operation Risk Assessment)는 무인기 운영자가 계획하고 있는 운항이 해당 공역에서 수용될 수 있는지 안전성을 평가하기 위한 방법으로, 본서의 향후의 장(chapter)에서 상세히 설명할 것임.

흡수되며, U-Space 관점으로는 개별 운영자들의 평가를 통합한 하나의 안전 평가가 된다. 안전성 평가는 정상조건, 비정상 조건, 잘못된 조건 등을 모두 고려하여 수행됨으로써, U-Space 서비스 측면이나, 드론 운영자 측면, 또는 U-Space 서비스 제공자 측면에서 완전하고 정확한 안전요건/위험감축을 이행할 수 있도록 한다.

MEDUSA의 궁극적 목적은 U-Space 서비스 이행을 위한 완전한 안전요건을 추출하는 것이다. 또한, 안전요건과 관련한 위험감축 방법을 끌어내서 수용 가능한 안전 수준을 유지하도록 하는 것이다.

4_ 무인기 운용 공역의 형태(Airspace Type)

1) VLL(Very Low Level)에서의 드론 운항

대부분의 개인용 비행이나 취미용 비행은 주로 Open operations에 속할 것이며, 취미 비행의 일부는 비행 클럽에 속하는 Specific operations이 될 것이다. 한편, VLL에서 전문적 드론 운항의 대부분은 Specific 범주에 속할 것이며, 일부의 전문적 드론 운항은 Certified 범주가 될 것이다.[7]

VLL 공역은 제공되는 서비스 수준에 따라 서로 다른 범주로 나뉘는데, 다음과 같은 세 개의 기본적 범주로 분류된다.

- X공역 : 충돌 해결 서비스가 제공되지 않음
- Y공역 : 비행계획에 의한 비행 전 충돌 해결이 제공됨
- Z공역 : 비행 전 충돌 해결 및 비행 중 분리 서비스가 제공됨

Y 형태 공역은 U2 수준 이상의 U-Space에서 가능하며, VLOS, EV-

7 Open Operation, Specific Operation, Certified Operation 등의 무인기 운항 형태의 구분에 대해서는 본 장(chapter), 본 절의 아래 5항에서 상세히 설명할 것임.

LOS, BVLOS 비행을 수월하게 해줄 수 있다. 위험 완화 서비스가 제공되는 U-Space는 Y공역이 되며 X공역보다 비행 가능성 범위가 넓다.

Z 형태의 공역은 Zu와 Za로 나뉜다. Zu는 UTM의 통제를 받고 Za는 ATM의 통제를 받는다. Za는 정상적 통제공역으로서 당장 가용적이고, Zu는 U3가 도입되어야만 가용될 수 있다.

U-Space는 Z 형태 공역에 대하여 더 많은 위험 감축을 제공하기 때문에 Y 공역보다 고밀도 운항이 허용되고 수용성이 크다. Z공역은 VLOS와 EVLOS를 허용하고, BVLOS와 자동화 드론 비행을 수월하게 해준다.

결국 각 형태의 공역에서 가능한 비행들은 다음과 같이 정리할 수 있다.

표 2-2 U-Space 개념

<table>
<tr><th colspan="2">Operation</th><th>X</th><th>Y</th><th>Z</th></tr>
<tr><td rowspan="7">Drone</td><td>VLOS</td><td>Yes</td><td>Yes</td><td>Yes</td></tr>
<tr><td>Follow-me</td><td>Yes</td><td colspan="2">Only be undertaken with reasonable as-sessment of the risk involved.</td></tr>
<tr><td>Open</td><td>Yes</td><td colspan="2">Yes, provided access requirements are met</td></tr>
<tr><td>Specific</td><td rowspan="5">Yes. However, the risk of unknown drone operations must be consid-ered, evaluated and mitigated appropriately.</td><td>Yes</td><td>Yes</td></tr>
<tr><td>Certified</td><td>Yes</td><td>Yes</td></tr>
<tr><td>BVLOS</td><td>Yes</td><td>Yes</td></tr>
<tr><td>Automated</td><td>As for X</td><td>Yes in Zu</td></tr>
<tr><td rowspan="2">Crewed</td><td>VFR</td><td>Yes, but the use of U-space services by VFR flights is strongly recom-mended</td><td rowspan="2">Yes. However, type Za is controlled airspace. Crewed flights in Za will need to behave as such.</td></tr>
<tr><td>IFR</td><td>No</td><td>No</td></tr>
</table>

500피트 이하 공역 중에서 AIMAeronautical Information Management에 의해서 '제한공역restricted' 또는 '통제공역controlled'로 명시된 공역은 특정 당국의 승인이

있어야 무인기가 들어갈 수 있다.

'제한공역restricted'은 지상 위험이 증가된 지역, 국립공원, 핵 발전소, 병원 등이 존재하여 드론 비행이 제한되는 지역이다. 일반적으로 공항 인근의 G class 지역은 드론 운항이 제한된다. 모델 항공기 비행 클럽의 이착륙 지역도 여타 항공기는 비행이 제한되며, 도시의 UAM 비행 시설지역, 항구지역 등도 드론 비행 제한공역이 된다.

'통제공역controlled'은 A부터 E등급 공역 내부에 존재한다. X, Y공역은 통제공역 내부에 있을 수 없으며, Za만 가능하다. 드론은 협조 없이 통제공역에 들어갈 수 없다. U1단계에서는 드론 운영자는 관제 당국의 직접적인 허락을 얻어야 한다. U2단계부터는 U-Space와 ATM의 상호 협조적 절차에 의한 사전 협조를 통해 사용할 수 있다. 통제공역 내에서의 드론 비행 형태는 관제 당국이 결정한다.

5_ 공역 형태에 따른 운항활동과 접근 조건

1) Open operations

Open 등급의 드론 비행은 VLOS와 EVLOS로 제한되며 일부 자동화 비행이 가능하다. Open 등급 비행 전용의 X 형태 공역 지역이 있을 수 있는데, 이를 'dronodrom'이라고 한다. 이 지역에서는 다른 종류의 비행은 제한된다. 물론, Open 비행은 조건이 맞으면 Y, Z공역에서도 비행할 수 있다.

2) Specific과 Certified 운항

Specific 운항은 X, Y, Z공역에서 가능하고, ICAO의 A-G등급 공역에서도 사전 협조와 지역 내의 규정과 승인에 의하여 비행이 가능하다. 일부 Y, Z 공역은 지상 위험 감축을 위해 Certified 비행을 의무화할 수도 있다.

Specific 운항을 위해서는 사전에 위험평가를 해야만 한다. 한편, Certified 운항은 승인 절차에 위험평가 과정이 포함되어있다. 위험평가를 위해서 다음의 사항을 추가 이행해야 한다.

- X 형태의 공역에서는 다른 항공기와 갑자기 맞닥뜨리는 위험을 감축해야 한다. 특히, BVLOS 비행과 마주치는 경우를 고려한 위험 감축이 필요하다. 이 경우에 사고에 따른 책임은 BVLOS 운영자에게 있다. 위험 감축 수단으로 Y, Z 형태의 공역에서 가용한 서비스를 이용하여 한 번에 하나의 드론만 제한공역에 접근할 수 있도록 허락하는 방안을 포함할 수 있다.
- Y, Z공역에서는 운항 선언과 위치보고를 의무화한다. (X공역에서는 운항 선언과 위치보고가 권고사항임.)

Y공역에서는 분리 유지가 비행 전에 준비되어야 하고, 4D 위치의 불확실성에 대한 대비가 필요하여, Z공역보다는 교통량이 적어야 한다. Z공역에서는 비행 중 분리가 가능하기 때문에 많은 교통량도 수용할 수 있다. Y 형태의 공역은 U2단계에서부터 적용할 수 있으며, Z 형태의 공역은 U3단계부터 가능하다. Z공역에서는 협조적 탐지와 회피 기능을 의무적으로 사용할 수 있어야 한다.

드론의 원활한 운항을 위한 각 형태의 공역 배치와 각 공역에 접근하기 위한 필수요건은 아래의 그림과 표에 잘 설명되어 있다.

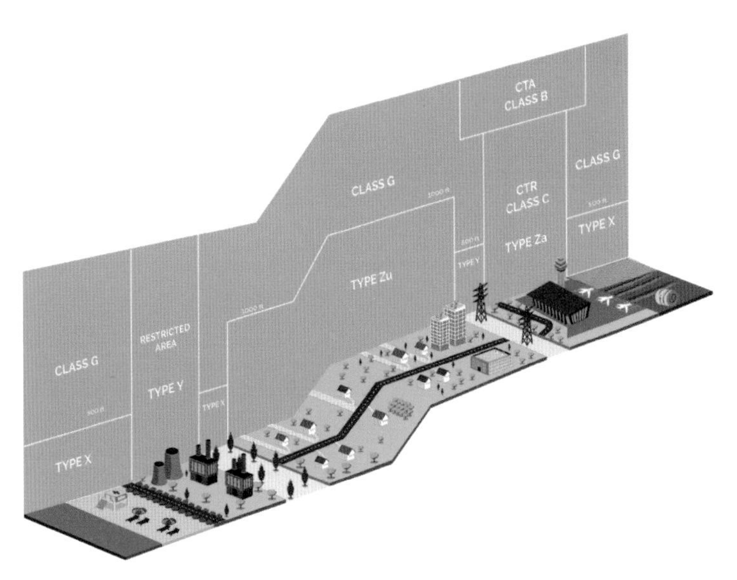

* 그림 2-5 **U-Space 개념**

표 2-3 **공역 형태별 접근 필수요건**

공역 형태 (Type)	접근 필수요건(Access Requirements)
X	드론 운영자나 드론 자체에 대한 약간의 기본적 필수요건이 요구됨 조종자에게 충돌회피의 책임이 있음 VLOS와 EVLOS 비행이 쉽게 수행될 수 있음 다른 비행 모드는 상당한 위험 감축 대책 필요
Y	운항계획 승인 조종자는 Y공역에 합당한 훈련을 받아야 함 U-Space에 연결된 원격조종국이 필요함 드론과 원격조종국은 가능한 경우, 위치보고 능력이 있어야 함 * Y공역은 또한, 특정한 기술요건이 필요할 수도 있음
Z	운항계획 승인 조종자는 Z공역에 합당한 훈련이 필요하거나 자동드론 연결 훈련 필요 U-Space에 연결된 원격조종국이 필요함 드론과 원격조종국은 위치보고 능력이 있어야 함 * Z 공역은 또한, 특정한 기술요건이 필요할 수도 있음. 일반적으로 드론이 충돌 탐지와 회피를 위한 협조적 시스템을 갖추는 것이 요구됨

6_ 위험관리와 위험 완화

위험관리와 위험 완화는 공중이나 지상에서의 사고 확률을 줄이거나 제거할 수 있게 해주는데, 공역 단계별로 위험관리 서비스가 차별화된다.

U1단계의 U-Space에서는 제한구역이나 지오펜싱을 제외하고 X 형태 공역 진입을 위한 위험 감축을 제공하지 않는다(U1단계에는 Y 형태나 Zu 형태 공역은 존재하지 않음).

U2단계는 조종자들의 위험 최소화를 지원하기 위해, 보다 많은 서비스가 제공되는 중간 단계가 된다.

- U-Space 내에서의 운항선언에 의해서 계획된 드론 비행이나 무인항공기 비행이 U-Space와 다른 비행 관계자들에게 알려진다. 드론 비행에 있어서는 운항 선언이 기본인 반면, 유인 비행도 VLL 가까이에서 비행할 때는 운항 선언을 함으로써, 비의도적인 진입에 따른 위험이 평가될 수 있도록 해야 한다.
- Y, Z 형태 공역에서는 전략적 충돌방지 서비스가 계획된 비행 간의 충돌방지 문제를 해결해야 한다. 충돌방지 대책이 불가능할 때, 유인 비행은 지오펜싱에 의한 보호를 요청해야 한다.
- Z 형태 공역에서는 U-Space 위치보고 서비스가 의무적이고, Y 형태 공역에서는 가능한 경우에만 위치보고를 해도 된다.
- U-Space에서 제공되는 교통정보 서비스도 위험을 줄이는 데 기여한다. 교통정보 서비스와 U-Space 위치보고 서비스는 비의도적이거나, 비계획적인 충돌이 예상되어 필요성이 있을 때는 유인 비행에도 적용되어야 한다.

비의도적이고 비계획적이며, 의식하고 있는 상태에서의 VLL 진입을 위해서, 승무원은 충돌 보고를 위하여 U-Space 비상관리 서비스를 이용해야 한다. 이를 위해서 다소 간의 훈련이 필요하다.

U3단계에는 드론 비행의 협동적 탐지/회피가 광범위하게 사용되므로, 무

인항공기도 이와 같은 드론의 성능과 공조할 수 있는 시스템을 갖출 수도 있고 이를 위한 훈련을 받아야 할 필요도 있다.

U4단계에는 표준화된 시스템과 절차에 따라, 유인기와 드론의 안전한 상호 운항이 가능하고, 상호 공조적인 자동화 탐지/회피 시스템이 일반적으로 사용될 수 있다.

제3절 U-Space 서비스[8]

1_ U-space 단계별, 공역 형태별 서비스

U-Space 서비스는 앞에서 설명했던 대로 기술과 절차의 발전 상태에 따라 U1부터 U4까지, 4단계로 도입된다. 단계별로 제공되는 서비스들은 드론 비행을 ATM 또는 기타 공역 이용자와 통합하기 위한 필수요건의 서로 다른 측면과 관계된다. 아래의 표는 1단계부터 3단계까지 단계별로 도입되는 서비스를 보여주고 있다. U4 단계는 드론 비행을 통제공역에 완전하게 통합시키는 단계로서 이 책에서는 다루지 않는다.

8 제3절의 내용도 유럽의 CORUS Consortium, U-space Concept of Operation, Volume 1, 2019에서 발췌한 내용으로 유럽에서 개발한 무인기 공역의 분류와 제공서비스를 체계화한 것이다.

표 2-4 U-Space 개념

U-space phase		U1	U2		U3
U4 is the full integration of drone flights into controlled airspace and is out of scope of this ConOps, which deals with VLL airspace only.					
Identification and Tracking	Registration Registration assistance	e-identification	Tracking and Position reporting	Surveillance data exchange	
Airspace Management	Geoawareness	Drone Aeronautical Information Management	Geo-fence provision (incl. Dynamic Geo-Fencing)		
Mission Management		Operation plan preparation/	Operation plan processing	Risk Analysis Assistance	Dynamic Capacity Management
Conflict Management		Strategic Conflict Resolution			Tactical Conflict Resolution
Emergency Management		Emergency Management	Incident / Accident reporting		
Monitoring	Monitoring	Traffic Information	Navigation infrastructure monitoring	Communication infrastructure monitoring	Digital Logbook Legal Recording
Environment	Weather Information	Geospatial information Population density map	Electromagnetic interference information	Navigation coverage information	Communication coverage information
Interface with ATC		Procedural interface with ATC			Collaborative interface with ATC

* 이 표에서는 안전/보안 관련 사항만 다루었다. 비즈니스와 관련될 수 있는 다른 측면들은 본 문서의 영역에서는 다루지 않는다.

U-Space 단계별로 공역의 형태에 따라서도 제공되는 서비스가 달라지는데, 일부 서비스는 의무적으로 제공되어야 하며, 권고되는 서비스도 있고, 필요한 경우에만 제공해도 되는 서비스도 있다.

표 2-5 **U-Space 개념**

Service	X	Y	Z
Registration	Mandated	Mandated	Mandated
e-identification	Mandated	Mandated	Mandated
Geo-awareness	Mandated	Mandated	Mandated
Drone Aeronautical Information Publication	Mandated	Mandated	Mandated
Geo-fencing provision	Mandated	Mandated*	Mandated
Incident / accident reporting	Mandated	Mandated	Mandated
Weather information	Mandated	Mandated	Mandated
Position report submission sub-service	Recommended	Mandated*	Mandated
Tracking	Optional	Mandated*	Mandated
Drone operation plan processing	Optional	Mandated	Mandated
Emergency management	Optional*	Mandated*	Mandated
Monitoring	Optional	Mandated*	Mandated
Procedural interface with ATC	Optional+	Mandated+	Mandated
Strategic conflict resolution	No	Mandated	Mandated
Legal recording	Optional+	Mandated*	Mandated
Digital logbook	Optional+	Mandated*	Mandated
Traffic information	Optional	Mandated	Offered
Geospatial information service	Optional	Optional	Mandated*
Population density map	Optional	Optional	Mandated*
Electromagnetic interference information	Optional	Optional	Mandated*

Navigation coverage information	Optional	Optional	Mandated*
Communication coverage information	Optional	Optional	Mandated*
Collaborative interface with ATC	Optional+	Mandated+	Mandated
Dynamic capacity management	No	Mandated*	Mandated
Tactical conflict resolution	No	No	Mandated
U-space Phase	U1	U2	U3

+ when needed * where available

아래의 설명은 위의 표에 제시된 서비스들에 대한 설명이다.

1) U1단계 서비스

(1) **Registration(등록)**: 등록기관에 드론을 등록하는 것. 드론 소유자, 운영자, 조종자 등도 등록한다. 사용자 등급에 따라 질문에 대한 답을 제공해야 하는 경우도 있고, 허가 조건에 따라, 데이터를 생략할 수도 있다.

(2) **Registration Assistance(등록 도우미)**: 등록하는 사람들을 도움

(3) **E-Identification(전자식별)**: 무인기에 물리적으로 접근하지 않고 드론 및 관련되는 정보를 획득할 수 있도록 하는 것.

(4) **지리경보(Geo-awareness)**: 지오펜스 및 기타 드론 운영자나 조종자가 알아야 할 비행제한 정보를 지원해줌. 이 정보는 이륙 직전까지 참조 가능한데, 다음과 같은 기존의 항공정보aeronautical information를 포함한다.

- 제한구역, 위험구역, CTR 등
- NOTAM에서 추출한 정보와 법규정보
- 국가 공역당국이 지정한 임시 제한구역

(5) **추적과 위치보고(Tracking and position reporting)**: 위치보고 수신. 복수의 출처로부터 받은 정보를 융합하여 드론 이동에 관한 추적 정보

를 제공한다.

(6) **감시데이터 교환(Surveillance Data Exchange)**: 추적 서비스와 기타 정보원 또는 소비자 추적(레이더, 타 드론 추적자) 간의 데이터 교환

(7) **드론 항공정보 관리(Drone Aeronautical Information Management)**: 드론 비행 부문의 항공정보관리. 이 서비스는 X, Y, Z 공역의 지도를 유지하고, 임시 변화, 영구 변화 등을 관리한다. (예: 주말 페스티벌로 인한 인구 밀집 지역 변환 등) 또한, 지오펜싱 서비스에 정보를 제공하기도 하고 운항계획 준비에 필요한 정보를 제공하기도 한다.

(8) **지오펜스(동적 지오펜싱 포함) 설정(Geo-fence provision (incl. dynamic geo- fencing)**: 지오펜스의 변화가 드론에게 즉각적으로 전송되는 개선된 지리경보Geo-awareness. 드론은 지오펜스 데이터를 요청하고, 수신하고 활용할 능력이 있어야 한다.

2) U2단계 서비스

(앞에서 기술한 U1 단계의 서비스에 다음과 같은 서비스들을 추가로 제공한다.)

(1) **운항계획 준비/최적화(Operation plan preparation/ optimisation)**: 운영자에게 운항계획 제출에 도움을 주는 것. 이 서비스는 드론 운영자와 운항계획 절차 서비스 사이에 인터페이스 기능을 한다.

(2) **운항계획절차(Operation plan processing)**: 운항계획 준비 서비스를 이용하여 제출된 실시간 운항계획을 관리하는 안전 중심의 접근통제 서비스로서, 운항계획을 다른 서비스와 조화시키기도 한다. 이 서비스는 관련 당국과 승인업무 절차를 관리하고, 공역 변화를 동적으로 고려한다.

(3) **위험분석 지원(Risk analysis assistance)**: 드론, AIM, 환경, 교통정보 등의 여타의 정보를 종합하여, 각각의 비행에 대한 위험분석 하는 것을 지원해 준다.

(4) **전략적 충돌 해법(Strategic conflict resolution)**: 개별 운항계획에 충돌 가능성이 있는지 체크하여 운항계획 절차 과정에서 해법을 제안한다.

(5) **비상관리(Emergency management)**: 드론 운항 중에 비상상황을 겪는 조종자에게 도움을 제공하고, 관계자들에게 상황 전개 정보를 소통한다.

(6) **사고/사건 보고(Accident/incident reporting)**: 드론 운영자와 기타 관계자가 사고나 사건을 보고할 수 있도록 하는 시스템으로서 보안이 확보되고 접근이 제한되는 시스템이며, 보고 내용은 끝까지 유지된다. 유사한 방법으로 시민 접근 서비스도 가능하다.

(7) **모니터링(Monitoring)**: 비행 진행에 대한 경보 모니터링을 경보음 중심으로 제공(예: 계획준수 모니터링, 기상적용 모니터링, 지상 위험준수 모니터링, 전자기파 모니터링 등).

(8) **교통정보(Traffic information)**: 드론 조종자나 운영자에게 여타 비행의 정보 중 드론 조종에 관련되는 정보를 제공함. 일반적으로는 조종자가 통제하고 있는 항공기와 충돌 위험이 있을 때 제공된다.

(9) **항행기반시설 모니터링(Navigation infrastructure monitoring)**: 운항 중 항행기반시설 상태와 관련된 정보 제공. 특히, 항행시설이 정확성을 잃게 되면 경보를 제공해야 한다.

(10) **통신기반시설 모니터링(Communication infrastructure monitoring)**: 운항 중 통신기반시설 상태와 관련된 정보 제공. 특히, 통신시설의 질이 떨어지면(degradation) 경보를 제공해야 한다.

(11) **디지털 로그북(Digital logbook)**: 사용자들의 합법적인 기록에 근거하여 사용자를 위한 보고자료 생성.

(12) **법적 기록(Legal recording)**: U-space에 모든 입력물을 기록하고, 시스템의 전체 상태를 매 순간 제공하는, 사건/사고 조사를 지원하기 위한 제한된 접근 서비스. 연구와 훈련을 위한 정보원이 됨.

(13) **기상정보(Weather Information)**: 드론 운항에 관련되는 정보를 수집하고 제시함. 필요하거나 가용성이 있을 때는 초 국지 기상정보도 포함됨.

(14) **지리공간 정보 서비스(Geospatial information service)**: 드론 운항에 관련되는 지형지도, 건물, 장애물 등의 정보를 차별화된 정밀도로 수집하고 제공함.

(15) **인구밀도 지도(Population density map)**: 드론 운영자들이 지상 위험을 평가할 수 있도록 인구밀도 지도를 수집하고 제시함. 휴대폰 밀도를 이용할 수도 있음.

(16) **전기자기 간섭정보(Electromagnetic interference information)**: 드론 운항에 관련되는 전기자기 간섭정보를 수집하고 제시함.

(17) **항법 커버리지 정보(Navigation coverage information)**: 항법에 의존하는 운항 미션을 위해 항법 커버리지 정보를 제공함. 이 정보는 가용한 항법 기반시설(예: 지상시설, 인공위성 등)에 의해 특화될 수 있음.

(18) **통신 커버리지 정보(Communication coverage information)**: 통신에 의존하는 운항 미션을 위해 통신 커버리지 정보 제공. 이 정보는 가용한 통신 기반시설(예: 지상시설, 인공위성 등)에 의해 특화될 수 있음.

(19) **ATC와의 절차적 인터페이스(Procedural interface with ATC)**: 통제공역(controlled airspace)에 진입할 필요가 있는 비행의 운항계획 절차로부터 야기되어 비행 전에 진행하는 통제공역 진입 협의 서비스. 이를 통하여 ATC는 해당 비행을 수용하거나 거부할 수 있으며, 비행에 부수되는 필수 요건과 절차를 기술할 수 있다.

3) U3단계 서비스

(앞에서 기술한 U1, U2단계의 서비스에 다음과 같은 서비스들을 추가로 제공한다.)

(1) **동적 용량관리(Dynamic capacity management)**: 운항계획 절차에 교통 수요와 용량 제한이 균형을 이루도록 하는 책임.

(2) **전술적 충돌해법(Tactical conflict resolution)**: 실시간으로 충돌 가능성을 체크하고 항공기에 필요한 경우, 속도, 고도, 방향 등을 바꾸도록 지시를 발부하는 것.

(3) **ATC와의 협조적 인터페이스(Collaborative interface with ATC)**: 드론이 통제공역에 있을 때, ATC와 원격 조종자 간에 제공되는 음성 또는 문자 통신. 이 서비스는 다른 여타의 서비스에 우선하며 비행 운영자가 표준적이고 효율적인 방법으로 지시와 허가를 수용할 수 있도록 한다.

2_ 분리와 충돌해법(Separation and conflict resolutions)

1) 분리(Separation)

분리란 항공기의 충돌 위험을 줄이기 위하여 항공기 간의 간격을 일정한 수준 이상으로 유지하는 개념이다. 통제공역에서는 ATC 당국이 비행 규칙에 의한 유인기 간의 분리유지 책임이 있다. ATC에 의한 분리 서비스가 제공되지 않는 비통제공역에서는 항공기들이 RwC Remain-well-Clear 규칙에 따라 항공기 간에 스스로 분리를 유지해야 한다. 두 가지 경우 다 같이 최소한의 분리 유지는 절차 규정이나 상황 감시 방법(예: 프라이머리 레이더)에 의하여 이루어진다.

각 상황에서의 분리 기준은 관제 서비스 제공 능력과 항공기의 능력에 근거하여 결정된다. 소형의 고성능 정확도 위치 파악과 추적 시스템의 등장으로 인하여, 오늘날의 안전분리 기준은 전반적 항법 시스템과 감시 시스템의 능력에 의한다. 이와 같이 분리를 정확성, 무결성, 가용성, 지속성, 기능성과 같은 성능에 의하여 결정하는 개념을 PBNPerformance Based Navigation이라고 한다. 기상 조건도 소형 드론에 다양한 방법으로 영향을 줄 수 있으므로 분리 요건에 기상 조건도 고려하여야 한다.

2) 충돌관리 (Conflict management)

유인기 운항의 경우를 가정한 기존 개념에 의하면, 충돌관리는 다음과 같은 3단계의 층으로 구성된다.

(1) 전략적 충돌회피(Strategic de-confliction)

비행계획 단계에 타 항공기와 충돌하지 않도록 하는 방안. 이 방법은 항공기 운영자들과 공역 운영 관계자가 비행 계획을 공유함으로써 충돌 위험을 줄이는 것이다. 합의된 절차적 분리나 비행로가 타 항공기 비행로와 겹치지 않도록 하여 충돌을 회피하는 것이다.

(2) 전술적 분리 방안(Tactical separation provison)

시각에 의하거나 계기에 의해 상황인식situational awareness을 유지하는 능력을 활용하여 운항 중에 분리를 유지하는 개념이다. 예를 들면, 관제사들이 레이더에 의하여 항공기 궤적을 예측하고 충돌방지를 위한 clearances를 발부하여 충돌을 방지하는 것이다. VFR의 경우도 비통제공역에서의 충돌회피를 위한 분리 유지 방안을 포함하고 있다.

(3) 충돌회피(Collision avoidance)

분리 방안들이 실패하여 충돌 상황이 발생했을 때 충돌을 피하는 마지막 수단을 의미한다.

U-Space에서도 상기의 3단계 계층의 충돌관리는 유효하다. 잠재적 분리 실패를 예측하는 U-Space에서는 충돌회피 시스템이 이 서비스들을 지원하기

위하여 사용될 수 있다. ATC와의 협조적 인터페이스 서비스를 통하여 Za 공역에서는 Clearances를 적용하고, Zu 공역에서는 상황적 충돌회피Tactical conflict resolution 서비스를 활용할 수 있다.

U-Space는 또한, DAAdetect and avoid 시스템을 지원함으로써, 안전한 비행을 가능하게 할 수 있다. 드론에 DAA를 탑재하는 목적은 현재의 유인기에서 사용되는 "see and avoid" 기능을 무인기에 부여하기 위한 것이다.

3_ 드론 간 분리(Separation between drones)

1) VLOS와 VLOS 간 분리

VLOS 드론 비행을 원격 조종하는 조종자는 고도와 거리를 육안으로 정확히 판단하기 어려움에도 불구하고, 충돌 회피에 책임이 있다. 하지만, 전략적strategic, 상황적tactical 충돌방지 서비스가 제공되면, VLOS 간에 특정한 분리 최솟값을 적용하지 않는다. 이는 마치 G클래스 공역에서 VFR 항공기 간의 분리 최소치가 적용되지 않는 것과 같다.

2) VLOS와 BVLOS 간 분리

드론 분리 계획이 제출되면, U-Space 시스템은 계획을 검증하기 전에 분리 최솟값을 고려할 수 있다. VLOS 비행에 의한 충돌회피가 지원된다고 하더라도 BVLOS의 비행의 안전을 위하여, BVLOS와 VLOS 간의 분리 최솟값이 정의되어야 한다.

3) BVLOS와 BVLOS 간의 분리

감시 시스템이 완벽할지라도, 항법의 정확도와 항공기 속도를 고려한 분리 최솟값이 고려되어야 한다. 예를 들면, 고속 운항 전용의 장거리 비행을 위한 항로에서는 최대 운항 속도가 제한받는 인구 밀집 지역에서보다 분리 최솟값이 더 커야 할 것이다. RNPRequired Navigation Performance의 적용이 이러한 분리 최솟값을 정하는 요소가 될 수 있다.

4) 드론과 유인기 간의 분리

유럽의 EASAEuropean Union Aviation Safety Agency 규정에 따르면, 드론은 오픈 카테고리 공역에서는 120m 이하의 고도로 비행해야 하고 그 밖의 카테고리 공역에서는 표준 시나리오에 따라 비행해야 한다. 많은 유럽의 국가들은 국가의 법으로 현재의 드론 비행은 유인기로부터 멀리 떨어진 공역에서 수행하도록 규제하고 있다. 그러나, 120m 이하의 공역에서 비행하고 유인기로부터 멀리 떨어진 공역에서 비행한다고 해도 유인기와 조우할 가능성이 매우 낮은 것은 아니다. 그러므로, VFR과 IFR 비행은 무인기를 위한 X타입의 공역을 피하는 것이 바람직하다. BVLOS는 공중 위험이 감소되었을 때에만 X타입의 공역에 진입할 수 있다. 그러나, VFR 항공기가 해당 공역에서 알려진 고도로 비행할 계획이 있으면, 드론은 NDZNo Drone Zone 회피에 의해 VFR 비행보다 안전하게 저고도로 비행하는 방법으로 위험을 경감시켜야 한다.

Y와 Z타입의 공역에서는 모든 운항이 U-Space에 알려져야 하고 무인항공기 조종사가 이륙 전에 알 수 있도록 해야 한다. 이러한 공역에서 운항하는 무인항공기는 드론 활동에 근거하여 상시적 또는 일시적 "no drone zone"(예: 병원 또는 헬기착륙장이 있는 빌딩 등) 요청을 할 수 있을 것이다. 무인항공기 전용 보호막으로 필요한 경우(예: HEMS, 경찰 헬기, 도시항공교통 등) 도시 상공의 300m(1000ft) 이상 공역이 고려될 수 있다.

지오펜스(Geo-fences)

지오펜스는 위험 감소를 위한 새로운 메커니즘으로서, 인가받지 않은 드론이 지정된 공간을 진입하거나 진출하는 것을 방지하기 위한 방벽을 제공하는 것이다. 지오펜스는 다음과 같은 속성을 갖는다.

a. 지오펜스 진출입 금지는 지켜져야 하는데, 기술적 표준 이행이 존재하는 경우 예외가 있을 수 있다.
b. 대부분의 지오펜스는 제한구역이나 통제구역에 항공기를 배제하는 개념인데, 드론의 경우는 지오펜스 내부에 머물도록 제한하기도 한다(지오케이지: Geo cage).
c. 지오펜스는 일시적으로 설정될 수 있다.
d. 지오펜스는 운영 시간을 갖을 수도 있다.
e. 지오펜스는 즉각적 효과를 위해 창출될 수도 있다.

제4절 U-Space 위험평가[9]

1_ U-Space 위험평가의 개념과 목적

무인항공기 활용 목적과 범위가 다양해짐에 따라 무인기가 운항해야 하는 U-Space도 다양한 장소에서 필요하게 될 것이다. 주지하다시피, 무인기 운항에 따른 안전확보가 무인기 운용 활성화의 전제 조건이 되는데, 각각의 U-Space에는 매우 상이한 안전 위험요인이 존재할 것이다. 예를 들어 도심의 인구 밀집 지역에서는 지상 인원에 대한 사상死傷이 가장 심각한 관심 대상일 것이고 발전소 상공을 포함하는 경우는 시설물의 파손이 중대 관심사가 될 것이다. 반면에 공항 인근 지역의 U-Space에서는 유인기와의 충돌을 피하는 대책이 중요하게 대두될 것이다. 따라서, 각 U-Space의 관할 당국은 당해 U-Space에 존재할 수 있는 무인기 운항에 따른 위험의 양상이나 환경을 분석

9 EUROCONTROL, U-space Airspace Risk Assessment, Method and Guidelines - Volume 1, 2023에 근거함.

하고, 각 위험을 완화할 수 있는 조건을 제시하여 무인기 운영자들이 안전을 확보한 상태에서 운항을 할 수 있도록 허용하는 시스템을 갖추어야 할 것이다. 본절(本節)에서는 유럽의 EUROCONTROL에서 개발한 U-Space의 공역 위험평가(ARA: Airspace Risk Assessment) 방안을 소개한다.

2_ U-Space Service

U-Space는 국가가 무인기 운항을 허용하는 공역으로 지정된 지역을 의미하는데, 각 U-Space에는 USSPU-Space Service Provider가 지정되어 무인기 안전 운항을 위한 서비스를 제공해야 한다. 국가가 특정한 지리적 지역을 U-Space로 지정할 때는 다음과 같은 사항을 명시해야 한다.

- U-Space로 지정한 이유(안전, 보안, 사생활 보호, 환경적 측면 포함)
- 운항 제한사항 발효 가능성(운항금지, 특정 운항조건 요청, 환경 혹은 기술적 표준 준수 등)
- open category 운항제한과 관련한 면제 발부 가능성
- 국가는 U-Space 지정에 관한 정보가 공개적으로 접근 가능하도록 할 것.

U-Space 서비스는 많은 수의 무인기가 안전하고 효율적으로 공역을 활용할 수 있도록 전자적, 자동화 기능에 의하여 제공되어야 한다. U-Space 서비스와 기존의 ATSAir Traffic Service의 차이는 U-Space 서비스 제공자인 USSP는 ATS 서비스 제공자처럼 지정된 단일 기관이 아니라 능력과 성능을 인증받으면 어떤 회사든지 USSP가 될 수 있고, 복수의 USSP가 존재할 수 있다.

U-Space 공역에서 무인기 운영자들에게는 다음과 같은 네 가지 서비스가 의무적으로 제공되어야 한다.

- 지속적인 무인기 원격 식별과 식별 정보를 관련자에게 제공함

- 지리적 주의 경보(운항조건과 제한, 일시적 금지사항 등) 제공
- 무인기 운항 허가 서비스(충돌회피, 공역제한 사항 등 고려)
- 무인기 운영자에게 타 비행체의 비행로, 근접 위치 정보 등 교통정보를 제공함

또한, 국가는 ARA 결과에 따라 다음과 같은 추가적 서비스 제공을 의무화할 수 있다.

- 기상정보와 기상예측 정보를 무인기 운영자 및 USSP에게 제공함
- 무인기 운항의 합치성conformance을 감시하여 무인기가 승인된 비행로에서 벗어나거나, 인접한 무인기가 비행로를 벗어나면 경보 서비스를 제공함

상기의 서비스에 추가하여, CISCommon Information Service는 모든 공역에서 제공되어야 한다. 이 서비스의 목적은 공역의 지리적 경계라든지, 적용되어야 하는 운항요건, 해당 공역에 인증된 USSP의 목록 등의 공통적 정보를 모든 관계자가 알 수 있도록 하기 위한 것이다.

U-Space 공역이 관제공역 안에 설정된 경우는, 유인기들이 무인기와 분리될 수 있도록 ATC에 의하여 DARDynamic Airspace Reconfiguration[10]이 적용되어야 한다. 반대로, U-Space 공역이 비관제공역에 설정된 경우는, 유인기들이 DAR 정보 없이 U-Space 공역에 들어갈 수 있다. 이런 경우에, 유인기들은 USSP에 지속적으로 자신의 존재를 전자적으로 드러냄으로써, 무인기 운영자들이 해당 유인기의 존재를 파악하여 안전운항을 할 수 있도록 할 수 있을 것이다. 유인기들이 U-Space 공역에서 운항하는 경우 U-Space 공역 서비스는 유인기에 제공되지 않는다. 또한, IFR 비행을 하는 무인기들은 IFR 비행을 하는 유인기와 똑같은 규칙을 적용받기 때문에, DAR 서비스나, 전자적 존재 표

10 DAR의 정의는 다음과 같다. "the temporary modification of the U-space airspace in order to accommodate short-term changes in manned traffic demand, by adjusting the geographical limits of that U-space airspace"

시, 서비스 제공 등에 IFR 유인기와 같은 규칙을 적용받게 된다.

공역 등급 측면에서, U-Space 공역은 제한구역restricted area으로 취급하므로, 유인기든, 무인기든 특정한 접근조건을 적용받는다. 아래의 표는 U-Space 공역의 주요요소를 정리한 것이다.

표 2-6 The main elements of U-space airspace

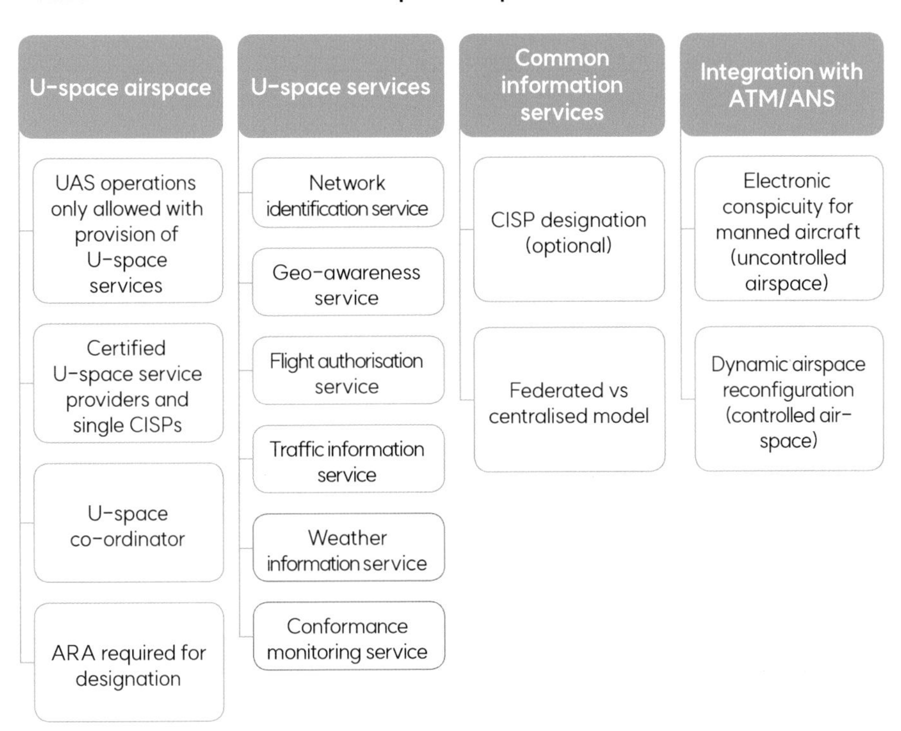

U-Space 공역 운영에 따르는 위험의 원천을 안전 분야와 보안 및 환경 분야로 나누어 설명한다.

1) 안전분야 위험 원인

항공분야에서는 이미 운항 안전과 위험요인에 대해서 많은 논의를 통한 체계 수립이 되어 있다. 무인기 운항과 관련해서는 저고도 운항과 인구 밀집지역을 포함하는 공역에서의 사고에 따른 지상 피해가 공역 위험평가ARA: Airspace Risk Assessment에서 고려되어야 할 것이다. 또한, 초기에는 무인기에 사람이 탑승하지 않을 것도 생각해 보아야 할 것이다. 안전분야 위험원인 식별을 위한 ARA에는 다음과 같은 피해 요인이 고려되어야 할 것이다.

- 공중에서 발생할 수 있는 피해, 즉, "air risks"로서 비행 중 유인기와 충돌하여 유인기 탑승자에게 미칠 수 있는 피해가 고려되어야 함. 궁극적으로는 무인기의 Certified category 운항에도 인간의 탑승이 예견되지만, 초기에는 무인기에 사람이 존재하는 상황은 없을 것임.
- 지상에서 발생할 수 있는 피해, 즉, "ground risks"로서, 무인기가 공중에서 충돌하거나 파괴되어 그 파편에 의해서 지상 인원이 죽거나 다칠 수 있으며, 또한, 무인기가 지상에 충돌하여 사람을 살상할 수 있는 상황을 고려하여야 함.

Air risks는 다음과 같은 요인을 고려하여 산정할 수 있을 것이다.

- **항공교통량의 밀도**: 공항지역, 병원인근 등이 고밀도일 수 있고, 기타 유인기 비행활동이 빈번한 특정지역도 고밀도 교통량 지역이 될 수 있음.
- **상대 항공기의 기종**: 충돌한 상대 유인기 항공기는 대형 여객기일수도 있고, 일반항공이나 글라이더, 패러글라이더 등일 수도 있으므로 기종에 따른 인명 비행의 규모가 달라질 것임.

반면에 "ground risks"는 다음과 같은 요인의 고려가 필요하다.

- **인구 밀집도**: 거주지 상공의 공역은 상시적 고밀도 지역이 되고, 상업지구, 업무지구 등은 시간에 따라 인구 밀집도가 고밀도로 될 것이며, 행사나 스포츠가 빈번한 지역은 일시적인 인구 고밀도 현상이 발생할 것임. 병원이나 학교도 인구 밀집 지역인 동시에 안전 민감지역으로 고려될 것임
- **주거건물과 차단물**: 사람이 주거 건물이나 차단 장애물이 있는 곳에 존재하는 경우 피해는 경감될 것임.

- **항공기 기종**: 항공기의 크기, 중량, 운동에너지 등도 피해 수준에 영향을 줄 것임

Air risk와 ground risk는 상호작용을 하여 위험이 증가할 수도 있다. 예를 들면, 항공교통량이 많으면 air risk가 증가하는데, 항공기가 충돌하면 파편에 의한 상해로 인해 ground risk도 증가하게 된다. 또한, ground risk로 인명 피해 이외에 지상의 중요한 시설의 파괴에 의한 피해도 고려해야 한다. 즉, 발전소, 교량, 항행 안전시설, 병원 등을 파손하면 사회/경제적으로 심각한 장애가 발생하기 때문이다.

2) 보안, 환경 및 기타분야 위험요인

보안 위험은 안전위험과는 달리 범죄 활동에 의한 위험으로 의도적인 가해 행위와 관련된다. 범죄자들은 주요 시설물이나 주요 인물 등에 가해 행위를 시도할 수 있어서 무인기 운항이 범죄행위의 목표물이 될 수도 있다. 전자 통신에 깊이 의존하는 무인기 운항과 관련해서는 특히, 사이버 범죄에 의한 보안 문제를 고려해야 할 것이다. 또한, 무인기에 의한 사생활 침해(비밀 사진촬영, 비밀 자료 조사 등)도 무인기 운항위험평가에서 고려되어야 할 것이다.

무인기 운항분야에서도 유인기의 경우와 마찬가지로 소음, 공해물질 배출, 기후변화 등의 환경문제의 고려가 요구된다. 무인기 운항 분야는 또한, 유해물질 누출문제도 환경문제에서 고려되어야 한다.

3_ U-Space 공역 위험평가(ARA)의 필요성

무인기 운항이 새로운 형태의 비행으로 제대로 자리매김하기 위해서는 안전성 확보가 가장 중요한 전제조건이다. 즉, 무인기를 공역에 수용하기 위해

서는 무인기 운항에 따른 안전, 보안, 사생활 보호 등이 보장되어야 한다. 기존의 항공분야는 이러한 안전성 확보 절차가 잘 수립되어 있고, 위험평가와 위험완화 방안이 심도 있게 논의되고 정립되어 있다.

위험평가ARA는 비행활동에 의해 피해를 일으킬 수 있는 요인과 상황 및 절차를 발견하기 위하여 총체적 시스템을 완전하게 살펴보는 것이다. 우선은 피해를 일으킬 수 있는 위험요인hazards을 식별한다. 일단 hazard가 식별되면 그 hazard로 인한 위험risk을 분석하는데 risk의 크기는 사건 발생의 가능성likelihood과 피해의 심각성severity에 의해 결정된다. risk가 너무 크면 완화 조치를 적용하여 risk가 수용 가능한 수준이 되었을 때 운항이 허용된다. U-Space 공역을 지정하기 위한 위험평가ARA에서는 기초 조사를 실시하여 U-Space 서비스 필요성, 공역 재디자인의 필요성, CNS의 필수적 요건, 지오펜싱 요건, 공역등급 등을 결정한다. 물론, ARA 계획 단계에 해당 공역 운영의 목적과 현실적 조망이 적용되어야 한다.

4_ U-Space 공역 위험평가 방법

U-Space 공역 위험평가는 다음과 같은 세 단계로 이루어진다.

1) **준비단계(Preparation phase)**: 평가해야 할 공역의 볼륨 등 평가 범위가 설정되고, 평가팀이 구성되며, 평가에 필요한 자원을 획득한다. 이 단계의 산출물은 ARA 프로젝트의 범위를 상술한 "Scoping Document"이다.

2) **기준시나리오단계(Reference Scenario phase)**: 두 번째 단계는 공중과 지상을 포괄하는 평가의 맥락을 완전하게 이해하는 절차이다. 핵심적인 업무는 데이터 수집, 면담실시, 데이터확인 등을 거쳐 기준시나리오Reference Scenario를 수립하는 것이다. 이 단계의 산출물은 평가 대상 공역에 대한 완전한 사전 통찰을 제공할 수 있는 "Reference Scenario"일 것이다.

3) **평가단계(Assessment phase)**: 마지막 단계로서 안전성, 보안성, 사생활 보호, 환경위험 등을 평가하는데, 핵심 산출물은 "Airspace Risk Assessment ARA"가 될 것이다. ARA는 해당 공역에서 운항할 수 있는 무인기의 능력과 성능요건, U-Space 서비스 성능요건, 공역의 한계 limitations와 운영제한성 operational constraints 등이 평가되어 서술하여야 하는데, 해당 공역의 운영개념 ConOps과 Reference Scenario에 근거하여 평가되어야 한다. 평가에서는 위험요인 hazards을 식별하고 위험요인에 따른 risk도 평가하며, 적절한 위험완화 방법을 제시하여 해당 공역이 수용 가능한 안전성 수준(운항안전, 보안, 사생활 보호, 환경문제 포함)에서 운용될 수 있는 방안을 식별해야 한다.

위와 같은 3단계 U-Space 공역 평가 방법을 그림으로 설명하면 다음과 같다.

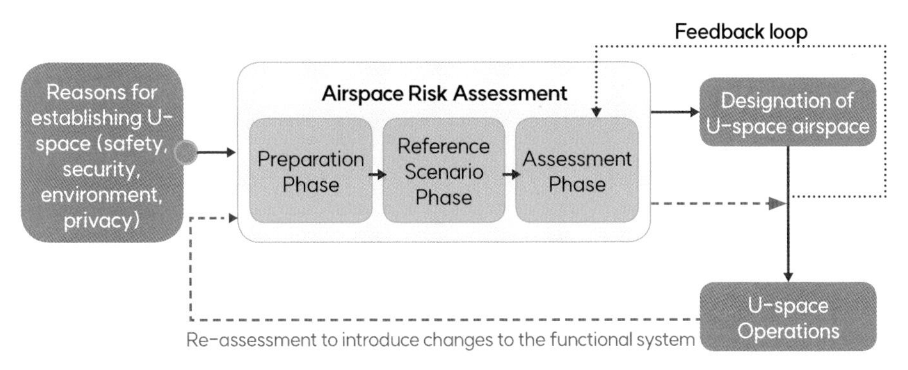

* 그림 2-6 **The phases of a U-space Airspace Risk Assessment**

위에서 살펴본 대로 공역 위험평가에는 두 가지 자료가 필요하다. 하나는 Reference Scenario로서, 평가해야 할 공역의 상황을 설명해주는 맥락 context을 이해하기 위한 것이고, 다른 하나는 ConOps라는 문건이다. ConOps는 공역 위험평가를 위해서 해당 공역을 어떻게 운용할 것인지 서술해주어야 한다. ConOps와 관련된 설계서들은 공역 위험평가 과정에서 밝혀진 사항들을 반영하여 업데이트되어야 한다. 위험평가와 기타 필요한 조치들이 상호작용을 한 후 공역이 활용될 수 있을 것인데, 안전성 확보를 위한 필수요건들을 시뮬레이션 등의 방법을 통하여 확인validation할 필요가 있다. 아래 그림은 공역 위험평가ARA의 Input과 Output을 보여준다.

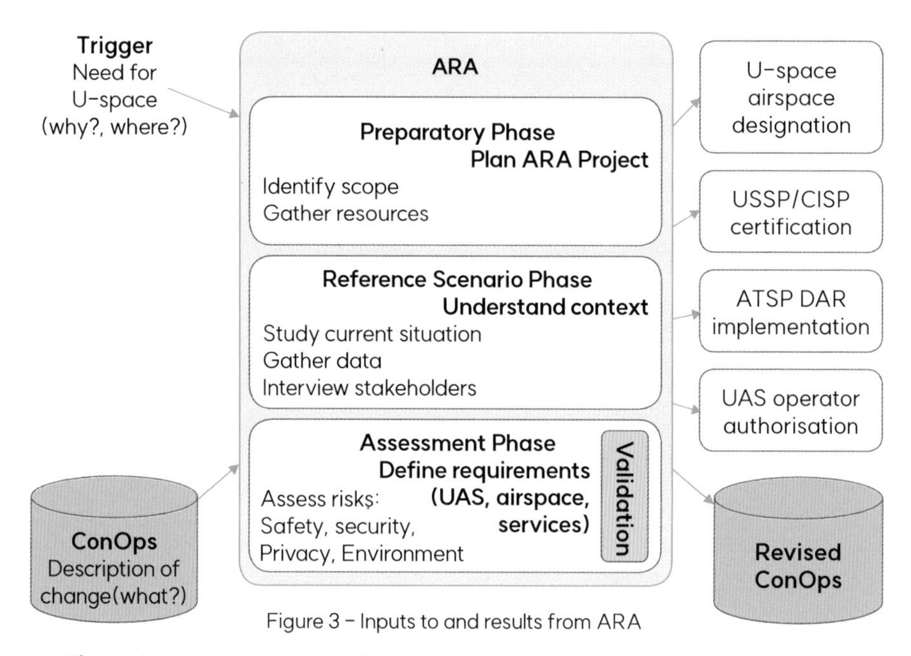

• 그림 2-7 **Inputs to and results from ARA**

제3장

무인항공기 교통관리

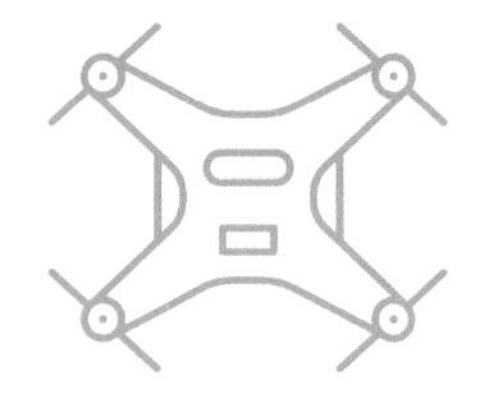

제 3 장

무인항공기 교통관리[1]

제 1 절 무인항공기 운항 시스템 개요

1_ 무인기 운영시스템의 개념과 구성

무인기가 하늘을 날려면 무인기 자체뿐만 아니라 무인기를 통제하는 사람과 통제에 사용되는 장비나 시스템이 있어야 한다. 다시 한번 정리하면 무인비행을 위해서는 기본적으로 3개 부문이 필요한데, 바로 무인항공기와 항공기를 지상에서 통제하는 사람과 항공기와 통제자를 연결해주는 시스템 등의 3요소이다. 그러나, 무인기는 활용 목적과 여건에 따라 비행활동을 위해 필요한 구성 요소가 추가되거나 세분화될 수 있는데, 포괄적으로 세부요인을 열거

1 제3장은 ICAO의 무인기 항공교통관리 지침서(Unmanned Aircraft Systems Traffic Management (UTM) - A Common Framework with Core Principles for Global Harmonization, Edition 3, 및 ICAO UAS Model Regulation, 미국과 유럽의 무인항공교통관리 개념 소개 서적들을 참고하였다. 별도의 주석이 없더라도 선진 국제항공사회에서 발간한 문헌의 내용을 종합적으로 이해하여 정리한 부분들이 많음을 이해하기 바란다.

하면 다음과 같은 리스트로 정리할 수 있다.[2]

(1) Multiple aircraft(업무 목적에 따라 복수의 항공기가 필요함)

(2) Ground control shelters(Communication, Command, Control 기능)

(3) A mission planning shelter(무인기 운영자 기능)

(4) A launch and recovery shelter(이착륙 지원에 필요한 요소);

추가적으로 다음과 같은 요소들이 필요할 수도 있다.

(5) Ground data terminals

(6) Remote video terminals

(7) Modular mission payload modules

(8) Air data relays

(9) Miscellaneous launch, recovery and ground support

한 가지 짚고 넘어가야 할 것은 무인기 중에는 지상에서 사람이 실시간으로 통제를 하면서 비행하는 경우도 있지만, 사전에 마련된 프로그램에 의하여 자율Autonomous 또는 반자율Semi autonomous로 비행하는 경우도 있어 지상 통제자가 실시간으로 반드시 필요하지 않은 때도 있다는 것을 유의해야 한다.

무인기 운영시스템의 3요소 중에서 사람(통제자)과 항공기를 연결해주는 시스템에 대해서는 좀 더 알아볼 필요가 있다. 통제자가 무인기를 운항할 수 있도록 연결해주는 기능을 위해서는 통신Communication, 명령command, 통제control가 필요하다. 이를 '3C'라고도 한다. 즉, 항공기를 제어하는 명령과 통제가 요구되고 이를 전달하기 위해서는 통신수단이 있어야 한다. 무인기 초기 시절에는 통신 수단으로 무선 컨트롤radio control을 활용했고 오늘날에도 소형의 좁은 공간에서 운영되는 무인기는 radio control로 운항하기도 하지만, 현대에는 위성 통신satellite communication과 GNSS 항법이 흔히 사용된다.

2 Suraj G. Gupta et al,Review of Unmanned Aircraft System (UAS), International Journal of Advanced Research in Computer Engineering & Technology, 2013

무인기 운영에 있어서 중요하게 고려되어야 할 요소 중 하나가 안전성 확보이다. 제한된 공역에서 비행하는 무인기의 대수가 많아지면 무인기끼리 충돌할 위험이 증가하고 인간의 사회 활동이 많은 지역에서 운영하는 경우 무인기와 지상 건조물 또는 지상에 있는 사람들과 충돌할 가능성도 있다. 또한, 무인기가 고고도로 비행하거나 공항 주변에서 운항하는 경우 무인항공기와 충돌할 위험성도 크다. 따라서, 국가는 무인기 운영과 관련하여 안전규제 체제를 세심하고 과학적으로 확립하고 이행해야 한다.

2_ 무인항공기 운영 안전규제 개요

무인항공기 운영이 본격화되면서 비행 안전관리를 위한 규제체제가 논의되었다. 비행체 운영과 관련한 가장 영향력이 큰 안전확보 체제는 국제민간항공기구(ICAO)의 규제체제일 것이다. 국제민간항공기구는 기존의 유인항공기 안전확보를 위한 항행서비스 체계 및 운항업무 관련 규제체제의 표준들을 제정하고 이행을 주도하고 있다. ICAO는 현재, 국가의 항공안전 확보를 위한 항공교통관제당국을 항행서비스제공자ANSP: Air Navigation Service Provider로 통칭하고 있다. 그런데, 많은 무인항공기는 기존 유인기의 비행이 허락되지 않는 저고도에서 운항하는 것이 일반적일 것이므로 별도의 항행안전체제와 이행 당국이 필요할 것이다.

ICAO가 현재의 유인기 안전 운항 확보를 위한 항공교통관리를 ATMAir Traffic Management이라고 한다는 것은 잘 알려져 있다. ATM에 상응하는 무인항공기 교통관리는 UTMUAS Traffic Management이라고 지칭하기로 했다.[3] 또한, 이 문건에 의하면 무인기를 위한 항행안전서비스 제공 당국을 UTM Service Pro-

3 국제민간항공기구, Unmanned Aircraft Systems Traffic Management (UTM) - A Common Framework with Core Principles for Global Harmonization, Edition 3.

vider USP라고 칭하여 유인기 항행안전 서비스 제공 당국인 ANSP에 상응하는 개념으로 지정했다. 물론, 기존 유인기와 같은 공역을 활용할 수도 있는 무인기, 특히 실시간 원격조종 무인기인 RPA 같은 경우는 기존 유인기와 같은 공역을 사용할 수도 있으며 ANSP에 의하여 관제 서비스가 제공될 것이다. 따라서, 무인기를 다음과 같이 분리해서 규제할 필요가 있을 것이다.

1) 원격 조종 무인항공기 (RPA)

ICAO는 무인항공기를 실시간 조종을 하지 않고 자율 운항을 하는 무인기와 원격으로 실시간 조종하여 비행하는 RPA Remotely Piloted Aircraft 등 크게 두 가지 부류로 나누어 안전확보를 위한 교통관리 규제를 적용한다. RPA 중에서 일부는 기존의 항공교통시스템에 통합할 수 있고, 무인항공기와 함께 기존의 항공교통관리 ATM: Air Traffic Management 체제에서 관리할 수 있을 것으로 예단하고 있다.[4] 즉, 이 그룹의 무인기들은 원격 조종자와 관제사 간에 통신하면서 운항할 수 있어야 하므로, 원격 조종자들은 무인항공기 조종사와 같은 수준의 안전한 항공운항을 위한 지식과 능력을 갖추어야 할 것이다.

2) 유인기와 분리된 공역을 운항하는 소형 무인기

한편, ICAO는 2000년도에 유인기와는 다른 공역을 사용하는 무인항공기 운영과 관련한 안전확보를 위한 안전규정 모델 초안을 작성하여 각 회원국이 참고할 수 있도록 했다.[5] ICAO의 MODEL REGULATIONS는 무인항공기 운영 안전규제 체제 출발의 중요한 기초가 될 것이므로 아래에서 상세히 소개하겠다.(참고로 이 모델 규정은 25kg 이하의 무인 비행체 운영과 관련된 안전규정이라는 점을 이해하기 바란다.)

4 ICAO Circular 328-AN/190, "Unmanned Aircraft Systems (UAS), ICAO 2011
5 ICAO MODEL UAS REGULATIONS, ICAO, 2020

(1) 무인항공기의 등록과 등록증명

각국의 항공당국(Civil Aviation Authority: 우리나라의 경우 국토교통부 항공정책실)은 무인항공기 등록에 관한 규정을 제정하고, 무인기가 표준적인 무인기 운영 조선하에서 운영되도록 해야 한다. 표준직인 무인기 운영조긴은 다음 시항을 포함한다: 무인기는 운영자의 직선 시야 내에서 운영되어야 하고, 고도 120m(400ft) 이하에서 운항해야 하며, 30m 이내에 무인기 조종자 이외의 다른 사람이 없어야 하고, 관제 공역(또는 공항)에서 4km 이상 떨어진 곳이면서 비행금지구역, 제한구역, 인구밀집지역이 아니어야 한다. 또한, 화재 지역이나 안전관련 활동 지역에서는 당국의 허가 없이는 비행 활동이 금지된다. 항공당국은 사용자의 신청에 따라 무인기 운영 허가 지역을 지정할 수 있다.

(2) 관제공역(Controlled Airspace)에서의 무인기 운영

관제공역에서의 무인기 운영은 해당 공역의 관제기관으로부터 인가를 받은 경우에만 가능하며, 운영자는 항공무선통신 자격을 갖추고 해당 주파수를 청취하여야 하며, 방송 및 필요한 통신을 수행해야 한다. 무인기는 또한, 유인항공기에 양보해야 하며, 유인기로부터 안전거리를 유지해야 한다.

(3) 위험대책과 물건의 낙하

무인기 운영자는 주변의 사람이나 물건 또는 다른 비행체에 위험을 주지 않도록 해야 하며, 특히, 비행 중에 물건을 떨어뜨리지 않도록 해야 한다. 또한, 무인기는 안전을 위협하지 않도록 운영해야 하며 음주와 약물 중독 상태에서 운영해서는 안 된다.

(4) 날씨와 시간(주간/야간)

무인기는 별도의 허가 없이 야간이나 구름 속으로 운영해서는 안 되며 시계비행 날씨VMC: Visual Meteorological Conditions에만 운영할 수 있다.

(5) 무인기 조종자의 자격

무인기 조종자는 16세 이상으로서 항공과학지식aeronautical knowledge, 항공기본이론Aviation theory 지식을 평가하는 시험을 거쳐야 한다. 또한, 실기 능력을 위해서 해당 무인기의 운영 교육 훈련, 무인기 제작자가 실시하는 교육 등을 받고 안전운항 테스트 등 정부의 항공당국CAA이 실시하는 비행 시험을 통과해야 한다.

제2절 무인항공기 교통관리 체계

1_ 무인항공기 교통관리(UTM)의 목적과 기능

UTM의 목적은 무인기UAS 운항 활동이 안전하고, 경제적이고 효율적으로 이루어질 수 있도록 기반시설과 서비스를 제공하는 것이다. ATM과 마찬가지로 UTM도 목적 달성을 위하여 지상, 공중 및 우주 기반의 CNSCommunication, Navigation and Surveillance를 활용하여 인간, 정보, 기술, 시설 및 서비스를 협조적으로 통합하여 활용하며, UTM은 최소한의 전자 장비로 운항하는 간단한 무인기로부터 자율 비행의 UAS까지 다양한 성능의 무인기를 지원해야 한다. UTM이 상기와 같은 환경하에서 목적 달성을 위해서 필요한 정보들은 다음과 같다.

(a) 각 무인기의 미션/영업운항 계획과 비행궤적trajectory

(b) 실시간 기상정보와 바람정보

(c) 기상과 바람에 대한 예측 정보

(d) 공역 제한constraints의 동적인 적응dynamically adjusted을 위한 정보

(e) 민감지역에서 발생하는 지역 사회의 일시적 요구 변화에 관한 정보

(f) 인공구조물과 자연적 지형을 포함하는 삼차원 지도

UTM은 상기와 같은 입력 데이터를 확보하기 위하여 지속적인 CNS 환경에 있어야 하고, 저고도 레이더, 셀cell[6], 인공위성 등의 지원이 필요하다. 또한, 안전확보를 위하여 CNS 환경은 지속적이고 신뢰도가 높은 정보를 받을 수 있어야 하고 중첩적인 데이터에 의한 확인이 가능하도록 해야 할 것이다. UTM은 인증, 공역설계, 공역 코리도corridor, 동적인 지오펜스, 기상통합, 제약관리constraint management, 순서관리와 안전분리, 안전을 위한 궤도변경, 우발사태 관리, 전환위치(transition location: 관제공역으로 전환하는 지점) 등을 제공해야 하고 지오펜스 설계와 동적인 조정 등도 담당해야 한다.

UTM은 무인기들의 자동화 특징을 활용하도록 개발되어야 한다. 즉, 무인기 운항 속성들의 자율조정self configuration, 자율적 최적화, 자율적 보호, 자율회복 등이 고려되어야 하고, 인간은 전반적인 공역 운영 방향과 UTM 운영 목적 등을 설정하는 역할만 하도록 고려해야 한다.[7] 자율조정이란 현재의 기상상태 또는 예측된 기상상태에서 운항을 계속할 것인지를 결정하는 것이다. 자율적 최적화는 주어진 교통 수요 상황에서 항공기 운항을 가장 효율적으로 하기 위해서 공역을 어떻게 조정할 것인지를 결정하는 것이다. 자율적 보호는 CNS와 항공기에 관련된 모든 센서 데이터가 정확하고 운항이 무결점 상태일 때 확보된다. 자율회복은 안전하게 정상 상태로 회복되는 것을 의미한다. UTM의 주요 특징은 모든 비행체를 끊임없이 감시하는 인간 운영자가 필요하지 않다는 점이다. UTM 시스템이 인간을 대신하여 감시를 수행하고 자동으로 이행한다. UTM 시스템은 또한, 인간 관리자가 공역 운영의 시작, 지속적 운영 또는 종결과 같은 전략적 의사결정을 할 수 있도록 올바른 데이터를 제공해주어야 한다.

6 이동통신에서 하나의 기지국이 포괄하는 지역을 가리키는 개념

7 NASA, Unmanned Aerial System (UAS) Traffic Management(UTM): Enabling Low-Altitude Airspace and UAS Operations, NASA/TM, 2014-218299

2_ UTM 교통안전 확보의 기본 원칙

군사용으로 긴요하게 활용되면서 기술발전을 해온 무인기가 최근에 민간용으로 광범위하게 활용되기 시작했고 가까운 미래에는 더 다양한 용도로 활용될 것으로 예견하고 있다. 물류 분야의 소형화물 배달, 기간시설 감시, 농업활동, 방문 의료서비스 등, 매우 많은 분야에서 무인기가 활용될 것이다. 따라서, 각 국가 또는 공역 규제당국은 유인기가 비행하지 않는 저고도에 민간용 무인기 비행을 신청하는 사례가 급격히 늘고 있음을 인식하고 있고, 무인기 비행활동이 머지않은 장래에 유인기를 능가할 것으로 보고 있다. 따라서, 무인기의 안전 운항과 효율적인 공간 활용을 위한 무인기 운항의 안전확보 시스템 개발이 선결 조건으로 대두되고 있다.

미국의 연방항공청이 무인기 운항 공역을 지상으로부터 400피트 이하 고도로서 유인기가 사용하지 않는 공역으로 규정하고 있는 등[8], 현재 개발되었거나 개발되고 있는 무인기 운항은 저고도 공역에서 주로 이루어질 것이다. 또한, 무인기가 운항하게 될 공역은 도심지역의 매우 교통량이 많고 번잡한 공역도 있을 것이고 시골 지역의 매우 한산한 공역도 있을 것이다. 따라서, 무인기들의 장착 장비도 다양한 목적에 따라 매우 다양해질 것이다. 추가하여 저고도 공역에서 무인기와 함께 비행해야 하는 기존의 비행체들, 즉 유인 경비행기general aviation, 헬리콥터, 글라이더 등도 동일 공역에 수용해야 하므로 저고도 공역관리도 한층 더 복잡할 수밖에 없다.

먼 미래에는 무인기들이 관제공역이나 비관제공역을 모두 사용하게 될 것으로 예측하며, 다양한 무인기 기술을 포괄할 수 있는 안전표준Standards의 개발을 적기에 할 수 있을지 우려하고 있다. 특히, 항공기 설계 및 장착 장비 등의 기술이 유인기보다 다양하게 전개되고 있고, 항공통신 및 항행기술에 있어

8 FAA homepage, 2021

서도 전통적인 방법이 아닌 첨단 기술(예: AI, Automation, Robotics)의 적용이 시도되고 있는데, 이를 수용할 수 있는 인증certification이나 운영승인operational approval 등을 위한 정부의 제도 개발이 손쉬운 일은 아닐 것이기 때문이다.

각국 정부들은 항행활동에 신기술을 효과적이고 효율적으로 수용하기 위한 제도 개발에 고심하고 있지만, 충분한 국제적 화합 없이 개발하면 무인기에 의한 공역의 안전성, 보안성, 효율성, 환경보존성 등이 확보되기 어려울 것이다. 이와 같은 문제의 해결을 위해 무인기 운영을 조정하고 관리하는 무인기 항공교통관리UTM: UAS Traffic Management 개념이 ICAO를 중심으로 제기되었다. 특히, 다수의 비가시 운항BVLOS: Beyond Visual Line-of-sight에는 항공교통관리가 필요한데, 공역 운영 개념, 데이터 교환 요건, 지원체계 등이 마련되어야 할 것이다. 그러므로, UTM의 목적은 당연히 저고도 공역의 안전하고 효율적인 무인기 운항 활동 지원이라고 할 수 있을 것이다. 이러한 목적 달성을 위하여 공역설계와 동적인 공역배치, 동적 지오펜싱geofencing 운영, 악기상과 강한 바람의 회피를 위한 서비스 제공, 교통혼잡 관리, 지형적 위험 회피, 노선 계획과 수정, 안전분리 관리, 순서관리sequencing, 우발사태 관리 등을 위한 서비스도 제공되어야 할 것이다.

ICAO의 UTM 개념은 무인기 항공교통관리의 세계적인 화합의 기본이 될 것이다. ICAO는 기존의 유인기 항공교통관리 개념인 ATMAir Traffice Management의 업무 담당기관을 ANSPAir Navigation Service Provider라고 명명했듯이, UTM 업무 담당기관을 USPUTM Service Provider라고 명명하기로 했다.

효과적으로 개발된 UTM을 활용하여, 각국 정부의 무인기 안전운항을 책임지는 항공관제 당국과 USP는 무인기 공역 이용자나 무인기 조종자에게 공역 활용의 제한사항 관련 정보 등을 실시간으로 제공할 수 있어야 할 것이고, 무인기 운영자는 주어진 제한 조건하에서 항공기를 안전하게 관리하는 책임을 져야 할 것이다. 즉, 무인기 운영자는 기존의 유인기 관제당국Air Traffic Control으로부터 직접적인 통제 서비스를 받지 않고, USP를 통하여 UTM 체제에 참여해야 할 것이다. 무인기 항공교통 관제 당국, 무인기 관리 당국, 무인기 운영자 또는 무인기 조종자들 간의 교신과 협조는 APIApplication Program Interfaces에 의한 자동화 네트워크에 의해 실현될 것으로 보고 있다. 초기에는 UTM은 기존의 유인기 항공교통관리 체계인 ATM과 분리하는 개념으로 개발할 것으로 예견되지만 궁극적으로 UTM과 ATM이 통합되어야 할 것으로 보고 있다.

3_ UTM과 ATM공역의 공존과 UTM 시스템 승인

ATM은 공역설계의 원칙과 조종사와 관제사 간의 협조적 의사소통을 기반으로, 명백한 역할 및 책임 분담을 통하여 공역과 항공기 운항을 안전하고 효율적으로 관리하는 시스템으로 자리 잡았다. 무인기 운항활동은 UAS의 기술적 발전에 따라 인류의 사회, 경제적 활동에 심대한 기여를 할 것으로 예견되지만, 제한된 공역의 활용에 있어서 유인기 시스템과 공존할 수 있도록 발전해야 하는데, 물론, 안전확보가 최우선으로 고려되어야 한다. 따라서, UTM은 기존의 ATM의 안전을 저해하지 않는 방법으로 개발되어야 한다(예: 주파수 포화문제, 전파방해 등). 그 밖에도 사회적 수용성 확보를 위해 사생활 침해, 보안성, 신뢰성, 환경보존성 등의 고려도 필요하다. 또한, 무인기 운영자는 최소한의 안전표준을 준수해야 할 것이고, 정기적 운영을 공공적으로 하려면, 운영적 측면과 법적 측면의 기준도 준수해야 할 것이다. 이러한 문제들은 위험규제, 성능기반 규제, 감시 감독 등에 의존할 것이며, 기술발전에 의한 새로운 형태의 문제해결도 고려해야 할 것이다.

어떻든, UTM이 안전성과 효율성을 증진하고 확장성을 확보하려면 기존의 ATM 시스템과 공존할 수 있어야 한다. 따라서, UTM 개발의 기본 원리들은 ATM을 참조해서 개발해야 하는데 다음과 같은 사항들이 ATM으로부터 참조되어야 할 것이다;

(1) 항공기 운영 서비스는 규제당국의 감시를 받아야 함.
(2) 비상 상황 및 공공 안전 업무 수행 항공기에 대한 우선권 부여
(3) 조건이 같은 항공기의 공역 접근에 대한 공정성 확보
(4) 항공기 운영자는 특정 등급의 공역에서 적절한 정상운항, 비상운항 등을 수행하는데 필요한 자격을 갖출 것
(5) 국가는 UTM에 의해 관리되는 무인기 운영자의 안전, 보안 의무 수행을 감시하기 위해 무인기 운영 관련자 및 장소에 접근할 수 있어야 함
(6) UTM 능력 향상을 위해서 UTM 커뮤니티에 안전문화를 정착시킴
(7) 자유롭고 공개적인 사건, 사고의 보고가 이루어지도록 함

또한, 국가가 UTM 시스템의 운영을 승인할 때 다음과 같은 안전확보 요인을 평가해야 할 것이다;

(1) 운영하고자 하는 무인기 기종과 성능 특성(예: 항행능력과 성능)
(2) 기존 공역 체계 구조의 적절성과 복잡성
(3) 범위의 가용성과 적절성
(4) 운항의 본질
(5) 기존 교통량과 기대 교통량의 종류와 밀도(유인기, 무인기 포함)
(6) UTM 시스템의 운영 용량과 공역 제한요인
(7) UTM 시스댐과 UAS의 자동화 능력과 수준
(8) 규제 구조
(9) 기상요인
(10) UTM 공역 내의 모든 UAS에 대한 상호 협조 의무
(11) 비협조 UA의 탐지 및 분리 조치
(12) AIS와 항공학적 자료의 관리
(13) UTM 공역에 필요한 추가적인 지리정보시스템

UTM 공역에서 운항하는 UAS들은 유인항공기처럼 국가의 항공당국에 등

록되어야 할 것이다. UAS 등록은 각 무인기의 개별적 식별UA ID과 소속 국적 등을 확인하는 데 필요할 것이다. 무인기의 효과적인 식별을 위한 등록 정보에는 무인기 자체 식별과 원격 조종자 정보, 원격 조종국 정보 등이 연계되어 포함되어야 할 것으로 보고 있다. 이러한 정보들이 각 무인기 ID와 연계되어야만 무인기 운항의 안전, 보안 사건/사고가 발생했을 때, 문제처리와 책임소재 확인 등이 가능할 것이기 때문이다. 또한, UAS 등록 정보는 국제적으로 통용될 수 있고 적절하게 관리되어서 무인기 지원 서비스에 효과적으로 활용될 수 있어야 할 것이다.

UTM 시스템은 지정 공역 내에 있는 모든 UAS를 추적할 수 있어야 한다. 이러한 추적 정보는 UAS의 운항안전과 보안에 필요할 뿐만 아니라 전반적인 공역설계나 관리에도 필요하다. UTM 시스템의 UAS 추적 능력은 시스템의 신뢰성, 회복성, 시스템 정확성, 실시간 정보 능력 등에 영향을 주고, 추적 자료를 저장하고 분석하여 UTM 시스템 기능을 향상시키는 데 활용할 수도 있다.

4_ UTM 시스템 필수요건[9]

UTM 시스템이 안전하고 효율적인 무인기 운항 공역을 운영하기 위하여 갖추어야 할 필수요건을 정리해본다. 시스템 필수요건은 공역설계, 지오펜싱, 항공기 분리 관리, 감지 및 회피, 궤도관리, 우발사태 관리, 악 기상 및 심한 바람 회피, CNSCommunication, Navigation, Surveillance 등과 관련된 요구사항들이다.

9 Kopardekar, Parmial, Unmanned Aerial System(UAS) Traffic Management(UTM): Enabling Low-Altitude Airspace and UAS Operations, Appendix A, NASA, USA

1) 인증(Authentication)

무인기가 UTM 공역에서 운항할 수 있는 최소 장비 요건을 갖추었는지 인증할 수 있어야 하고, 최소 요건을 만족시키지 못하는 불량 무인기를 탐지할 능력을 갖추어야 한다. 특히, 항공기 식별 번호VIN: Vehicle Identification Number를 모든 무인기에 적용하는 경우는 VIN을 확인할 수 있어야 한다.

2) 공역설계, 동적인 공역수정(dynamic airspace adjustment), 지오펜싱

방향성 규칙direction rules을 위한 적합 고도가 주어진 코리도 공역airspace corridor을 생성하고 동적으로 수정할 수 있어야 하는데(예: 하늘길), 이러한 기능은 기존 ATM 공역에서의 방향성을 위한 적합고도right altitude for direction rules와 유사하다. 이러한 하늘길 개념은 공역의 효율적 운영에 필요하다. 초기에는 고도 분리를 100피트로 하고 차츰 줄여가야 할 것이다. 항로 설정과 교통의 방향성 규칙을 위한 적합고도 설정을 위한 규칙을 수립하여야 하는데, 시간이 지나감에 따라 수정 변화가 불가피할 것이다.

또한, 지역사회 문제나 보안 및 화재 사건 등 특별한 필요성에 의해 회피해야 할 지역에 대하여 지오펜싱geo-fencing을 동적으로 생성하고 수정할 수 있는 능력도 갖추어야 한다.

3) CNS와 예측 및 분리 관리

지속적으로 CNS 서비스를 제공할 수 있어야 하는데 낮과 밤에 모두 제공 가능해야 하고(예: IMC, VMC), 모든 시정visibility 상황에서 제공할 수 있어야 한다. 10,000피트 이하 상공의 모든 이동 물체를 감지하고, 탐지하고 추적할 수 있어야 한다. 소화물 수송, 야생동물 감시, 화재진압 및 기타 무인기 활용

업무를 하는 무인기들은 10,000피트보다 훨씬 낮은 고도에서 운항하는데 일반적으로는 2000피트 이하의 G클라스 공역부터 사용될 것이다.

무인기UAS와 무인기 간의 잠재적 충돌이나 무인기와 다른 비행체와의 잠재적 충돌(예: 조류, 글라이더, 헬리콥터, 모델 항공기, 일반 경항공기, PAV, 특수목적의 기구 등)을 예측할 수 있는 능력을 갖추어야 한다. 또한, 향후 1마일 또는 5분 이내의 비행 궤도를 예측할 수 있어야 한다.

무인기들의 분리를 감시할 수 있어야 하고 교차 비행이나 최소 분리 기준 위반 조건을 예측할 수 있어야 한다. 최소 수평분리는 초기에는 1마일로 설정하고 차츰 줄일 수 있도록 한다. 운항이 발생하는 공역에는 센서에 의해 중첩적이고 지속적인 서비스가 제공될 수 있어야 한다.

4) 악기상과 바람 감시 및 예측과 종합

기상과 바람 조건에 관한 데이터를 실시간으로 평가하고 처리할 수 있는 능력을 갖추어야 하고 예측도 할 수 있어야 한다. 심한 바람이나 악 기상을 회피할 수 있는 수정 비행궤도를 전송해 줄 수 있어야 한다. 물론, 무인기들이 회피해야 할 기상의 최젓값에 대한 정의가 사전에 수립되어 있어야 할 것이다.

5) 지형과 인공장애물 회피

모든 무인기 비행궤도에서 회피되어야 할 지형, 지도, 고공 건조물, 전력선 등과 관련한 데이터를 최신화하고 유지할 수 있는 능력을 갖추어야 한다.

6) 자율성(autonomicity) 관련 고려사항

시정이 불량하거나 짙은 안개 등으로 센서나 감시 기능의 정확성이 떨어짐으로 인해서 분리 기준 완충 값을 늘릴 필요가 있는 경우 시스템을 자율 설정할 수 있어야 한다. 다음과 같은 네 개의 핵심 특성은 자율성 운영이 가능해야 한다: 자율설정self-configuration, 자율최적화self-optimization, 자율보호self-protection, 자율회복self-healing.

자율설정은 가장 효율적인 상황이나 악화된 상황(예: 높은 분리기준, 동적 지오펜싱 등)에서의 운항에 적용되고, 자율최적화는 주어진 교통 수요 상황에서 가장 효율적인 궤도를 생성하거나, 개별 항공기의 효율성을 유지하면서 전반적 처리량을 최적화하는 데 사용된다.

자율보호의 극단적인 예는 UTM 시스템이 운항에 필요한 지원을 할 수 없을 때 시스템을 죽이는 것이다. 이러한 상황은 악기상이나 구제 불능의 시정으로 인해 탐지 성능이 악화된 경우와 관련될 수 있는데, 이 경우 자율설정에 의해 그러한 악화된 상황에서 운항할 수 있는지를 판단하게 한다. 자율회복은 비정상 상황이 발생한 후 점진적으로 정상 상황으로 돌아갈 수 있는 능력을 의미하다.

7) 50피트 고려 조건(last 50 feet consideration)

지상에서 움직이는 사람이나 물체의 안전확보와 관련된다. 이 조건은 소화물 배달에 있어서 주변에 있는 사람이나 사물에 영향을 주지 않고 안전하게 전달하기 위한 것이다. 소화물 수취 지역에서 무인기에 탑재되었거나 탑재되지 않은 비전vision 시스템이 작동해야 할 것이다. 소화물이 적합한 장소에 전달되도록 하기 위해서는 접수와 승인이 필요할 것이기 때문에 50피트가 소요된다.

8) 사업 모델과 보험

UTM 시스템의 운영을 위해서는 보험이 필요하다. 다양한 비즈니스 모델을 상정한 보험을 생각해보아야 할 것이다. 예를 들면, UTM 승인을 받은 기관이 제3자에게 해당 UTM을 운영하도록 할 수도 있을 것이다.

9) 우발사태 관리(Contingency Management)

우발사태 관리의 예를 들면, 무인기가 연료가 고갈되거나 화물 처리 오류 등으로 비상 상황에 처했을 때, 적절한 비상 착륙 지점을 찾도록 지원하는 경우를 들 수 있을 것이다. 또한, 무인기가 링크가 실종되면 홈 기지로 돌아올 수 있어야 한다. 필요한 경우, 무인기나 무인기 운영센터와 통신하고 모든 무인기를 감시하여 모든 무인기가 동시에 가장 가까운 안전한 장소에 동시에 착륙하도록 할 수 있어야 한다. 이러한 기능은 불량 무인기를 식별해 낼 수 있고 불량 무인기들을 시스템에서 제거할 필요가 있을 때 사용할 수 있다.

10) 혼잡의 탐지, 예측 및 관리

혼잡을 예측하고 혼잡관리 지침을 제공하여 무인기(또는 무인기 운영자)가 궤도를 수정하거나 속도나 고도를 바꾸도록 할 수 있어야 한다. 또한, 교통량이 많은 공역코리도airspace corridor에서는 필요 도착시간을 생성하여 무인기들에게 순서배열 또는 분리 서비스를 제공할 수 있어야 한다.

11) 이질적인 비행체 결합

UTM 공역은 자동무인기와 비자동무인기를 모두 수용할 수 있어야 하며, 항로/궤도 지침은 UTM에 의존하여 제공할 수 있어야 한다. 또한, 출발지와 도착지별로 충돌회피conflict free의 효율적인 궤도를 어떠한 시간 조건에서도 생성할 수 있어야 하고, 무인기 운영자(또는 소유자, 임차자 등)가 제안하는 비즈니스 비행 궤도를 수용할 수 있어야 한다.

12) 보안(security)

하드웨어와 소프트웨어가 사이버 보안 위협에 노출되지 않도록 침입 탐지가 가능하고 최악의 경우 운영이 중지될 수 있어야 한다. 하나의 시스템이 기능을 못 하게 되더라도, 다른 운영 방안이 제공될 수 있어야 하며, 영업상 비밀인 궤도들은 보호되어야 한다. 인간이 UTM의 정상적 운영에는 간여하지 않지만 필요한 경우 인간이 시스템을 정지시켜야 한다.

13) UTM의 전반적 설계

UTM 시스템은 만약의 경우를 대비한 추가적인 지원 방안이 고려되어야 하고 최소한을 지키는 것이 필요하다. 또한, 연구, 분석 및 운영적 일탈 사태 등을 위하여 운항 궤도들은 기록 보존되어야 한다. 끝으로, 무인기들이 저고도에서 이탈하는 상황 등을 고려하여 기존 ATM 당국과 협조할 수 있어야 한다.

제3절 UTM 공역 운영과 UAS 지원 서비스[10]

1_ UTM공역 제한

국가는 다양한 이유로 무인기UA 운항지역을 제한하려 할 것이다. 안전에

10 제3절은 ICAO, Unmanned Aircraft Systems Traffic Management(UTM) - A Common Framework with Core Principles for Global Harmonization,의 본문과 Appendix C의 내용에 근거함

민감한 시설이 있는 지역, 군사활동 지역, 사회적 공공 집합장소, 유인기 착륙 지역, 요인VIP 보호 이유 등으로 무인기 활동을 금지하는 지역이 적지 않을 것이다. 무인기 비행제한 구역은 국가 또는 ANSP가 공식적으로 공표하여야 한다. 무인기 비행제한 구역에 대한 공보는 기존의 항공정보와 다른 특성이 있지만, 기존 항공정보와 같은 표준을 따르고 조화를 이룰 수 있어야 한다.

무인기 운항 제한 지역을 지정하는 지오펜싱geofencing 기능 개념 적용으로 무인기가 운항 제한 지역에 들어갈 수 없도록 하거나 비행 허가 지역을 이탈하는 것을 방지하도록 할 수 있다. 즉, 지오펜싱 기능에 의해 운항 안전과 보안이 확보될 수 있는데, 다음과 같은 두 가지 종류의 지오펜싱 기능 설정이 필요하다.

(1) 정적 지오펜싱 – 사전에 공표된 지오펜싱 기능(예: AIP나 공표된 비행제한 지역 리스트 등)

(2) 동적 지오펜싱 – 비상상황이나 공공적 사건으로 인해 일시적으로 사전 공고없이 무인기 운항을 제한하는 기능. 이러한 경우에는 대상 지역에서 이미 비행하고 있는 무인기에 비행 제한을 알릴 수 있는 체제를 갖추어야 한다.

따라서, UTM 공역을 운영하는 시스템은 공역의 가용성과 이용 제한에 관한 정확한 정보를 제공할 수 있도록 승인되어야 한다. 정확하고 정밀한 UTM 운영은 무인기 운항의 안전성과 보안성을 증진함으로써 무인기 운영자나 무인기 원격 조종자의 능력을 과도한 수준으로 요구할 필요가 없어서 무인기 활성화에 도움이 될 것이다.

2_ UTM공역의 정보통신 시스템

통제공역이나 비통제공역에 무인기 운항이 도입되려면 정보통신 시스템 문제가 대두된다. 무인기 운항을 위한 서비스 제공자나 이용자에게 정보를 전파하고 협조를 확보하기 위한 주요 정보통신 수단은 고도로 자동화된 API일 것이다. 복수의 UTM 서비스 제공자들이 공통의 정보통신 시스템 구조를 갖추고 있어야만 정보통신 시스템이 안전하고, 신뢰할 수 있으며 상호운용이 가능하고, 성능기반 규제에 적합할 것이다.

UTM 시스템의 정보통신 규약과 인터페이스는 무인기 통합운영의 안전성을 확보하는 데 주요한 역할을 할 것이다. 따라서, UTM의 정보통신 시스템 구조를 개발할 때 최소 성능과 상호운용을 위한 표준을 개발해야 하는데, 다음 사항을 특히 고려하여야 한다;

(1) 무인기 통제소와 무인기UA control station and UA 간의 C2 링크

(2) 무인기 간의 통신aircraft-to-aircraft communication

(3) 무인기와 다른 공역 이용자 간의 통신(예: 무인기와 유인기)

(4) 원격 조종자와 관련 ATM 또는 UTM 시스템과의 통신

UTM 통신시스템의 전반적인 틀은 미래 기술발전에 따라 다양한 형태로 발전할 것이 예상된다. 이러한 기술 개발에는 기존의 ANSP, 정부, 민간부문 등이 독자적으로 투자를 할 것이지만, 결국은 UAS와 관련 기관 간의 통신과 전략적 충돌회피deconfliction, 상황인식situational awareness, 비행계획, UAS 운항 승인, UAS 운영자와 FIMSFlight Information Management System와의 협조 등으로 집중하게 될 것이다. 그러나, 무인기 통신의 핵심은 aircraft−to−aircraft 분야라 할 수 있다. 즉, 항공기 간의 직접적인 통신은, UAS 운영자나 원격 조종자가 각자의 운항계획과 관련 정보들을 상호 간에 직접 교신할 수 있도록 해준다.

UAS의 안전 운항을 위해서 ITUInternational Telecommunication Unit는 UAS에 보

호된 주파수 스펙트럼을 할당해 주어야 할 것이다. 원격 조종자와 항공기 간에 통신이 실패되거나 혼란을 빚으면 중대한 안전 문제가 발생할 것이기 때문이다. 예를 들면, UA와 UA 통제소 간의 C2 링크는 UA의 안전 운항을 위해 필수적이다. 고정통신위성FSS: Fixed Satellite Service에 의한 다수의 주파수 영역frequency bands을 무인기를 위한 C2 링크에 제공할 것이 고려되고 있으며, 통신시스템의 완결성을 위한 안전표준이 필요하다. UTM에서 주파수 스펙트럼 사용이 필요한 부문은 다음과 같다:

(1) aircraft-to-aircraftbetween UA 간의 통신

(2) 무인기 운영자나 원격 조종자와 해당 UTM이나 ATM 시스템

(3) C2 링크를 위한 통신

(4) DAADetection and Avoid 적용을 위한 통신

주파수 스펙트럼 공유의 문제는 교통량이 많은 도시지역에서 특히 중요한데, 가용 주파수의 확보, 공역의 보호와 공대지space-ground 주파수의 보호 등은 ITU와 긴밀한 협조가 필요하다.

UTM 운영 안전을 위해서는 또한, 사이버보안cyber security도 신중하게 고려되어야 한다. 강력한 보안 시스템을 구축하여 C2링크 교란, GNSS jamming, spoofing 공격, UAS 간 통신에 대한 조작, UAS와 UTM 간의 통신조작 등을 예방하여야 한다. 통신 시스템이 공격을 받으면 조언의 오류, 비행로 변경, 충돌 위험 증대 등을 초래할 수 있다.

3_ UTM의 UAS 운항 지원 서비스

UTM은 UAS의 원활한 운영을 위한 지원과 도움을 주는 개념으로 무인기들의 안전규제를 이행해야 할 것이다. UTM의 교통관리 활동은 성능기반과

위험기반을 중심으로 안전확보를 위한 규제 중심이어야 하고, UAS의 운영과 기술적 요구사항 등이 고려되어야 한다. 공역 운영에 참여하는 기관과 공역 이용자들의 책임이 명확하게 규정되어야 할 것이며, 위험기반 중심의 안전확보를 위해서는 공역과 무인기 운영에 관련한 적절한 위험평가 방법이 도입되어야 할 것이다. 또한, UTM 시스템이 적절한 수준의 신뢰도를 유지하고, 오류 경고와 감시 능력을 갖추면서 충분한 서비스 질을 유지하는 데 필요한 UTM 데이터관리 관련 표준을 개발하고 이행해야 할 것이다.

UTM이 다양한 능력과 성능 및 운영 요건을 갖는 UAS(예: 원격조종항공기, 완전자동 무인기, 도심항공교통 항공기 등)를 수용할 수 있는지 판단하기 위해서 UTM 필수요건의 평가가 고려되어야 하고, 정부의 민간 항공당국CAA: Civil Aviation Authority이나 안전 감독기관은 통신 주파수 할당, 컴퓨터 보안cybersecurity or software assurance 등의 안전 표준도 확보해야 한다.

CAA 등 정부의 항공 당국이나 안전규제 기관은 UTM 공역을 활용하는 무인기 운영자들에 대한 교육/훈련, 무인기 공역 이용지침과 표준 등을 제공해야 하며, 각 국가의 UTM시스템 표준은 국제표준과 일관성을 가져야 한다. UTM 시스템은 UTM 공역 이용자에게 수행할 비행에 대한 정보를 제공하도록 요구하고, 해당 공역의 교통량, 제한요건 등을 평가하여 비행 허가를 해줄 수 있어야 한다.[11]

UTM은 UA(무인기)의 안전하고 효율적인 운항활동을 위한 서비스를 제공해야 하는데, UA가 기존의 관제공역에서 운항활동을 하는 경우는 기존 유인기 운영자나 무인기 원격 조종자는 기존 공역 절차를 따라야 할 것이며, 비관제공역에서 비행활동을 하는 경우에는 UTM에 의한 통제 서비스가 필요하다. UTM이 UA 운영자나 원격 조종자들을 위하여 제공해야 할 서비스는 다음과 같이 정리할 수 있다;

11 UTM과 ATM 시스템은 미래에는 통합되거나 중첩될 것이므로 UTM 규제는 ATM규제와 일관성을 갖는 것이 좋을 것이다.

(1) Activity reporting service : UTM 운영과 관련한 정보(예: 비행밀도 정보, 공역상황 정보, 감시정보 등)를 정기적으로 또는 필요에 의하여 제공하는 서비스

(2) AIS(Aeronautical Information Service) : 무인기 운항의 안전성, 효율성, 경제성, 정규성 확보를 위한 항공학적 정보

(3) Airspace authorization service : 정부 당국으로부터 UAS 운영자에게 제공하는 공역 활동 권한 제공

(4) Discovery service : 특정 부분 공역의 UTM 능력 변화에 관한 정보를 UTM 이용자에게 제공

(5) Mapping service : 개별 무인기의 안전 운항에 필요하거나, UTM의 분리서비스 제공에 필요하거나, 또는 비행계획에 필요한 지형자료, 장애물 자료를 제공하는 것

(6) Registration service : 무인기 운영자가 무인기를 등록하고 무인기 관련 자료를 제공하도록 하는 서비스. 이 시스템에는 규제 당국이나 경찰이 요구하는 자료를 등록 자료로 포함하도록 할 수 있다.

(7) Registration management service : 안전고시와 같은 지시와 항공당국이나 관제당국이 무인기 운영자나 원격 조종자에게 발행하는 운영제한, 공역제한 등을 관리하고 전파하는 서비스로서 NOTAM과 같은 형태가 포함된다.

(8) Flight planning service : 운항 안전, 동적인 공역관리, 공역 제한 임무 요구 등을 위하여 비행 전에 운항 수요와 비행로, 비행 궤적 등을 조정하고 최적화하는 서비스

(9) Conflict management and separation service(Strategic deconfliction sevice)

(a) Strategic deconfliction service : 무인기 간의 공중 충돌 가능성을 최소화하기 위하여 무인기 운항수요나 항로 수요, 궤적 등을 조정하거

나, 협상하거나 우선권을 조정하는 서비스

(b) Tactical separation with manned aircraft service : 유인기에 관한 실시간 정보를 제공하여 유인기로부터 분리되도록 하는 서비스

(c) Confict advisory and alert service : 무인기가 다른 공역이용자(다른 유인기 또는 무인기)와 근접하는 경우, 제안정보 또는 명령정보 형식으로 실시간 경보를 무인기 조종자에게 제공하는 서비스

(d) Conformance monitoring service : 무인기 운영자나 원격 조종자에게 운항 수요나 항로, 궤적 수요의 부적합성을 실시간으로 감시하고 경보를 제공하는 서비스

(e) Dynamic reroute service : 가능하면 계획된 비행을 수행하면서 공중충돌 가능성을 최소화하고 공역규제 준수를 최대화하기 위하여 공역수요, 항로, 궤적 수요 등을 수정하는 실시간 제공 서비스. 이 서비스는 무인기가 비행 중인 상황에서 운항수요, 항로, 궤적 수요를 조정하고, 협상하고 우선권을 조정하는 서비스를 포함한다.

(10) Identification service : 개별 무인기의 식별과 국적 및 등록 정보를 파악할 수 있도록 하는 서비스

(11) Tracking and location service : 무인기 운영자나 UTM 시스템 운영자에게 무인기의 정확한 위치 정보를 실시간으로 알려주는 서비스

(12) Meteorolociacl service : 개별 무인기 운영자, 원격 조종자, UTM 서비스 제공자에 대하여 각자의 기능에 필요한 기상정보를 제공하는 서비스

제4절 UTM과 ATM의 분리와 화합[12]

1_ UTM과 ATM의 경계부 개념

무인기가 운영되는 UTM 공역과 유인기가 운영되는 ATM 공역의 경계에 대하여 생각해보지 않을 수 없다. 대체로 두 영역 간의 경계는 필요한 데이터의 생성과 활용에 따라 형성될 것이지만, UAS 운영에 사용될 데이터의 생산이나 활용 방법은 아직 개발 단계에 있는 것들이 많다. 또한, UTM과 ATM 공역의 경계를 설정하는 데 가장 중요한 고려사항은 안전성인데, 잘 알려져 있다시피 ATM 공역 운영에서는 공역의 등급에 따라 ANSP가 제공하는 안전성 확보를 위한 서비스가 차별화되고 있다. ANSP는 ICAO 부속서 11Annex 11, Air Traffic Service과 PANS-ATMProcedures for Air Navigation Services — Air Traffic Management, Doc.4444 등의 표준과 지침 및 각 국가의 법과 규정에 따라 ATM 공역에서의 안전하고 효율적인 비행활동을 유지관리하고 있다. ATM 공역에서의 비행활동은 전 세계적으로 오랜 시간 동안 높은 수준의 안전성을 유지해왔으며, 안전관리시스템SMS: Safety Management System이 장기간의 자료 수집 및 분석과 논의를 통하여 적용되고 있으므로, 첨단적인 기술적 발전에 따라 신속하게 안전 표준을 바꾸기는 어려울 것으로 평가하고 있다.

반면에, UTM 운영과 관련되는 기술의 발전은 빠르고 혁신적이면서 안전 수준이나 안전확보에 대한 검증은 매우 일천하다. 따라서, UTM과 ATM 시스템을 통합하는 데에는 상당히 복잡한 문제들이 야기될 것이고 두 시스템 간의 경계를 설정해야 하는데, 절차적, 기술적 측면과 법규적 측면까지 고려하여야 할 것이다. 또한, 미래에 UTM이 도입되어 무인기와 유인기가 공역을

12 제3절은 ICAO, Unmanned Aircraft Systems Traffic Management(UTM) - A Common Framework with Core Principles for Global Harmonization,의 본문과 Appendix C의 내용에 근거함

공유하게 되면 UTM과 ATM 당국의 공역 운영과 항공교통관리에 따른 기능과 책임에 관련한 역할을 구분하여 확인해야 한다. 우선은, UTM 서비스 제공기관을 인증하여 지정해야 하며 최소 안전 수준, 서비스 질 등에 대한 개념 정립이 필요할 것이다.

어떻든, ATM과 UTM의 경계 설정은 매우 어려운 일이지만, 공역이 공유되는 경우에는 UTM 시스템을 ATM으로부터 완전히 분리하기도 쉽지 않다. UTM 서비스 중 일부는 ATM 서비스와 유사하여 ATM 시스템과 협력하는 것이 필요하기 때문이다. 물론, 일부 UTM 서비스는 ATM과 보완적이며 ANSP가 서비스를 제공하지 않는 공역을 활용하기도 한다. 이러한 경우에도 ATM과 상호작용이 필요한 측면도 있지만 두 시스템 간의 모순, 중첩이나 책임 분야의 상호 모순 상황은 발생하지 않아야 할 것이다.

일부 고성능 무인기와 유인기는 ATM 공역과 UTM 공역의 경계선을 넘나들 수 있을 것이며, 두 공역의 경계선 부근에서 비행할 수도 있을 것이다. 이러한 경우, UTM이든, ATM이든 한 가지 종류의 서비스만 받는 항공기는 다른 종류의 서비스만 받는 항공기에 위험요인이 될 수 있다.

2_ ATM과 UTM 경계부 설정과 통합

현재로서는 민간항공용 공역이 대부분 각국 정부 당국의 ATM 개념에 따라 관리 운영되고 있는데, 미래의 UTM 운영을 추가하기 위한 노력이 시작되고 있다. ATM과 UTM은 모두 항공기의 안전하고 효율적인 운항을 지원하는 것이 공동의 목적인데 이 목적을 달성하기 위한 수단과 방법은 두 시스템 간에 차이가 크다. 기존의 ATM은 ICAO 표준과 지침에 따라 인간, 정보, 기술, 시설 및 서비스를 CNSCommunication, Navigation and Surveillance를 바탕으로 협조적으로 통합하여 공역을 관리하고 있다. 이러한 방법은 UTM에도 적용되어야 할 것이지만 두 시스템 간에 존재하는 운영상의 차이를 인식해야 할 필요가 있다.

서로 다른 방법으로 공역을 운영한다는 것은 두 개념의 공역 간에 경계 boundary를 설정해야 할 필요성을 제기한다. 공역 간의 경계는 물리적 경계일 수도 있고, 공역 설계에 따른 경계일 수도 있고, ANSP와 USP가 제공하는 서비스에 따른 경계일 수도 있으며, 기술적인 CNS-ATM에 의하여 정의된 시스템 경계일 수도 있다. 이러한 UTM/ATM 경계는 UTM 도입 초기에는 UTM의 관념적인 공역 설정에 의존하게 될 것이다. 현재의 대부분 UTM 서비스는 항공교통통제가 약간만 요구되는 저고도 공역 운영을 지원하는 데 그치고 있고 가까운 미래까지는 공역 분할segregation)에 따라 경계가 형성될 것이다. 그러나, 항공기의 자동운항 능력이 확장되는 미래에는 UTM/ATM 시스템 공역의 경계가 공역의 특정 등급이나 항공기 운항형태에 의해 명쾌하게 식별되지 않을 것이다. 운항활동이 발전함에 따라, 국가는 동일한 공간 내에서 서로 다른 교통관리 체제인 ATM과 UTM에 의하여 관리되는 항공기들이 통합되어 운영될 수 있도록 항로나 운항공간 등에 대한 규정, 정책, 절차 등을 정립해야 할 것이다.

따라서, UTM/ATM 경계에 관한 논의는 UTM이 분리된 저고도 공역으로 제한되는 단기 미래에는 관련이 없고, UTM/ATM이 통합될 것으로 예견되는 중장기적인 통합 공역 운영 단계에서 필요한 것이다. 따라서, 초기에는 공역의 등급이나 활용에 관계없이 무인기 안전 운항이 최대의 관심사일 것이지만, UTM/ATM이 통합되는 단계가 되면 UTM 운항과 ATM 운항의 중첩되는 부분이 발생하는데, 이때 안전 수준이 유지될 수 있도록 해야 한다.

국가는 UTM/ATM 경계를 위한 절차와 규정을 개발하여 흐름 관리, 항공기 분리, 충돌방지 등의 책임을 다해야 한다. ATM 절차가 공역 서비스 제공을 할당하고 위임하듯이 UTM 절차도 이러한 기능을 수행할 수 있도록 해야 한다. ATM 서비스 제공자는 항공기 안전분리 책임을 지는데, UTM 서비스 제공자가 ATM과 같은 안전분리를 하지 않는다면, UTM 이용자에게는 다른 종류의 안전표준이 적용되어야 할 것이다. 어떻든 ATM 이용자나 UTM 이용자 모두 안전 표준에 경각심을 가져야 한다.

통합운영이 가능하게 하려면 UTM 제공자와 ATM 제공자 간에 운항 정보를 공유해야 할 것이다. 안전하고 효율적인 운항 활동을 위해 UTM/ATM 정보는 모든 관련자에게 접근 가능해야 한다. 또한, 운항활동 통제 책임의 이양은 USP 간에도 가능해야 하고, USP와 ATS 기관 간에도 가능해야 한다. (ATM의 경우 ICAO Annex 11, Chapter 3, Paragraphs 3.5와 3.6에 구체적인 이양 절차가 서술되어 있음)

ATSAir Traffic Service 당국은 UA를 통제하지는 않지만 UA 운항과 관련한 정보는 교통 조언 제공 등에 사용할 수 있도록 교환될 필요가 있다. UTM/ATM 통합 운영을 위해 고려해야 할 사항들은 분야별로 다음과 같다.

1) 경계 지역 운항을 위한 고려사항

UTM/ATM 이용자가 두 시스템의 경계 부분에서 운항할 수 있도록 하기 위한 두 시스템의 경계 수립에는 다음 사항들이 고려되어야 한다:

(1) UTM 운항은 UTM/ATM 간의 상호작용을 설계하는 데 수반되는 기준을 반영한 미래 개념에 근거한 신개념의 공역범주airspace category 관리를 필요로 한다.

(2) 무인기UA와 무인기 운영자(또는 원격 조종자)의 성능과 능력을 고려하여 UTM/ATM 경계부의 크기와 모양 등을 설계해야 한다.

(3) 공역 설계에는 무인기UA의 종류와 성능 및 경계 지역에서 운항하게 될 다른 항공기들의 성능과 특성이 반영되어야 한다.

두 시스템 간의 경계부 운영 통합은 단계적으로 이루어져야 한다. 우선은, UTM과 ATM의 관리 방법의 차이로 인해 통합을 위한 노력의 필요성이 제기된다는 점을 인식해야 하고, 양 시스템 간의 차이를 극복하고 관리를 통합하기 위해서는 UTM/ATM 시스템 운영 방법에 대한 테스트가 다양하고 점진적인 방법으로 이루어져야 할 것이다. 궁극적으로는 공역 이용자들이 UTM/ATM 간의 경계를 넘나드는 것이 장애 없이seamless 수행될 수 있어야 할 것이다. 그러기 위해서는 UTM/ATM 서비스 제공자나 이용자들이 양 시스템의 운영에 필요한 사항들을 모두 이해하고 있어야 한다.

3_ UTM/ATM 통합 운영 기반 조성을 위한 조치

UTM/ATM 통합운영을 위한 기반 조성이 필요한 분야는 운항활동 분야, 공역 범주화 분야, 기술분야로 나눌 수 있다.

1) 운항활동 통합운영 기반 조성

우선, 현재 운용되고 있는 비행규칙Flight Rule인 계기비행규칙IFR: Instrument Flight Rule과 시계비행규칙VFR: Visual Flight Rule으로 양분되는 범주만으로는 UTM 비행활동을 수용할 수 없다. 그러나, UTM 비행 활동을 위한 새로운 비행규칙 범주는 IFR, VFR로 대별되는 유인기 비행규칙 범주 체계와 일관성을 유지하면서 보완적이어야 할 것이며, 국가는 UTM/ATM 경계부에서 적용할 비행규칙 체계를 결정해주어야 할 것이다.

또한, 운항하는 항공기의 정확하고 일관성 있는 수직 분리vertical separation를 위해서 UTM/ATM 항공기들에 공통으로 적용할 수 있는 수직적 위치 기준 체계도 필요하다. 그 밖에도, 국가는 서비스 수준과 서비스 책임 부문에서의 UTM 시스템과 ATM 시스템의 책임과 역할을 고려해야 한다. 또한, 적절한 운영절차와 협력절차를 수립하여 UTM-ATM 간의 전환을 수행하고, UTM 통제를 받는 항공기가 ATM 환경에서도 비행할 수 있고, ATM 통제를 받는 항공기가 UTM 환경에서도 비행할 수 있도록 해야 할 것이다. 무인기 간의 분리 간격과 무인기와 유인기 사이의 분리 간격을 위한 표준도 국가가 설정해야 하고 비행 우선권 규정(예: 비상상황 항공기, 의료지원 항공기 등의 비행 우선권)도 수립해야 할 것이다.

2) 공역 체계 조정과 안전확보

현재의 공역 등급 체계와 공역 등급별 요구 조건 체계는 고도로 자동화된 UTM 시스템에서 운항하는 UAS에 적용하기에는 적합하지 않다. ATM 시스템과 UTM 시스템의 차이를 분석하여 공역 등급 체계를 수정해야 할 것이다. 공역 등급 체계 수정과 함께 각 등급의 공역 이용자의 책임, 제공하는 서비스의 종류와 서비스 수준, 공역 접근을 위한 장비 요건, 공역 승인 요건 등도 고려하여야 할 것이다. 이와 같은 수정을 할 때는 반드시 안전관리 시스템 평가 SMS assessment를 수행하여 안전 수준을 유지할 수 있도록 해야 한다.

3) 기술적 조치

국가는 UTM/ATM 시스템 경계부에서의 시스템별 책임을 설정하기 위해 몇 가지 기술적 요인을 고려하여야 한다:

(1) 충돌방지를 위한 기술

(2) 교통관리 지원과 UTM-ATM 간 전환을 위한 자동화

(3) 운항계획 operations planning과 상황인식 situational awareness 등을 위한 UTM-ATM 시스템 간 정보 교환 능력

(4) 상호운항능력 interoperability을 위한 성능요건 충족 능력(예: CNS 요건)

제5절 UTM-ATM 시스템 간의 기본 정보 교환[13]

UTM 시스템과 ATM 시스템이 통합 운영되면서 운항 안전성과 효율성을 확보하려면 두 시스템 간 필수 정보의 교환이 필요하게 될 것이다. UTM은 현재의 ATM 시스템의 정보에는 포함되지 않은 새로운 형태의 정보가 필요한데, 이러한 정보들이 ATM 시스템에 제공될 필요가 있는지 고려해보아야 할 것이며, 정보 교환에 수반되는 문제점들도 살펴볼 필요가 있다.

물론, UTM/ATM 공역 시스템이 어떻게 구성될 것인지 또는 실제적 시스템 요건System Requirement이 어떻게 될 것인지 아직은 알 수 없는 상황이기 때문에 두 시스템 간에 교환이 필수적으로 요구되는 정보의 완전한 리스트는 작성할 수는 없다. 다만, 공역 이용자는 특정 시간대에는 UTM과 ATM 중 한 가지 시스템에 의해서 관리된다는 가정하에 논의가 이루어질 것이다. 하지만, 공역 이용자는 복수의 UTM이나 ATM으로부터 정보를 수신할 수는 있다. 현재의 ATM 시스템은 인간 중심적human centric인 반면, UTM 시스템은 디지털 기반이 될 것이므로, 정보 교환체계에 인적요인이 심각하게 고려되어야 할 것이다.

1_ UTM/ATM 시스템의 정보 교환 기본적 고려사항

UTM/ATM 시스템 간 정보 교환 체계를 구상할 때 참조할 수 있는 기존 개념은 SWIMSystem Wide Information Management이다. SWIM 개념을 적용하기 위해서는 UTM 시스템이 ICAO가 추진하는 서비스, 정보, 기술기반 사업과 일

13 제4절은 ICAO, Unmanned Aircraft Systems Traffic Management (UTM) - A Common Framework with Core Principles for Global Harmonization, Appendix E의 내용에 기반함

관성이 있어야 하며, 가능하면 IPInternet Protocol 기반의 연결성을 유지해야 한다. 또한, 현재 SWIM을 통하여 이루어지고 있는 항공분야 연결성이 정보 서비스와 데이터 교환을 필요로 하는 새로운 공역 사용자(예: UAS)에게 확장될 수 있도록 해야 한다.

더불어, 항공활동 정보 연결을 위해 현재 참조되고 있는 ICAO의 AIRMATM Information Reference Model과 전 세계적인 정보 교환을 위한 AIXMAeronautical Information Exchange Model, FIXMFlight Information Exchange Model 또는 기상정보 교환을 위한 IWXXMICAO's Weather Information Exchange Model 등이 UTM과 ATM 간의 정보 교환을 위한 출발점이 되어야 한다.

물론, 정보 공유를 위해서는 많은 필수 요구조건이 있고 위험성이 뒤따른다. 예를 들면, 데이터 품질 요구조건, 데이터 교환 통신규약, 사이버 보안 표준 등이 필수적으로 요구되고, 시스템의 상호 운영성이나 시스템 성능 요건들도 해결되어야 한다. 국가는 UTM-ATM 정보 교환을 지원하는 서비스들에 대하여 품질 요구조건을 제시해야 하고, 적절한 서비스 관리시스템을 수립해야 한다. 또한, 시스템 간 접속에 있어서 데이터의 출처source를 식별하고 확인할 수 있는 절차가 포함되어야 한다. 끝으로 SWIM 관련 사항들을 확인하기 위해서는 ICAO의 SWIM Concept 교범ICAO Doc. 10039을 참고할 것을 추천한다.

2_ 정보 교환 체계 구성 요소

1) 공역

항공교통을 지원하기 위한 공역은 대개 국가에 의하여 수평적, 수직적 경계가 지정되고 등급이 설정되며 정규 공역과 임시 공역으로 나뉜다. 항공정보의 교환은 지정된 공역 내에 사전에 제공하거나 실시간 제공하는 정보를 대상으로, 서비스 제공자들 간의 합의에 따라 AIRACAeronautical Information Regulation and Control나 NOTAM 등을 통해 수정 정보를 교환하거나, 실시간 업데이트를 하게 된다.

무인기가 운항하게 되는 미래의 정보 교환은 동적인 지오펜싱dynamic geo-fencing 개념에 근거하며, UTM–ATM 간에 직접적인 정보 교환으로 이루어져야 할 것이다. 미래의 항공 정보는 새로운 공역 구조와 UA에 국한되는 추가 정보(예: 지오펜싱, UA navaids, UA 코리도 또는 항로, UAS 절차, UA 공항, UA 착륙지역 등)에 의하여 더욱 많아지게 될 것이다. 공역 데이터가 교환되고 활용되기 위해서는 공역 시스템과 공역 이용자 욕구를 고려한 정보 교환 양식format과 규모가 정해져야 할 것이다. 모든 데이터는 최소 품질을 갖추어야 하고 적시에 제공되고 확인/인증될 수 있어야 한다. 공역 설정 책임 당국은 명확하게 지정되어야 하고 정보 출처의 권위성을 확보하여야 한다.

2) UTM–ATM 간의 협조

항공교통의 안전하고 효율적인 흐름을 위해서는 유인기의 항공교통 흐름관리 절차와 유사한 공역의 용량관리 개념을 개발하고 시스템 간에 필요한 정보를 소통해야 한다. 이러한 정보는 UAS 운영자나 원격 조종자와 협조해야 소통 가능한데, 무인기의 에너지 효율성이나 교통흐름 개선에도 필요하기 때문이다. 또한, UTM/ATM 두 시스템 간의 항공기 운항을 승인하는 표준적 절차를 원활하게 하려면, UTM과 ATM 당국 간의 전략적 합의도 필요하다. 단기적으로는 충돌회피나 분리간격 표준 실정 협조도 필요할 것이나, 안전 표준이 설정되면 항공기 분리를 위한 정보 교환이 이루어져야 하며, 비상사태나 우발사태 상황에 따른 실시간 교통관리를 위해서도 두 시스템 간에 정보 교환이 필요할 것이다.

국가는 UTM 시스템이 ATM 시스템과 상호 작용하기 위한 UTM 승인 절

차에서 양 시스템 간 정보 교환을 위해서 다음과 같은 사항을 고려하여야 한다:

(1) 정보를 교환하는 주체들을 식별하여 확인하고 권한을 부여할 수 있는 능력이 있는지를 파악해야 함

(2) 교환되는 정보의 완결성 확인

(3) 합의된 시스템 필수요건에 합당한 시스템 연결성 확인. 이는 UTM-ATM 정보교환 지원 서비스의 품질 확인을 포함하며, 시스템 연결의 가용성, 비밀유지성, 완결성, 잠재성, 회복 가능성과 신뢰성 등을 확보하기 위함이다.

(4) 정보 교환이 합의된 대로 이행될 수 있도록 담보하기 위한 기술적 기반 시설을 감시하여 건전성과 무결성을 유지하고, 성능저하 등을 방지할 수 있어야 한다.

3) 양 시스템 간 교환이 필요한 항공기 운용 정보

UTM 개념이 성숙해감에 따라 UTM-ATM 간 항공기 운용 정보 교환은 정교하게 체제를 굳히게 될 것이다. 두 시스템 간에 교환해야 할 정보의 종류는 전략적 협조를 위한 것과 단기적 협조를 위한 정보로 구분할 수도 있고, 즉각적인 운영에 필요한 것도 있고, 시스템 관리 목적의 정보도 포함될 것이다. 구체적으로 다음과 같은 종류의 정보들이 교환되어야 할 것이다:

(1) 항공기 식별과 등록 관련 정보 (국가에 의해 규제되는 정보 포함)

- 항공기 전자 식별 정보
- 항공기 소유자 정보
- 운영자 연락 정보
- 원격 조종자 연락 정보
- 항공기 등록 국가와 항공기 운영 국가
- 항공기 기종

- 항공기 카테고리(예: 항공기, 회전익기, 글라이더, VTOL, 행글라이더 등)
- 후류교란wake turbulance 정보
- 항공기 감시 능력(예: ADS-B, Mode A/C, S 등)

(2) 무인기 통제방법(예: RPAS, 자동운항, 기타) 관련 정보

(3) 승객을 운송하는 무인기의 통제 방법의 부적절성 관련 정보

(4) 무인기 위치(표준방식에 의한 4D 지리적 위치정보로 표시할 것)

(5) 수평적, 수직적 위치 정보의 출처(예: certified/non-certified, validation, reliability, accuracy, barometric altitude/GNSS altitude)

(6) 비행통지를 포함한 비행계획 정보

(7) 비행계획 부합정보(flight plan conformance information)

(8) 현재의 항적(예: 비행계획 루트가 아닌 무인기의 즉시적 비행 의도) 정보

(9) 무인기가 채택한 비행방식 정보

(10) 공역 접근과 승인 정보

(11) 무인기의 운항 성능(예: 최소 또는 최대속도, 상승률, 최고 고도 등) 정보

(12) 무인기 시스템 성능[예: UTM이 설정한 RCP(Required Communication Performance), RSP(Required Surveillance Performance, RNP(Required Navigation Performance)] 등으로 UA가 반드시 따라야 하는 성능 정보

(13) ACAS(Airborne Collision Avoidance System) 또는 DAA(Detect and Avoid) 능력 관련 정보

(14) **비상 또는 우발적 상황 정보** : 항공기가 발령했거나 시스템/ATC가 발령한 실시간 emergency/contingency 상황에 관한 정보

(15) **우발 상황 절차** : 제안된 비행경로를 포함하거나, C2 link가 실패한 상태에서의 절차나 우발 착륙지역을 포함할 수 있음

(16) **비상 고려 사항** : 수색/구조 관련 데이터 포함(예: 최대 감내, 사람 탑승, 위험물 탑재 등)

(17) **C2 link의 종류 또는 서비스 규약 정보** : 무인기가 원격조종국과 연결된 방법 등

(18) **C2 link 상태** : C2 link의 질과 상태(예: lost C2 link, partial loss) 관련 정보

(19) **ATC communication link의 종류(예: VHF, 전화 또는 데이터링크 등) 정보**

(20) **ATC communication link의 상태 정보**

(21) **우선권 상황(예: 재난 항공기, 의료지원 항공기 등) 정보**

(22) **서비스료 부과를 신속하게 진행하기 위한 정보(예: ID나 등록 정보 등)**

(23) **기타 추가 정보**

공역 이용자에게 영향을 줄 수 있는 공역 내의 조건과 관련한 기타 필요한 추가 정보가 있을 수 있다. 이러한 정보는 무인기로부터 얻을 수도 있고 UTM 시스템과 공유하는 정보로부터 수집될 수도 있다. 대개는 UTM이나 ATM 시스템의 실패나 결함에 의한 것이라기보다는 외부적 요인에 의한 것이다(예: 국지적 기상, 공역 위험요인, 기타 항공정보 등). 이러한 기타 정보들을 확인하거나 오류 가능성 등을 명확히 할 방안은 아직은 없다.

예를 들면, UTM 시스템에서 기상정보는 외부 제공자로부터 수집될 수도 있고 무인기의 센서로 수집할 수도 있을 텐데, 이러한 행태는 현재의 ATM 시스템에서 기상정보가 인가받은 제공자로부터 수집되는 관행과는 다른 것이다. 그 밖에, 각 항공기의 위치정보 교환 문제와 관련해서, UTM 공역에서 유인기들에 위치정보 제공을 필수적으로 요구하지 않으면 유인기들은 발신기(transponder)나 ADS-B Out을 통한 위치정보 발신을 하지 않을 것이며, 비행계획서 정보도 UTM 시스템에는 제공하지 않을 것이다. 그러므로, 국가는 무인기와 유인기의 안전한 통합운영 방안을 고려해야 할 것이다.

제6절 UTM 서비스 제공기관(USP)의 조직 구성과 협업[14]

앞에서 서술한 대로 ICAO는 UTM 서비스 제공기관을 USPUTM Service Provider라고 칭하기로 했다.[15] 아직은 국가 간에 공통적인 USP 조직 체계가 구현되지는 않았고 복수의 USP들이 어떻게 동일 공역에서 통합적으로 운영될 것인지에 대한 전형적인 형태도 가시적으로 드러나지 않고 있다. 그러나, 각 국가는 정부의 항공당국CAA: Civil Aviation Authority이 USP의 서비스에 대하여 규제할 것에 동의하고 있으며, 일부 국가들은 항공기 등록이나 식별 관련 규정, 공역 환경데이터 등의 부분적인 UTM 솔루션을 제공하고 있으나, 아직은 USP의 완전한 기능과 책임 및 역할을 명확히 구현한 예는 찾아보기 힘들다. 어떻든, 무인기 운항 분야는 기술 발전이 급속하므로 전반적 시스템 설계는 성능기반performance based이 되어야 할 것이며, 적절한 안전감독이 고려되어야 할 것이다.

이 절에서는 UTM 서비스가 안전하고 효율적으로 제공될 수 있도록 하는 USP 조직 구성 방안을 소개한다. UTM 시스템을 수립하고 서비스를 제공하도록 하는 책임은 앞서 서술한 대로 정부의 항공당국(CAA)에 있고, ICAO는 회원국들을 기술적으로 돕기 위하여 UTM 시스템 운영조직 구성에 관한 지침을 제공하고 있는데 본 절은 이러한 ICAO 지침을 소개한다.

그러나, ICAO도 USP의 조직 구조의 바람직한 형태에 관한 모델은 아직 제시할 수 없기 때문에 가능한 대안들을 생각해보는 수준으로 논리를 전개할 수밖에 없다. 우선은, 어떤 형태의 USP 조직 구조에서나 공통적으로 적용될 수 있는 기초적인 개념들을 살펴보고, 두 번째 단계에서는 기초 개념들을 실현할

14 제5절은 ICAO, Unmanned Aircraft Systems Traffic Management (UTM) - A Common Framework with Core Principles for Global Harmonization, Appendix F의 내용을 편집한 것이다.

15 ICAO는 UTM 서비스 제공기관을 USP라 칭하고 있으나, 미국의 FAA는 USS(UTM Service Supplier)라고 칭하며, EU에서는 유사한 개념을 USSP(U-Space Service Provider)라 칭함.

수 있는 가능한 대안들을 정리해 본 후 마지막 단계에서 미래 발전 양상과 국가 단위로 개발된 초기 개념과 조직 구조가 어떻게 전 세계적 화합을 이룰 수 있는지 살펴볼 것이다.

1_ 공통적 기초 개념

어떤 UTM 이행에도 적용되어야 하는 공통적 기초 개념은 서비스의 중대성 인식, USP의 승인과 감시, 상호 운용성이 된다. 각각에 대하여 구체적으로 살펴보자.

1) 서비스의 중대성(criticality)

공역운용 경험에 의하면, ATM이든 UTM이든 항공교통서비스들 중에는 매우 중대한 서비스가 있고 덜 중요한 서비스가 있게 마련이다. 예를 들면, 기상정보 서비스와 같은 항공안전에 관련되는 서비스는 여타의 보조적인 서비스보다 더 중대하다고 볼 수 있다. 중대한 서비스는 철저한 정부 감독이 필요하고 중앙집중식으로 제공되어야 할 것이다. 우선, 각 국가는 UTM 운용에 중대한 영향을 미치는 서비스들이 구체적으로 어떠한 것들인지 식별하는 체제를 구축하여 중대 서비스 범주를 확정해야 한다. UTM 서비스는 동일한 공역에서 복수의 USP가 제공할 수도 있으나 정부의 항공안전 당국이 규제할 수 있어야 한다. 또한, USP가 제공하는 서비스 중에서 의무 서비스를 규정하여 의무 서비스는 반드시 제공되도록 하는 것도 필요하다. 어떻든 안전 및 보안 관련 서비스는 중대하게 고려되어야 하고 유인기와의 안전한 협조도 중대한 고려사항이 될 것이다.

2) 승인과 감독(approval and oversight)

규제당국은 안전감독에 대한 궁극적인 책임이 있다. 물론, 감독 업무를 적절히 승인된 기관에 위임할 수는 있다. 규제체제는 UTM 서비스 규정이 유인기와 무인기를 모두 지원할 수 있고 영향을 미칠 수 있어야 함을 보이면서, 유인기와 효과적으로 협조할 수 있도록 해야 한다. 규제는 명확해야 하고 어떤 종류의 UTM 서비스가 어디에 제공될 것인지, 특정 등급의 공역에서 어떤 조건하에서 UTM 서비스가 제공되는지 상세하고 모호함이 없어야 한다. 또한, 각 UTM 서비스의 책임 소재를 명확하게 하고, 서비스가 중앙집중식으로 제공될 것인지, 어떤 방법으로 제공될 것인지를 포괄하는 정책이 선결되어야 한다. 효과적인 USP 승인과 인증 절차가 이행되도록 하기 위하여 성능기반 USP 인증 요건을 개발해야 한다. 가능하면 USP 승인 체계는 당국 간에 상호 인정할 수 있고 조화를 이루도록 해야 하는데, 이는 UTM 서비스 적용의 일관성을 유지하고 비용과 복잡성을 줄일 수 있게 해준다. 아래 그림은 USP를 승인하고 감독하는 흐름도flow chart의 사례를 보여주고 있다.

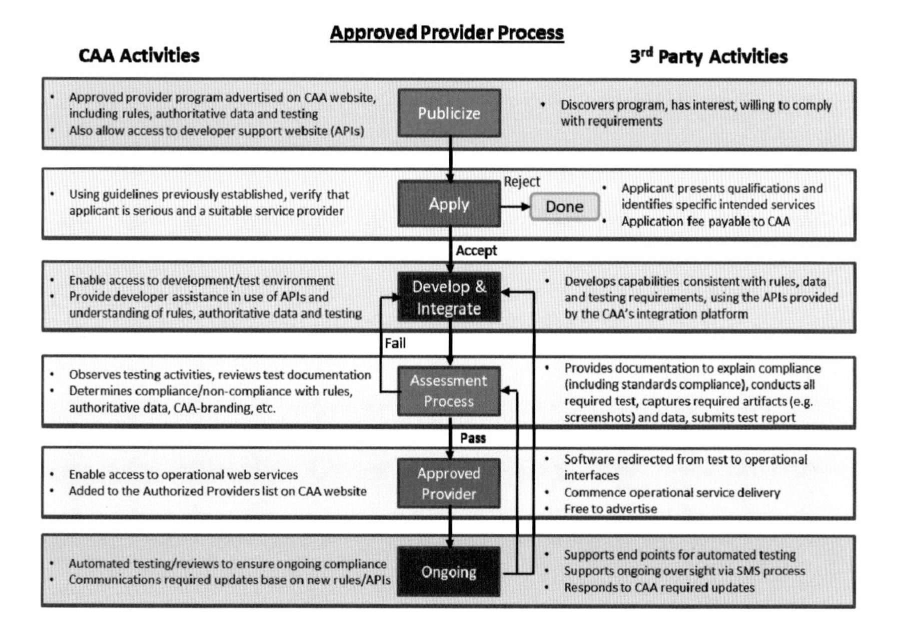

• 그림 3-1 Approved provider process

UTM 규제의 내용과 USP의 서비스는 군 당국이나 보안당국의 요구사항도 충분히 고려하여 민간의 무인기가 군사적 유인기나 무인기와 충돌없이 운용될 수 있도록 해야 한다. 무인기 간의 충돌 및 무인기와 유인기의 충돌이 모두 고려되어야 한다. 충돌 회피를 위해서는 상황에 따른 우선권 적용 원칙이 체계적으로 수립되어 있어야 할 것이다. 기존의 유인기 체제에서 적용되고 있는 의료항공이나 비상 상황에 있는 항공기에 우선권을 적용하는 것과 같은 원칙이 고려되어야 할 것이다. 무인기 운항 승인은 유인기의 경우보다 복잡하고 항공교통관계자 이외의 관계자들의 고려도 포함되어야 하는데, USP 간의 인터페이스나 시市 당국의 요구사항들을 포함하는 규제 제도가 필요하다. UTM 서비스에 사용되는 일부 데이터는 비즈니스나 운항 임무의 중요성으로 인해 높은 수준의 비밀이 요구되기도 한다. 따라서, UTM 서비스 규정, 시스템 사양과 절차 등에 대해서 USP들이 비밀 유지를 준수해야 할 측면도 있다.

3) 상호운용성(interoperability)

UTM 이행은 가능하면 국제적으로 합의된 표준화된 방법에 따라야 한다. 국제적 표준들은 규범적이어야 하는데, 성능기반 또는 위험기반을 기본 개념으로 하여 안전성과 상호운용성을 지원하면서도 신기술 도입과 기술혁신을 허용할 수 있어야 한다. UTM 서비스가 일관적인 성능 수준을 유지하도록 하기 위하여 UAS 운영자와 USP 간에 서비스 수준 합의SLA: Service Level Agreement가 수립될 필요가 있다. SLA는 주로 상업적 측면을 다루지만 중요하지 않은 서비스 제공도 포함할 수 있다. UTM 서비스들의 최소 성과 수준은 규범적 표준이나 기타 공식적 스펙보다는 SLA를 통하여 정의될 수 있을 것이다.

USP 간의 상호운용 체제는 효과적인 데이터 교환에 의하여 확보될 수 있을 것이다. USP들은 다양한 자료원으로부터 데이터를 받아 처리할 텐데, 사용하는 데이터의 품질이나 표준화에 관한 요구조건이 구체화되어야 할 것이다. 앞의 절에서 ATM과 UTM 간의 데이터 교환에 대하여 설명했는데, 이러한 종류의 데이터 교환이 USP 간에도 유사하게 이루어져야 한다는 것이다. 그러나 중요하지 않은 데이터 교환에 대해서는 데이터 품질 보증 수준을 적절히 조절하여 비용을 줄이고 감독을 간소화할 필요가 있을 것이다.

UTM 생태계에 복수의 USP와 SDSP 등을 참여시키는 방식은 API 형태를 활용한다. 그러나, 상호운용성의 경우에는 공통의 소통언어가 필요하고, UTM 생태계 내에서 공유할 핵심 정보의 필수요건 등 API를 초월하는 방편들이 요구된다. 공통의 소통언어를 수립하는 데에는 공유할 정보의 종류, 전송할 데이터의 양, 수용할 수 있는 잠재성과 데이터의 불변성 및 데이터 처리의 기술적 제약 등을 우선 고려하여야 한다. 또한, 이러한 고려사항들에 관한 필수요건을 설정하기 위해서는 교환되는 정보의 종류, 그 정보들이 어떻게 이용될 것인지가 설정되고, 정보 교환방법이 완전 자동화인지, 인간의 참여가 필요한 방법인지 등이 설정되어 있어야 한다. UTM 생태계에서는 네트워크 중심network-centric의 정보공유 환경이 개발되어 복수의 관계자들 간에 적시에 정보가 공유되고 새로운 USP나 SDSP가 즉각적으로 연결되고, 단절되고, 대체될 수 있어야 할 것이다.

2_ 조직구성 방법

UTM 서비스 제공기관 조직 구성은 여러 가지가 가능할 것이다. 여기서는 현재 고려되고 있는 두 가지 서로 다른 조직 구성 체계를 소개한다; 중앙집중식 서비스 제공 체제centralized service provision와 연방적 서비스 제공federated service provision.

1) 중앙집중식 서비스 제공 체제(centralized service provision)

중앙집중식 체제에서는 서비스를 직접 제공하든지 또는 다른 기관의 협조 하에 서비스를 제공하든 간에 중앙기관central agency이 서비스 제공의 모든 측면에 대하여 책임을 진다.(아래 그림 참조)

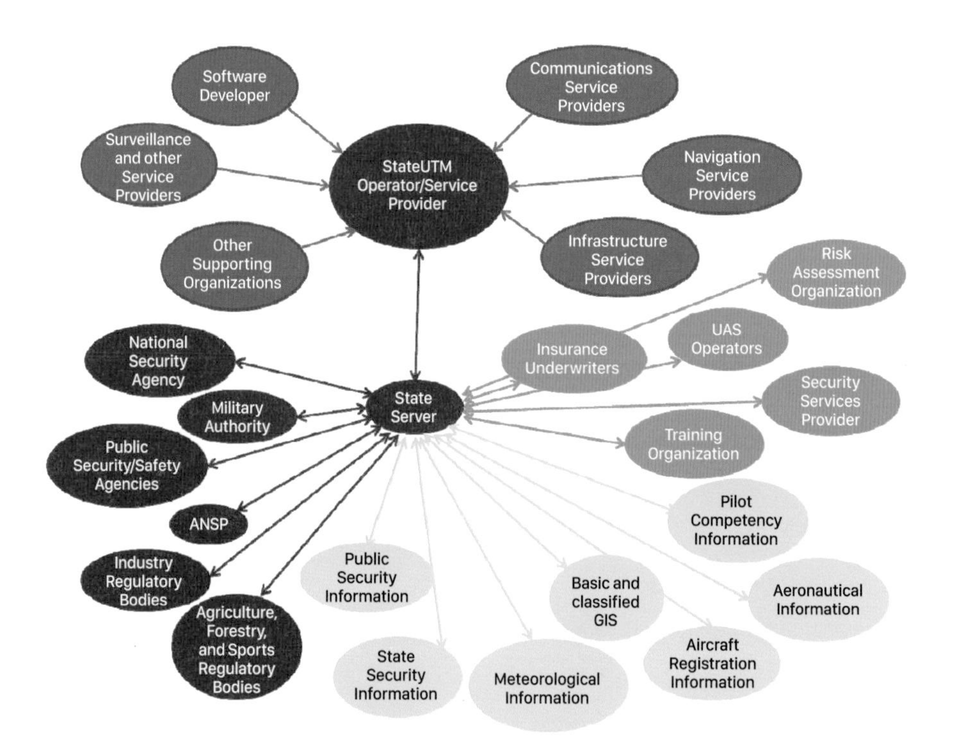

• 그림 3-2 **Centralized service provision**

그림에서 나타난 바와 같이 'State Server'가 모든 관련 기관의 보고를 받는 당국자가 된다. 대개, 국가의 민간항공당국CAA: Civil Aviation Authority이 규제자로서 이 역할을 하며, ANSP가 전통적으로 규제받는 링크로서 존재한다. 그림의 윗부분은 국가의 UTM 운영 당국이 UTM 서비스 제공자들과 연결되어 UTM 운영을 관리하는 체제를 보여준다. 이 그림의 모델은 기존의 ATM 구조를 단일 UTM 서비스 제공에 그대로 적용한 것이라고 보면 된다. 물론, UTM은 SDSP의 지원을 받을 수는 있으며, 각 중앙집중식 구조 단위로 하나의 SDSP가 지원한다고 생각하면 된다.

2) 연합적 서비스 제공 체제(Federated Service Provision)

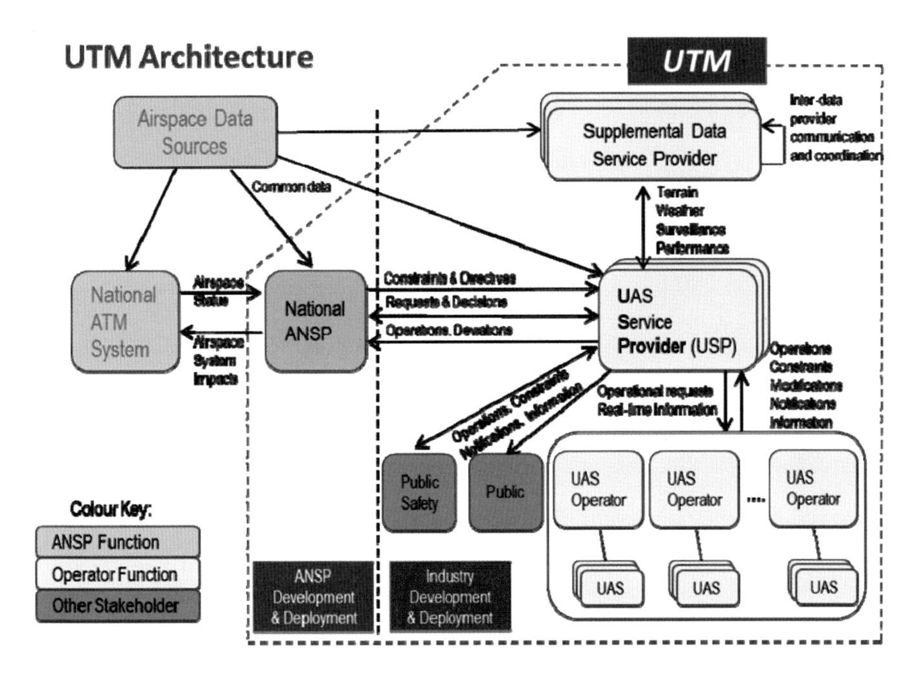

• 그림 3-3 Federated service provision

위의 그림에서 보여주는 연합적 서비스 제공 체제도 중앙집중식 체제처럼 단일의 중앙 규제당국이 존재하고 하나의 ANSP가 존재한다. 차이점은 규제당국과 ANSP와 USP 간의 관계에 있다. 연합적 체제도 USP가 UTM 서비스를 제공하지만, USP는 국가 기관이 아니고 어떤 USP도 유일하지 않다는 것이 중앙집중식과 다른 점이다. 모든 USP는 정부 규제를 받으며 ANSP에 대하여 명확하게 정의된 책임을 진다. USP 간의 관계도 상세하게 정의되어야 한다. 이 그림에서 서로 다른 USP는 각각의 비즈니스 모델에 따라 서로 다른

UTM 서비스를 제공할 수 있으며, 상호 간의 접속관계도 다를 수 있다. 그러나, 각 UTM 서비스에 대한 필수요건은 표준과 규정에 따라 일관되게 적용되어야 한다.

3_ 미래 발전

UTM 서비스의 미래 발전 양상은 급속할 것이고 아직 아무도 모르는 길을 가게 될 것이다. 이와 같은 지속적 변화 발전을 지원하고 혁신을 권장하기 위해서는 오늘의 가정을 벗어나 내일의 현실로 움직여야 하는데 다음과 같은 사항들이 고려되어야 한다.

1) 무인기, 유인기 운항 및 지상 인원과 재산에 대한 안전성 확보가 필요하다. 규제당국, 서비스 제공자, 무인기 운영자들 간의 파트너십이 요구되고, 항공분야에 새로 진입한 이해당사자, 예를 들면, 시市 당국, 경찰당국, 전기통신제공자, 비항공데이터 제공자들과의 파트너십도 필요하다.
2) UTM 시스템이 기술발전과 비즈니스 적용에 반응할 수 있도록 UTM 서비스와 조직 체계가 유연해야 한다. 규정은 필요한 경우에만 규범적으로 만들어야 하고 성능기반과 위험기반에 의하여 UTM이 이행되도록 해야 한다.
3) 무인기의 수가 증가하면 UTM의 효율성 증가가 요구된다. 이는 확실히 자동화를 요구할 것이다. 인공지능, 머신러닝 등이 도입되어야 하는데, 이에 따른 표준화와 통제는 전적으로 새로운 체제로 이루어져야 할 것이다. 이러한 발전은 항공산업계를 확장하는 효과를 유발할 것이다.
4) 다양한 활동을 지원하기 위한 표준과 규제의 조화가 국제적으로 이루어져야 한다. 일관되고 상호 운용적인 UTM 서비스 제공이 요구되기 때문이다.

5) UTM 시스템을 지속적이고 자동적으로 확인할 수 있어야 한다. 이를 위해서는 확인 이행을 위한 새로운 체제가 개발되어야 하는데, 기존의 항공안전 확인 개념으로는 발전하는 UTM을 따라잡을 수 없을 것이다. 기존의 ANSP나 규제 당국자는 전혀 경험한 적이 없고 능력도 없는 동적인 확인체제가 고려되어야만 할지도 모른다. 따라서, 비항공 분야에서 배워야 할 필요도 있고, 항공분야에서 사용하지 않았던 대안alternative 체제를 고려해야 할지도 모른다.

6) 서비스 제공과 규제에 따른 비용 회수와 경제성에 관한 개발도 필요하다. 각 USP는 복수의 SDSP가 제공하는 데이터를 사용할 수 있으며, 경쟁에 의하여 복수의 서비스 제공자가 동일한 서비스를 서로 다른 고객(예: 무인기 운영자, 다른 USP 등)에게 제공할 수 있으나 동일한 표준과 규제를 따라야 하며 규제당국의 승인을 받아야 한다.

무 인 기

교통관리와

운 항 안 전

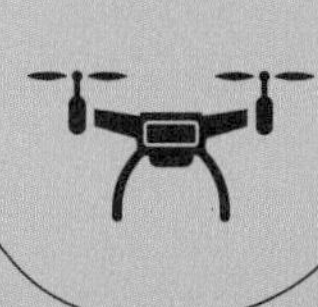

제 4 장

무인기 운항안전 개념과 안전관리 체계

제 4 장

무인기 운항안전 개념과 안전관리 체계

제1절 무인기 운항안전 개념[1]

1_ 충돌방지와 항공기 분리 관리

UTM에서 항공기 분리 관리의 핵심 요소는 안전거리와 안전 시간 분리에 대한 정의이다. 기본적으로는 기존의 유인기 분리 기준을 어떻게 참고할 것인지, 새로운 기준은 어떻게 개발해야 할지가 핵심이 될 것이다. 더불어, 무인기의 안전수준 목표를 어떻게 결정할지도 고려해야 한다.

UTM에서의 충돌방지와 분리는 알고리즘을 이용한 자동화를 통하여 관리될 것으로 예견하지만, 많은 원초적인 문제들이 결정되어야 한다. UTM 시스템 운용 관련 당사자들이 문제 제기와 해결 과정에 참여해야 하고, 운항 환경들이 고려되어야 한다. 무엇보다도, 신중한 공역 계획과 항로 최적화가 전략

1 Unmanned Aircraft Systems Traffic Management (UTM) - A Common Framework with Core Principles for Global Harmonization, Appendix G의 내용을 주로 참조함.

적인 충돌방지 해법을 가능하게 할 것이다. 무인기의 급속한 증가로 충돌방지 해법은 전술적으로는 매우 복잡한 양상을 띨 수도 있어 추가적인 시스템 자원이 필요할 수도 있고 운항 편들 간의 협조가 필수적일 수 있다. 항공기의 장비 성능은 안전수준 목표를 정하는 데 기본적 요인이 되므로, 올바른 장비 선정과 시스템 필수요건 제한에 매우 신중해야 한다. 시스템 필수요건들은 전통적인 CNSCommunication, Navigation and Surveillance 외에 새로운 평가 파라미터들도 포함해야 할 것이다.

1) 일반론

국가든 산업계든 무인기와 유인기가 안전하고 효율적으로 비행할 수 있는 통합된 운항 환경을 추구한다. 과거의 무인기는 유인기와 분리되어 제한된 공역에서만 운항을 하거나, NOTAM 등을 통하여 무인기 운항을 공지하는 방법으로 안전 문제를 풀었다. 공역 분리 방식은 초기에는 안전확보 방안이 될 수 있지만, 유인기와 무인기가 혼합 운항하거나 무인기 교통량이 매우 많아지는 미래 환경에는 공역분리 적용이 불가능해진다.

ICAO의 개념에 의하면, 충돌관리는 세 단계로 이루어진다; 전략적 충돌방지 대책, 분리 대책, 충돌회피[2]. 이러한 개념은 유인기 운항에 적용해왔는데, 무인기 충돌방지와 분리 관리에도 적용할 수 있을 것이다. 그러나, 유인기와 똑같은 방법이 무인기에도 모두 적용될 수는 없을 것이고, 무인기 교통관리를 위한 새로운 방안이 고려되어야 하는데, 특히, 무인기 교통량이 많은 대도시 지역에서는 추가적인 기술이 적용되어야 할 것이다. 충돌방지 대책은 유인기와 무인기 간 충돌과 무인기와 무인기 간 충돌이 모두 고려되어야 한다.

2 ICAO Doc. 9854

2) 목표 안전 수준(TLS: Target Level of Safety)

TLS는 유인기 충돌관리에 적용되고 있는데, 많은 요인에 의해 가변적으로 적용된다. 무인기에도 적절한 TLS가 결정되어야 하는데, 공역과 공역 내의 교통량 형태를 고려하여 결정해야 한다. 안전수준은 교통의 종류와 밀도, 항공기와 시스템 성능, 장비, 항공기 속도, 운항의 종류, 인력과 기계의 가용성 등에 영향을 받는다. 다양한 요인에 따라 항공기 간의 안전거리, 안전 시간 분리 등으로 원하는 TLS를 맞출 수 있도록 결정해야 한다.

3) 전략적 충돌방지 대책(Strategic deconfliction)

전략적 충돌방지 대책은 무인기 운항을 위한 기본적 UTM 서비스 사항으로 볼 수 있으며, 가장 예측 가능한 충돌관리로서 비행 전에 적용된다. 물론 다이내믹한 UTM 공역관리로 인해 무인기는 전술적 수준의 충돌방지 대책에도 적지 않은 영향을 받는다. 공역 조직 구성은 주요한 전술적 충돌방지 대책 중 하나다. 각종 크기의 공역에 대한 ICAO의 기존 공역 등급 분류에는 교통량의 밀도, 운항의 종류, 항공기 장비 요건 등이 고려된다. 이와 유사한 원칙이 UTM 환경에도 적용될 수 있을 것이다. 공역 등급에 따라, 원격 조종자나 UAS 운영자가 충돌방지 대책의 책임을 질 것인지 혹은, 충돌방지 대책이나 분리 서비스가 UTM에 의해 제공될 것인지가 결정될 수 있다.

예를 들면, 공역을 저위험 공역, 중위험 공역, 고위험 공역으로 나누고 각 등급에 대한 필수 서비스를 결정하는 것이다. 그러나, 공역 설계를 관리하는 것은 기존의 ICAO의 공역 등급 체계보다는 훨씬 복잡해질 수밖에 없다. 따라서, UAS 운항을 위한 공역 등급화는 현행의 공역 등급체계와 양립할 수는 없을 것이다. 경우에 따라서는, 동일한 공역이 ANSP와 USP에 의해 동시에 관리될 수도 있다. 각각의 서비스 제공기관은 자신의 고객에게 서비스를 제공하게 된다. 무인기와 유인기 모두 ATM이나 UTM 필수요건을 따르기 위한 장비를 갖고 있어야 하거나, 무인기가 유인기 공역 필수요건을 만족할 수 있어야 한다. ATM-UTM 경계에 대한 적절한 정의와 적절한 통합에 따라, ATM에 적합한 유인기의 장비가 UTM 필수요건도 만족시킬 수 있게 되기를 기대해야 한다.

비행계획서를 분석하고 조절해서 수요와 수용량의 균형을 유지할 필요가 있는데, UTM 환경에서는 자동화 기능에 의해서 균형 유지를 실현할 수 있을 것이다. 비행로 조정이나 공역 용량의 신중한 정의에 의해 전략적 충돌방지 대책을 이행하면 비행 시간이 증가할 수도 있을 것이다. 수요와 용량의 균형은 또한, 신호범위signal coverage, 동적이거나 영구적인 공역 제한, 비행 임무의 종류, 기상과 에너지 가용성 등에 의해 영향을 받을 수도 있다. 이러한, 원칙들을 적용한 선제적 충돌관리는 더욱 적은 연산이나 통신이 필요할 것이고, 높은 신뢰성으로 정규 교통량을 수용할 수 있을 것이며, 유연성은 떨어지지만 안전성은 증대시킬 것이다.

유인기 항공은 고도 지시계를 기압 측정에 의해서 작동하도록 하고 있다. 반면에 무인기는 GNSS 고도(또는 높이)나 기준 지점으로부터의 기압고도 측정치를 이용할 것이다. (예: 이륙 지점으로부터의 고도, 또는 원격 조종자 위치로부터의 고도, 또는 높이) 유인기와 무인기의 기준점 상이에 의한 고도나 높이의 차이, 측정 방법에 의한 차이, 또는 고도 부정확성 등은 충돌 위험을 증대시킬 것이다. 따라서, 공동의 기준점을 사용한다든지, 자동적인 고도 수정 방안이 고려되어야 할 것이다.

4) 전술적 충돌방지와 충돌회피(Tactical Deconfliction and Collision Avoidance)

전술적 충돌방지 대책은 비행 안전거리 분리와 시간 분리 등을 포함하는데, UTM 서비스나 원격 조종자, 또는 무인기에 탑재된 자동 기능에 따라서 달성될 수도 있다. 그러나, 이러한 전술적 충돌방지 대책은 무인기의 충돌회피 기능과 혼동해서는 안 된다. 충돌회피 기능은 최후의 안전 방책이며 계산된 안전수준으로 간주할 수는 없다.

전술적 충돌방지 대책은 반응적 충돌관리 대책이며 교통량이 많거나 복잡한 교통 양상에서는 정교한 기술과 높은 수준의 연산 및 통신 자원을 요구한다. 전술적 충돌방지 방안은 비행로에 대한 예측성과 신뢰도는 낮지만, 운항의 유연성을 보장하는 대책이라 할 수 있다.

전술적 충돌방지 대책과 전략적 충돌방지 대책의 장단점은 다음 표와 같이 정리될 수 있다. (표에서 Proactive 방안은 전략적 충돌방지 대책이 되고 Reactive 방안은 전술적 충돌방지 대책이 된다.)

표 4-1 Future evolutions

	Demands for computation resource	Demands for Communication resource	Resulting traffic pattern	Reliability	Flexibility
Reactive	High	High	Highly complex, unpredictable	Low	High
Proactive	Low	Low	Regular, predictable	High	Low

전술적 충돌방지 대책 서비스를 촉진하기 위해서는 항공기 추적, 교통 감시, 정보공유 등이 가능해야 한다. 공역 내에서도 교통량이 적은 구간에서는 항공기나 UTM 시스템 성능의 필수요건이 느슨해도 될 것이다. 무인기는 탑재된 DAA detect-and-avoid 기술을 활용하여 자율적으로 분리하는 것이 허용되거나, 원격 조종자가 UTM에서 수신한 정보나 육안으로 확인하면서 비행하도록 허용할 수도 있다.

유인기 비행에서는 수직분리, 수평분리, 종적분리, 시간분리 등을 위한 안전분리 값이 비행방식과 공역에 따라 차별되어 주어지는데, 모든 종류의 무인기들에 대해서는 이러한 기준이 아직 정해지지 않았다. 무인기의 안전분리 값은 항공기 성능요건과 UTM 시스템 능력, 비행규칙 등에 따라 결정될 수 있을 것이다.

분리 기준은 가정된 자료, 실제 데이터, 사례 등에 기반한 광범위한 충돌위험모델collision risk model 기법을 활용하여 산출해야 할 것이다. 충돌 위험 모델 도출을 위해서 UAS 운항과 관련한 충분하고 유용한 데이터의 수집이 필요하다. 일단 UAS 운항이나 UTM 공역에 대한 TLSTarget Level of Safety가 개발되면, 실제 운항 성과를 분석하여 TLS를 실질적으로 준수할 수 있는지를 모니터하는 것이 중요하다.

유인기 조종사가 자신이 조종하고 있는 항공기를 무인기로부터 효과적으로 분리할 수 있을 것으로 기대할 수는 없다. 그러므로, UAS나 UTM 시스템이 운항주체인 무인기로 하여금 주변에 있는 다른 항공기(유인기와 무인기 포함)에 대한 주의집중을 하도록 하는 것이 매우 중요하다. 그러나, 주의집중의 방법이 UAS와 UTM은 다르다. UAS는 매 순간 주변 교통에 대하여만 주의집중을 하는 반면, UTM 시스템은 매 순간의 교통량 상황뿐만 아니라 의도까지 제공한다.

시스템 필수요건과 사용자 욕구, TLS 이행 등의 관점에서 최적의 결과를 얻을 수 있도록, 전술적 충돌방지 대책과 전략적 충돌방지 대책의 균형을 세심하게 평가하여야 한다.

5) 미래 해결과제

유, 무인항공기들의 충돌관리를 위한 미래 해결과제는 다음과 같이 정리할 수 있다.

(1) 공역 사용 우선권 문제(priorities)

공역사용의 우선권을 어떻게 규제할 것인지 정해야 할 것이다. 'first come, first serve' 나 'best equipped best served'는 항공기에 공역 사용 우선권을 부여하는 기준이 되기에는 적절하지 않다. 비행의 임무나 탑승지가 있는지가 공역 사용 우선권 부여 요인이 될 수도 있을 것이다.

(2) 비행로의 영향

임무 수행을 위한 비행로 변경은 어떻게 할 것인가? UAS 운영자와 USP 간에 협상이 필요할 것인지 등이 해결되어야 한다.

(3) 안전 완충

공역이나 항로에 안전확보를 위한 완충 공간을 어떻게 정할 것인가? 비행임무, 항공기 기종, 성능, 장비 등의 요인이 완충 공간 결정에 어떤 영향을 줄 것인가?

(4) 대책 변화로 인한 요건 적용 문제

전략적 충돌방지 대책을 전술적 충돌방지 대책으로 변화시킬 때 유인기에 적용하는 필수요건과 똑같은 요건을 무인기에도 적용할 것인가?

2_ 위험평가와 우발계획[3]

1) 서론

공역의 등급이나 운항의 종류에 관계없이 공역 활용 측면에서는 안전이 가장 중요한 이슈로 인식되고 있다. 기존의 유인기 운항체제에서는 공역이나 운항의 종류에 따라 정해진 TLS의 달성 가능성은 위험평가를 포함한 안전대책에 의하여 평가되었다. UTM에서의 안전평가는 일반적 안전 위험평가 이외에 컴퓨터 보안cyber security을 반드시 포함해야 할 것이다(예: 가짜 무인기 또는 식별불능 무인기 등). 왜냐하면, 사이버 범죄는 UTM 시스템과 항공기에 위험을 유발하기 때문이다.

위험평가 안건 중에는 우발계획contingency plan이 포함된다. 우발계획은 위험평가에 의하여 수용된 수준의 잔여 확률에 의하여 발생할 수 있는 안전 사고에 대한 대응계획이다. UTM 서비스가 계속 진화하고 있지만, 무인기와 유인기가 통합 운영되는 공역 시스템 도래를 대비하여 UTM 산업 부문의 위험평가가 필수적으로 요구된다.

2) UTM 위험평가의 목적

UTM 위험평가의 목적은 바람직한 안전수준을 확인하고 사고의 위험성을 줄이기 위하여, UTM 서비스 시스템이나 교통처리와 관련한 실패나 불완전성을 검토하는 것이다. 또한, 안전성 평가는 UTM 안전 필수요건을 정의하고, UTM 운영, 설계, 이행에 따른 위험을 완화하기 위한 절차를 개발하는 데 이용될 수 있을 것이다. 더불어 무인기 운항을 안전하게 공역에 통합하는 데에도 활용될 수 있을 것이다.

3 Unmanned Aircraft Systems Traffic Management (UTM) – A Common Framework with Core Principles for Global Harmonization, Appendix H의 내용을 주로 참조함.

일반적으로 UTM 서비스 중에는 안전에 매우 중대한 서비스도 있고 안전에 중대하게 영향을 미치지 않는 서비스도 있는 것이다. 안전에 영향이 큰 서비스는 지상과 공중에서의 항공기 기동에 관련되는 것들인데, 예를 들면, 지오펜싱geofencing, 전략적 충돌방지 대책, 전술적 분리 대책, 충돌 조언conflict advisory, 경보alert service, ATC와의 인터페이스interface with ATC 등이다. 이러한 서비스에 대해서는 완전한 위험분석을 실시하여 정상 상황뿐만 아니라, 비정상 상황 또는 잘못된 상황에 대해서도 효과적인 위험 완화 방안을 찾아내야 한다. 안전에 중대한 영향이 없는 서비스들에 대해서도 위험평가는 수행해야 하지만 완화 대책을 식별해낼 필요는 없다. 그러나, 위험평가를 할 때는 서비스 상호 간의 성능에 영향을 줄 수 있는 측면을 고려해야 한다.

UTM 위험 평가에는 복수의 무인기 운항에서 비롯되는 해저드를 고려해야 할 뿐만 아니라 국지 기상효과나 전자기적 간섭 또는 GNSS 실패나 고장에 따른 외부적 해저드도 고려되어야 할 것이다.

더불어, UTM 위험평가는 복수의 무인기 운항과 UTM 서비스에 대해서 전체론적 접근법으로 분석해야 한다. 그러므로, UTM 위험분석은 한 대 이상의 무인기 운항에 대한 위험분석을 포괄한다. 특정한 비행편에 집중하지 않고 UTM 서비스가 제공되는 지역의 모든 교통량에 대하여 고려해야 한다. 그러므로, 온전한 위험 평가를 위해서는 UTM과 해당 무인기의 위험평가가 모두 이루어져야 한다.

ATM 공역에서는 인적요인이 위험 경감에 중요한 역할을 하지만, UTM에서는 인적요인의 중요성이 높지 않으며, 새로운 절차와 과정을 제안해야 할 필요가 있다. UTM 운영이 ATM과 통합되는 상황이 오면, UTM 위험평가 방법이 현행의 유인기 안전수준과 같은 수준의 안전성을 담보할 수 있는지 평가할 수 있어야 한다. UTM 위험평가와 병행하여 위험 완화 방안과 우발계획도 개발되어야 한다.

3) UTM 위험평가의 애로점

UTM의 효과적 위험평가 절차 개발을 위해 극복해야 할 문제점은 제도적인 측면과 기술 개발을 결합하여 고려해봐야 한다는 것이다. 많은 초기 위험들은 제도적 절차로 완화하여야 하지만, 제도로 완화할 수 없는 위험은 UTM 위험평가 과정을 통해 식별하고, 해결해야 한다. 온전한 위험평가를 위해서는 주어진 UTM 시스템에 의하여, UTM 중심의 위험평가와 개별 무인기 운항의 위험평가를 모두 수행하여 모든 운항과 시스템의 위험을 다루는 것이 필요한데, 이것이 상당히 어려운 숙제가 될 것이다. 무인기와 UTM 시스템의 위험평가 방법을 찾아내기는 결코 쉽지 않을 것이다. 어떻든, 운항 자체와 운항이 이루어지고 있는 환경을 모두 고려하는 위험평가여야 한다. 또한, 지상에서의 위험과 공중에서의 위험이 모두 고려되어야 하고, 무인기UA 위험평가로부터 UTM 중심의 위험평가를 수월하게 해줄 수 있는 접점과 공통점을 찾아내는 것이 중요할 것이다. 물론, UTM 중심의 위험평가에서 무인기UA 위험평가의 실마리나 공통점을 찾아내는 것도 중요하다.

모든 위험평가는 넘어야 할 공통의 장벽이 있다. 즉, 서비스 품질 요인은 UTM 중심의 위험평가나 개별 무인기 운항 관련 위험평가나 필수적으로 고려되어야 한다는 점이다. 현재로서는 서비스 품질 요인이 명확하게 정의되지 않은 점이 유효하고 완전한 위험평가를 위해 넘어야 할 장벽이다. 현재로서는 UTM이나 무인기UA 관련 축적된 데이터가 없고, 데이터 품질과 관련된 역사도 짧아서 위험평가나 위험완화 조치가 수립되더라도 변화할 가능성이 크다. UTM이나 UA관련 데이터가 축적되면 위험 완화 방법의 최적화가 쉽게 이루어질 것이다. UTM 기반 환경에 관한 정의가 미비한 점도 위험분석 체제를 정의하는 것을 어렵게 하는 또 다른 이유가 되고 있다. UTM 기반 환경이 개발되고 적용됨에 따라 위험분석 체제가 명확해지겠지만, 초기부터 위험분석이 확실하게 이행될 필요도 있어 신중한 논의가 필요하다.

UTM 관계자(기관)들이 UTM 위험평가의 핵심적 역할을 해야 한다. UTM 관계자(기관)들이 누구인지 아직 명확하게 정해진 표준이 없으므로, 현재로서는 상황별로 UTM 관계자들을 식별하여야 한다. UTM은 자동화된 많은 서비스와 기능을 활용할 것이기 때문에 위험평가 이행에 또 다른 도전이 될 것이다. 당연하게, 무인 항공 운항의 자동화는 미래의 위험평가에 중요한 역할을 하게 될 것이다.

4) UTM 위험평가 시 고려사항

UTM 위험평가를 수행할 때 고려해야 할 사항들을 정리해본다. 우선, UTM 위험평가 과정을 개발할 때, 각 평가 단계에서 어떠한 관계자들이 참여해야 할지를 식별해야 하고, UTM 위험평가는 UTM 시스템의 변화가 있을 때마다(예: 시스템 업그레이드, 신기술 도입, 새로운 서비스 도입 등) 이루어져야 한다는 점을 염두에 두어야 한다. 또한, UTM 위험평가는 UTM 시스템 내에서 제공되는 모든 서비스에 대하여 이행해야 하고, 모든 서비스 요소들(예: 데이터 교환, 비즈니스 규칙 등)을 포함해야 한다.

UTM 구성요인들의 인테페이스에 대해서도 UTM 위험평가가 고려되어야 한다. UTM 시스템 내의 각 인터페이스, 또는 UTM 시스템 구성 요소들과 외부 서비스 구성 요소 간의 인터페이스들도 모두 위험평가에 포함되어야 한다.

UTM 위험평가는 최신 데이터up-to-date data에 기반하여 실시해야 하고 문서화된 입력자료를 활용해야 한다. 입력자료나 변수가 바뀌었으면 관련된 위험평가는 재검토되어야 한다. 위험평가는 위험 완화 대응책의 효과를 측정해보고, 필요하면 수정 대책이 추진되어야 할지를 판단하기 위해 주기적으로 검토되어야 한다.

위험평가의 결과는 UTM 운영이 이루어지는 환경에 따라 달라질 수 있다. 예를 들면, 같은 종류의 운항이라도 도시 환경에서 수행되는 경우와 시골 환경에서 수행되는 경우의 위험들은 다를 수 있다.

5) 우발계획

UTM 제공자는 UTM 시스템이나 관련 서비스에 대하여 발생할 수 있는 혼란 상황이나 잠재적 혼란 상황을 대비한 우발계획을 수립하고 이행해야 한다. 우발계획의 목적은 UTM 시스템이나 관련 서비스에 혼란 상황이 발생했을 때, 안전하고 질서 있는 무인기 교통흐름을 제공하는 것을 돕기 위한 것이다. 우발계획은 위험을 완화하기 위한 중요한 수단이라 할 수 있다.

우발사태는 UTM 실패나 UA 실패에 기인할 수 있지만, 본서에서는 UTM 실패에 관해서만 다룬다. UTM 우발 상황은 UA 운항에 영향을 미칠 수 있지만, UA 우발 상황은 UTM 시스템에 특별한 우발 절차를 야기하지 않는다고 보기 때문이다.

국가는 USP들이 우발계획을 개발하도록 요구해야 한다. 물론, 국가는 우발사태에 적용할 규정과 절차적 지침서를 사전에 개발하여 관계자들이 참고할 수 있도록 해야 한다.

UTM과 ATM의 우발절차에 관한 정의는 다소 다르다. UTM은 ATM에 비해서 사람의 참여가 더 적다. 예를 들면, 문제의 국지화나 고립화에 인간참여 human-in-the-loop 대신에 자동화 시스템을 사용하는 것이다. 그러므로, 위험을 경감시키기 위한 새로운 방안들이 정의되어야 한다. 물론, UTM과 ATM이 공통의 실패를 겪고 공통의 완화 방안을 적용하는 경우도 있을 것이다(예: 전기공급 실패).

UTM이 제공하는 서비스의 횟수나 성격에 따라 우발 절차의 내용이 영향을 받을 것이고 경우에, 따라서는 UTM의 서비스 실패가 ATM에 영향을 미칠 수도 있다(예: 전술적 항공기 분리). 이러한 경우는 ATM과 협의하여 우발 절차를 개발해야 한다.

UTM의 우발사태 관리는 전체 생태계의 통합적인 관리를 요구하기도 할 것이다. 예를 들면, 하나 이상의 USP가 동일 공역에서 서비스를 제공하는 경우에, USP 상호 간에 중첩 서비스가 필요한지 등이 관리되어야 한다.

각각의 우발계획은 USP가 제공하는 특정 서비스의 예견되는 실패에 맞도록 맞춤으로 마련된 것이어야 한다. 우발계획은 위험평가를 통해 식별된 모든 실패에 대하여 대응하는 절차를 포함해야 한다. 일반적으로 우발계획에는 다음 항목들이 포함되어야 한다;

(a) 해당 우발계획의 목적과 이용

(b) 정책

(c) 법적 요구사항

(d) 우발사태의 기본(안전, 연속성)

(e) 역할과 책임

(f) 우발 상황의 주요 사건과 관련 위험

(g) 타 우발계획의 검토(예: ATM)

(h) 우발사태 절차

(I) 우발사태 환경 설명

(j) 운영에 대한 영향과 변화 분석 요약

USP는 우발사태 관리를 위해 다음과 같은 절차를 활용할 수도 있다;

(a) 실패에 대한 인식

(b) 전반적 우발계획 내에서 취해야 할 적절한 절차의 식별

(c) 우발계획 절차에 따른 대책 추진

(d) 정상운영의 재개

(e) 우발사태 절차의 효과 평가

(f) 필요한 경우 우발계획 수정

6) 기타 사항

각각의 UTM 관계자(기관)들이 ICAO 부속서 19에서 요구하는 SMSSafety Management System를 이행한다면 UA 안전문화를 수립하고 촉진하는 데 도움이 될 것이다. ICAO의 SMMSafety Management Manual은 UTM 위험평가 절차를 개발하거나 항공안전관리를 이행하는 데 도움이 될 것이다.

제2절 무인기 운항 안전관리 체계

1_ 무인기 운항 안전관리의 특성

무인항공기가 민간 분야에서 상업적 목적으로 운용되기 위해서는 도심지역 운항이 불가피하다. 도심지역에서 저고도 비행을 해야 하는 무인기 운항은 높은 수준의 안전성을 확보해야 한다. 도심지역에서 무인기가 장애를 겪고 추락하는 경우 제3자 피해가 주요 관심사가 된다. 유인기의 안전관리는 항공기 승무원이나 항공여객 등 항공기 탑승자 안전이 주요 관심 대상이지만, 사람이 탑승하지 않는 무인기의 경우는 지상의 인명이나 재산 피해가 주요 관심 대상이 된다. 따라서, 무인기 운항 안전을 논의할 때는 무인기 운항 지역의 환경 여건, 특히 인구 밀집성이 주요 요인으로 고려된다.

물론, 무인기의 안전한 운항은 안전운항이 가능한 무인기 운용 시스템하에서 운영자가 안전 규칙을 준수하여 운항했을 때 가능하다. 따라서, 드론 운용 시스템과 드론 운용자의 비행 수행과 관련한 위험평가Risk Assessment를 수행하여 수용할 수 있는 안전도가 확보되었을 때 드론 운용이 허용되어야 한다는 논리는 전통적 항공안전 분야 안전확보 관행과 합치하지만, 도심 운항의 경우는 인구 밀집도 등 운항 지역의 환경 여건이 주요 위험평가 변수로 고려되어야 한다.

위험평가Risk Assessment를 위해서는 우선, 위험요인Hazard을 식별하고 평가한다. 그 결과가 수용할 수 없는 수준일 때는 위험경감Risk Mitigation 조치를 적용하고, 위험 수준이 수용 가능한 수준으로 완화되었을 때 드론 운항 안전성이 확보된 것으로 본다. 그런데 무인기 운용은 목적이 매우 다양하고, 기체의 성능도 천차만별이며, 사회 · 경제적 여건이 변함에 따라 매우 동적으로 변할 수 있으므로 유연하고 효율적인 안전관리 시스템이 요구된다. 따라서, 유인기의 안전관리 체제처럼 정부가 직접 안전활동 및 안전 감시에 참여하는 방식은 적절하지 않다. 즉, 무인기 운항 안전관리는 UTM(무인기 교통관리)에 참여하는 관계자들 간의 의사소통과 협조에 의한 안전관리 체계가 추구되고 있다. UTM의 안전관리는 무인기 교통관리 서비스를 제공하는 USP(또는 USS)를 중심으로 한 효율적이고 효과적인 의사소통에 기반한다. 정부의 항공안전당국은 무인기 안전운항의 근간이 되는 제도 수립과 정보 접근 수준에서 간접적으로 참여하는 것이 바람직하다.

2_ 무인기의 개별적 운항 위험평가[4]

무인기 운항이 사업적 목적으로 인구 밀집 지역에서 수행되려면, 운항 안전성이 담보되어야 하는데, 이를 위하여 위험평가 체계가 갖추어져야 한다. 무인기 운영자나 공역관리자가 개별적인 운항이 특정한 수준의 안전성을 확보하여 운항을 승인할 수 있는지 판단하는 절차가 필요할 것이다. 다행히, 유럽의 항공당국은 무인기의 개별적 운항 위험평가SORA: Specific Operation Risk Assessment 절차를 개발하여 적용을 시도하고 있고, 중국 등 여러 나라에서

4 본 항의 내용은 Guidelines on Specific Operation Risk Assessment(SORA), JARUS, 2017을 근거로 함.

SORA 절차 도입을 추진하고 있다. 따라서 우리도 SORA의 이해가 필요하다고 본다.

1) SORA의 목적

앞에서 살펴본 대로 무인기 운항 형태에는 Open category, Specific category, Certified category 등 세 가지 범주가 있는데 그중에서 넓은 범위의 공역에서 업무(상업)용 운항이 가능한 방식은 Specific category 운항과 Cerfified Operation이다. Certified Operation은 인증 과정에서 안정성을 평가하는 개념으로 기존의 유인기 안전성 확보 절차와 유사한데, 업무용 무인기 운항 초기에는 적용하기가 어려울 것이며, 향후에 특별한 범주의 무인기 운항으로 발전할 것이다. 따라서, 초기의 업무용 무인기 운항 안전성 평가는 Specific operation이 대상이 될 것이므로, SORASpecific Operation Risk Assessment 개념 중심이 될 것이다. SORA는 Specific category 운항의 안전성 평가를 위한 절차로서, 상업용 무인기 운항 초기에 적용 가능한 안전평가 방법이다. SORA의 일차적 목적은 무인기 운영자에게 위험평가 방법을 제시하는 것인데, 구체적 목적과 일반적 특성은 다음과 같다.

(a) 무인기 운항 신청과 승인에 필요한 안전성 평가 방법을 제시함
(b) 계획된 개별 운항에 대한 안전성 평가 실시방법 제시
(c) 무인기 운영자와 안전운항 승인 당국에 안전운항 지침 제공

즉, SORA는 특정한 무인기 운항이 안전한 방법으로 이행될 수 있도록 하는 것으로서 전통적인 항공기 인증 절차가 적절치 않은 경우에 적용된다. 따라서, 감항성 요건이나 안전목표 달성을 위한 조치를 보완하는 데 활용될 수 있을 것이다. 즉, JARUSJoint Authorities for Rulemaking of Unmanned Systems는 개별의 무인기 운항에 대한 위험평가를 전반적이고 체계적인 위험평가 원칙에 기반해서 수행하도록 지침서를 개발한 것이나. 모든 종류의 위험요인을 고려하

고, 적절한 설계와 위험완화 절차를 고려하여 안전운항이 담보되는지 평가하는 것을 목적으로 한다.

개별적인 운항 승인의 중복성을 회피하기 위하여 정부의 운항 승인당국은 “standard scenarios”에 의한 운항 개념ConOps별 SORA 방법을 적용하여 위험과 위험완화 방안을 평가할 수 있을 것이다.

2) SORA의 적용성(Applicability)

본 방법론은 Specific Operations를 위한 것이지만, 모든 종류의 무인기와 무인기 운항에 응용하여 적용될 수 있고, 무인기 간의 충돌 위험 부분은 SORA 방법론에 포함되기는 하지만 상세한 평가 지침이 개발되지 않았으며, 향후에 구체적 방법론이 개발될 것이다. 또한, 인간이나 무기 등을 탑재하여 추가적인 위험이 존재하는 무인기의 위험평가와 불법적인 전자기적 간섭에 의한 보안 문제, 사생활 보호 부분은 제외된다.

3) 용어의 상관적 범위(Semantic Model)

위에서 설명했듯이 SORA는 모든 무인기 운항에 적용하기 위한 것은 아니고, 업무(상업)용 목적으로 인증된 공역에서 비행하는 운항 안전평가 목적을 갖기 때문에 적용 범위에 제한을 정의하고 있다. 즉, SORA 절차에 적용되는 공역이나 절차 관련 용어의 상대적 범위는 다음 그림과 같이 정의된다.

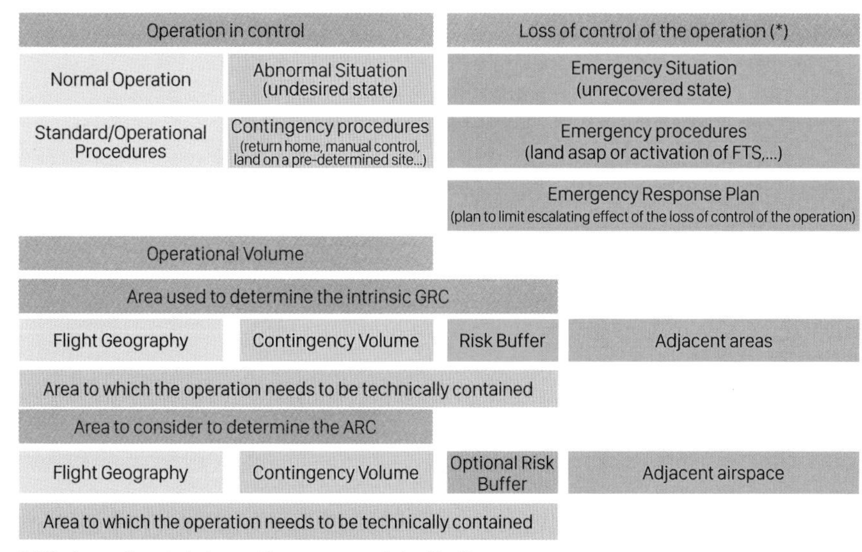

(*) The Loss of control of operation corresponds to situations:

- where the outcome of the situation highly relies on providence; or
- which could not be handled by a contingency procedure; or
- when there is grave and imminent danger of fatalities.

* 그림 4-1 SORA Semantic Model

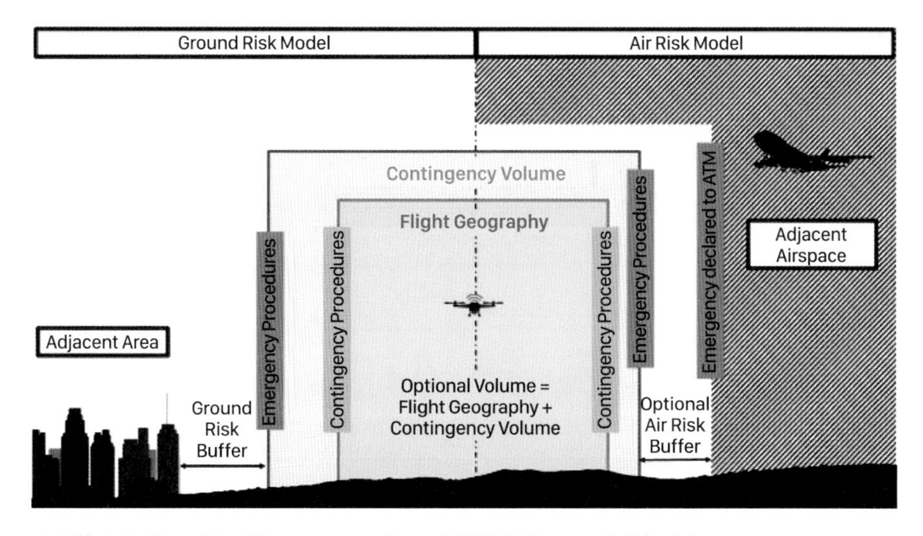

* 그림 4-2 Graphical Representation of SORA Semantic Model

4) 평가 결과의 신뢰성 개념(Robustness)

위험도 평가와 안전평가의 결괏값에는 적용된 데이터 등에 따라 신뢰 정도Robustness를 결정해야 한다. 왜냐하면, 안전평가에 사용하기 위하여 획득한 데이터는 상황에 따라 신뢰의 정도가 다를 수 있기 때문이다. Robustness는 Low, Medium, High의 3등급으로 나누는데, Integrity level과 Assurance level을 평가하여 종합적으로 결정된다. 그중에서 Assurance level은 다음과 같이 등급화한다.

(a) Low : 운영자가 선언한 자료를 기준으로 한 경우
(b) Medium : 증거자료를 제시한 경우
(c) High : 승인된 제3자의 안전 증명이 있는 경우

위와 같이 정의된 Assurance 등급과 Integrity 등급을 결합하여, Robustness는 최종적으로 다음 표와 같이 결정된다.

표 4-2 Determination of Robustness level

	Low Assurance	Medium Assurance	High Assurance
Low Integrity	Low robustrness	Low robustrness	Low robustrness
Medium Integrity	Low robustrness	Medium robustrness	Medium robustrness
High Integrity	Low robustrness	Medium robustrness	High robustrness

3_ 전반적 위험 모델 (Holistic Risk Model)[5]

1) 위험의 개념(Introduction to Risk)

무인기 운항과 관련된 위험은 피해harm 유발의 원인이 되는 요인으로서 severity와 likelihood로 결정되는데[6], 우선, 무인기 운항관련 피해는 다음과 같은 세 종류로 분류한다.

(a) 지상의 제3자 상해

(b) 공중 유인기와의 충돌에 의한 제3자 상해

(c) 중요한 기반시설 훼손

그러나, 지역에 따라 추가적인 피해를 고려하는 것이 필요한데, 예를 들면 다음과 같은 피해를 고려할 수 있다.

(a) 지역사회 혼란 야기

(b) 환경적 훼손

(c) 재무적 손실

2) 전반적 위험모델(HRM: Holistic Risk Model)

무인기 운항에서 고려해야 하는 전반적 위험모델HRM은 위험요인hazards과 위협threat 및 이에 따른 피해harm를 식별하고 위협 방지 요인을 찾아내는 것으로서 다음과 같은 단계로 구성된다.

(a) Harm identification: 사고에 의한 피해의 식별

(b) Hazard identification: 사고 유발의 위험요인 식별

(c) Identification of generic threats: 위험요인의 일반적 원인식별

5 Guidelines on Specific Operation Risk Assessment (SORA), JARUS, 2017을 근거로 함.

6 ICAO는 위험수준을 해당 사고가 발생했을 때 입을 수 있는 피해의 정도(severity)와 사고의 발생 가능성(likelihood)을 고려하여 결정하는 개념을 기존의 유인기 안전관련 문헌에 이미 도입했음.

(d) Harm barrier identification: 피해를 줄이는 대책 식별

(e) Threat barrier identification: 위협이 위험요인으로 이어질 가능성을 줄이는 대책 식별

아래 그림은 위에서 설명한 전반적 위험모델(HRM)을 Bow Tie 모델로 설명하고 있다.

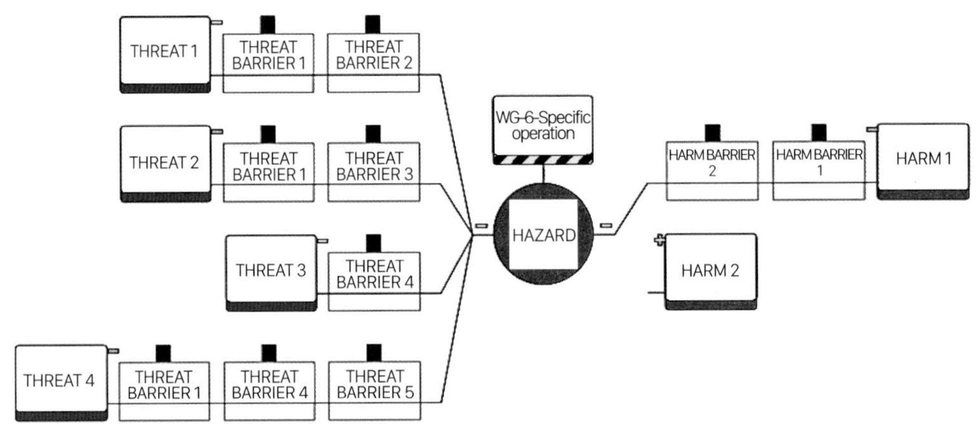

• 그림 4-3 **Bow-tie Model**

3) 피해(harm)의 식별

앞에서 소개한 대로, 무인기 사고에 의한 기본적 피해harm는 지상의 제3자 상해, 공중 제3자 상해, 중요 기반시설 훼손 등이 있고, 무인기 운영자는 그 밖의 개별 운항 관련 피해harm들도 식별해야 할 책임이 있다. 중요 기반시설에 대해서는, 규제당국이 중요 기반시설을 정의하고, 기반시설 근접 비행에 관해서는 합당한 규칙을 마련할 필요가 있다.

4) 위험요인 식별(hazard identification)

무인기 운항의 기본적인 위험요인은 “UAS operation out of control”이라고 간단히 정의할 수 있다. UAS operation out of control은 승인된 운항을 벗어난 운항으로서, 단순한 통제 상실loss of control보다는 넓은 의미이다. 무인기 운항과 관련한 위험요인들은 다음과 같은 운항 환경에 기인한다고 볼 수 있다.

(a) BVLOS를 수행하는 경우 원격 조종자의 상황인식situational awareness은 연관된 장비와 설치 시설에 의존하게 됨
(b) 조종사가 탑승하지 않기 때문에, 특히, 비정상적인 운항 환경에서 조종자의 운항통제가 어려움
(c) 제한 고도나 분리지역 위반, 부정확한 명령 등의 일시적 통제실패가 가능함
(d) VLOS 운항 시, 무인기 visual contact 실패도 통제실패로 될 수 있음(다른 항공기와 near miss 발생도 out of control로 인식함)

5) 일반적 위해요인(generic threats) 식별

위해요인threat은 무인기 out of control 운항과 같은 무방비 상태로 발전할 수 있는 위험요인hazards을 의미한다. HRM은 무인기 운항과 관련한 다섯 가지의 일반적 위해요인을 식별했다.

(a) 무인기 기술적 문제
(b) 인적 오류
(c) 항공기 충돌궤적 비행
(d) 운항 상황 악화
(e) 무인기 운항지원 외부 시스템 악화

아래 그림은 식별된 위험요인, 위해요인, 피해harm 등의 카테고리를 포괄하는 HRM model을 보여주고 있다.

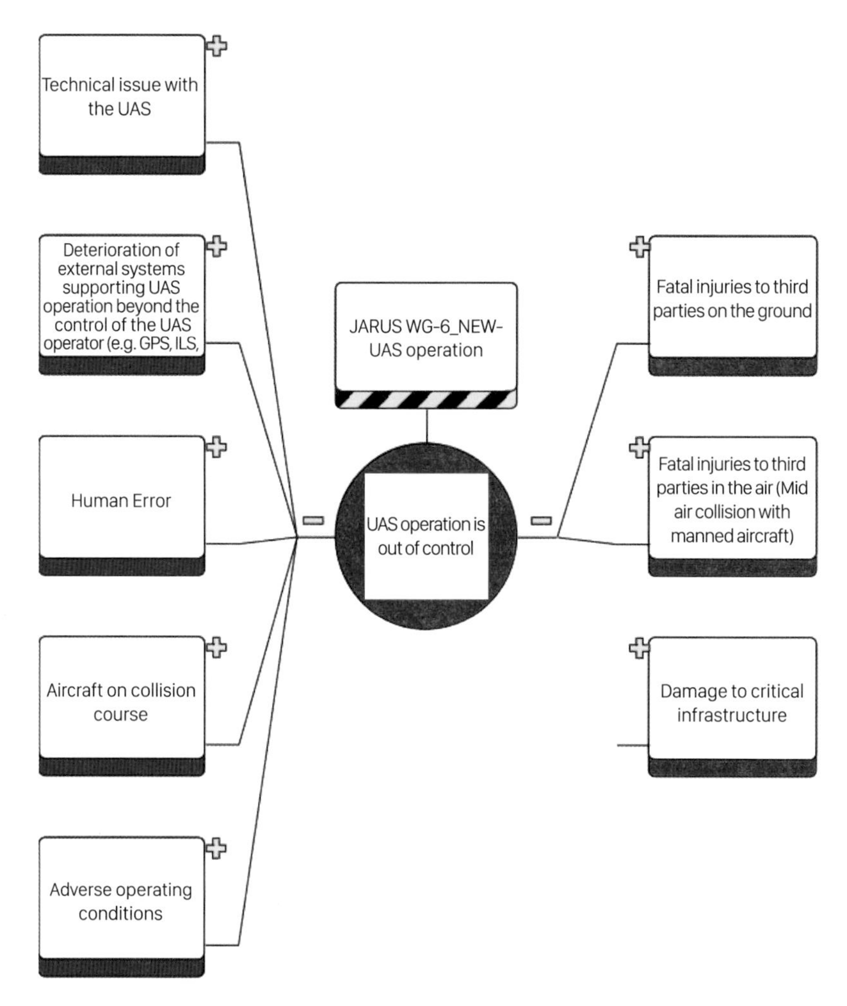

• 그림 4-4 **Bow-tie representation of the Holistic Risk Model(HRM)**

6) 위험완화 방법(Identification for means for risk mitigation)

위험 완화 방법은 기체의 설계나 운항 부분 등에 다양하게 적용할 수 있는데 통제하고자 하는 피해harm의 성격에 따라 달라진다. 예를 들어 지상에 있는 사람들에 대한 사상을 줄이기 위해서는 사람들의 밀도를 통제할 수도 있고 기체의 폭발성이나 가해 가능 면적을 줄이도록 하는 기술을 적용할 수도 있을 것이다. SORA의 위험모델에서는 위험 정도를 완화하는 접근법으로 다음과 같은 두 가지 접근 대책을 보완적으로 적용하는 방안을 채택했다.

(a) 첫 번째 접근 대책은 무인기 통제실패 결과에 의한 피해를 줄이기 위한 피해 방지harm barrier 대책을 적용함(그림 4-5 참조)

(b) 두 번째 접근법은 무인기 위협 통제를 통하여 무인기 통제실패의 확률을 줄이는 것으로 위협 방지threat barriers를 적용함(그림 4-6 참조)

(c) 위협방지threat barriers는 위협threat이 위험요인hazard으로 발전하는 것을 막거나, 위협의 발생 확률을 줄이는 것임

(d) Harm barrier와 Threat barrier는 결합해서 고려할 필요가 있다. 즉, Harm barrier로 피해 규모가 축소될 수 있는 경우, Threat barrier에 노력을 좀 덜해도 risk는 수용할 수 있는 수준이 될 수 있다. (예를 들면, 비행로 지역의 인구 밀집도를 줄이면 risk가 감소되어 Threat 수준이 다소 높아도 수용 가능한 위험수준을 유지할 수 있다.)

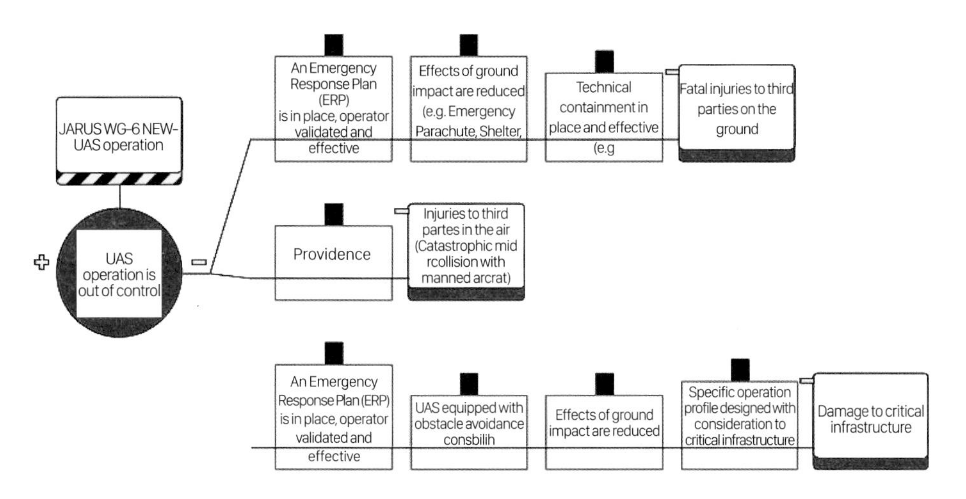

• 그림 4-5 **Bow-tie representation of possible Harm barriers**

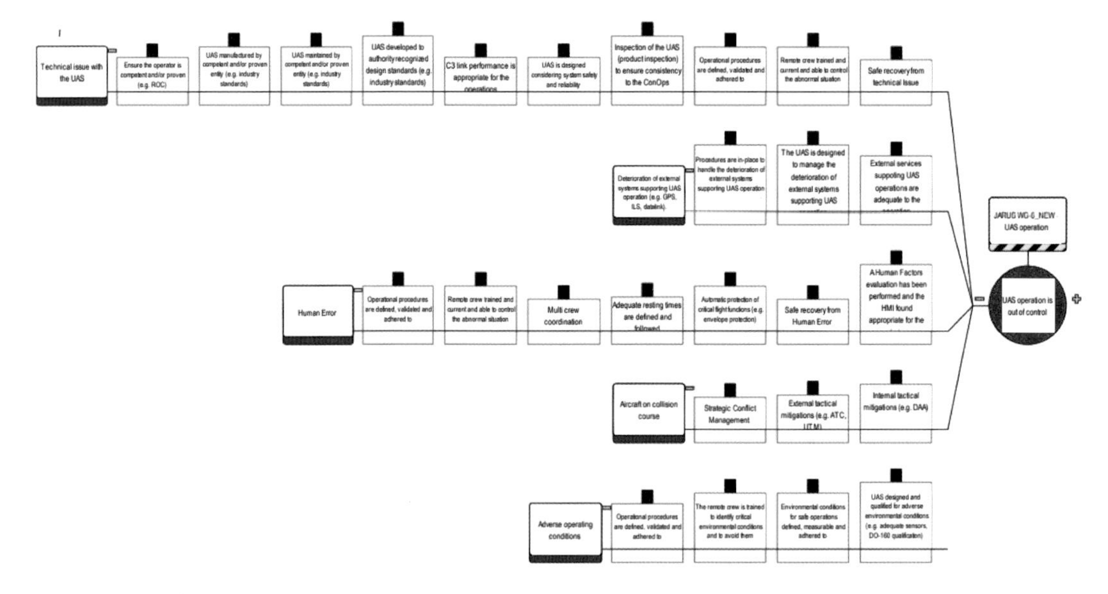

• 그림 4-6 Threat barriers

7) 보안분야 위험요인

보안분야 위험요인은 외부에서 의도적으로 간섭하여 무인기의 정상운항 시스템을 방해하는 범죄에 의한 위험요인으로서, 재밍, 전파간섭 등으로 무인기와 운항환경의 인터페이스를 교란하는 방법으로 행해진다. 무인기 보안 확보를 위해서 다음 사항들이 고려되어야 한다.

(a) 시스템 내의 모든 구성요인(지상요원, ATC 포함) 간 음성 및 데이터 통신, 링크에 사용되는 무선 통제 장비의 형태the type of radio control gear

(b) 링크가 의도적, 비의도적인 간섭에 취약한지, 또는 링크 실패가 운항 각 단계의 안전에 영향을 미치는지 여부

(c) 링크로 연결되는 정보의 종류가 방해를 받는 경우 안전에 심각한 영향을 받게 되는 종류인지?

(d) 정보를 보내는 쪽과 받는 쪽이 확인될 필요가 있는지?

(e) 지상통제소GCS 발사대, 착륙대, 통신중계소, 정비소, 저장소 등이 물리적, 위치적으로 보안이 확보되었는지?
(f) 방화벽이나 바이러스 방지 등 소프트웨어 보안 대책이 적용되는지?
(g) 인터넷 접근관련 정책과 제거 가능한 저장소에 의한 중간매체 전환transfer of media via removable storage

8) 기타 – 보충 논의

지금까지 소개한 JARUS의 SORA 개념에서 논의한 위험요인 식별체계와 다른 체계의 논의를 소개한 문건의 내용을 간략하게 소개한다.[7]

드론 비행에 따른 위험요인은 '행위적 실패Active failure' 요인과 '잠재적 조건Latent conditions' 요인으로 분류할 수 있다. 즉, 드론의 조종자나 운용자가 비행 임무를 수행하는 과정에서 발생하는 위험요인은 'Active failure'라 할 수 있고, 드론 기체의 잠재적인 결함이나 드론 운용 공역의 위치, 교통관리 서비스 등의 잠재적 결함에 의한 위험요인은 'latent conditions'라 할 수 있다.

또한, 위험요소 식별 방법은 Reactive, Proactive, Predictive 등 세 가지 형태로 분류할 수 있는데, 각 방법에 대한 설명은 다음과 같다.

(a) Reactive : 이 방법은 과거 사건이나 행위의 결과를 분석하여 위험요인을 식별하는 것이다. 즉, 이미 발생한 안전성 관련 사건이나 사고를 분석하여 위험요인을 식별한다. 사건, 사고는 시스템 결함의 명백한 증거가 되며, 사건 사고의 원인을 조사하면 위험요인이 밝혀지게 된다.
(b) Proactive : 이 방법은 드론 운용의 실제 상황이나 실시간 분석에 의한 위험요인 식별을 의미한다.
(c) Predictive : 이 방법은 미래 드론 운용과 관련하여 발생할 수 있는 부

7 Safety Risk Assessment for UAV Drone Industry Insights, 2015

정적 결과를 식별하는 데 사용되며 데이터 수집과 분석에 의하여 수행한다. 시스템 절차, 시스템 환경 등의 분석을 통하여 미래 위험요인을 식별하고 FMEA(Failure Mode Effects Analysis)와 같은 위험 경감 대책을 주도하는 데 사용된다.

또한, 위험요인은 1차적 위험요인(Primary hazards)과 2차적 위험요인(Secondary hazards)으로 나누기도 한다.

(1) Primary hazards

- 유인기와 충돌 위험요인
- 지상, 지형지물에 충돌 위험요인

(2) Secondary hazards : Primary hazards 후속 위험요인

- 공중 충돌에 의한 항공기 파편 지상 낙하 피해
- 유인기 탑승자에 대한 피해
- 위해물질(hazardous material) 방출에 의한 인명피해
- 항공기 지상 충돌에 의한 화재 등의 피해

또한, 위험요인을 유발하는 원인들은 다음과 같은 부문으로 정리할 수 있다.

(3) Contributing Failures and Conditions

- Communication Link for Command and Control
- Ground control elements
- Flight termination systems
- Device for launch and recovery of the air vehicle

(4) System mentality의 중요성

- UAS hazards는 system 요인을 고려해야 함.

- 항공기 기체, 통신시스템, 지상통제시스템, 비행임무, 환경 등을 포함하는 전체 시스템 고려

(5) Human element

- 정비(현장 정비), 운항감독, CRM, 의사결정, 상황인식, 통제 이양, 등의 인적요인

(6) Operation and Environment

- 무인기는 운항 환경에 대한 대응력 미흡(인식, 반응, 시차)
- 도심의 저공비행은 전파장애, 난류요인 많음

4_ 개별운항위험평가(SORA) 개념과 절차[8]

ICAO 개념에 의하면, 위험평가Risk Assesment는 일반적으로 사건 발생에 의한 피해의 심각성severity과 발생 가능성likelihood을 조합해서 수행한다. 그런데, SORA에서는 HRM에서 정의한 지상과 공중의 제3자에게 유발할 수 있는 피해harm가 이미 정의되어 있으므로 피해의 심각성severity은 상수로 간주하고, 발생 가능성likelihood을 평가하는 데 초점을 맞춘다.

1) 피해의 범주와 발생 가능성 예측(Categories of harm – likelihood estimation)

무인기 사고 발생에 따른 위험의 수준은 앞에서 설명한 대로 피해harm의 심각성severity과 사고의 발생 가능성likelihood 등 두 가지 요인에 의해서 결정된다.

8 Guidelines on Specific Operation Risk Assessment (SORA), JARUS, 2017을 근거로 함.

그러나, 위에서 설명한 대로, 사고의 심각성severity 요인은 이미, 인간에 대한 상해, 중요한 장비(예: 항공기) 및 시설에 대한 파괴 등으로 범주를 나누었으므로 실제적인 위험의 수준은 각 피해harm에 대한 발생 가능성likelihood에 의하여 결정된다고 볼 수 있다. 각 범주의 피해harm에 대한 발생 가능성은 아래 그림과 같은 식에 의하여 산출될 수 있다.

Likelihood of Fatal injuries to third parties on ground	=	Likelihood of having UAS operation out-of-control	X	Likelihood of person struck by the UA if the operation is out of control	X	Likelihood that, if struck, person is killed
Likelihood of Fatal injuries to third parties in the air	=	Likelihood of having UAS operation out-of-control	X	Likelihood of other A/C struck by the UA if the operation is out of control	X	Likelihood that, if struck, the other A/C cannot continue a safe flight and landing
Likelihood of Damage to critical infrastructure	=	Likelihood of having UAS operation out-of-control	X	Likelihood of critical infrastructure struck by the UA if the operation is out of control	X	Likelihood that, if struck, the critical infrastructure is damaged

• 그림 4-7 **Likelihood estimation**

〈그림 4-7〉의 등식에서 첫 번째 요인인 UAS out-of-control의 발생 가능성likelihood은 Threat과 Threat barriers에 영향을 받으며, 두 번째, 세 번째 요인은 Harm barriers에 영향을 받는다. 상기의 예측 모델은 계량화가 어려워 전문가 참조에 의한 정성분석에 의존할 수밖에 없으며, 아래와 같은 불확실성의 문제는 피할 수가 없다.

(a) Completeness uncertainties

(b) Modelling uncertainties

(c) Parameter value uncertainties

2) 위험 변수(Risk Parameters)

앞에서 설명한 대로 사고 발생 예측은 정성적인 모델에 의존하게 되므로, 사회적으로 수용할 수 있는 피해 발생 위험수준을 계량화하여 표현할 수 있는 방안이 개발될 필요가 있다. 이때 고려해야 할 점은 일반인들이 무인기 사고로 받을 피해의 수준을 이해할 수 있어야 하고, 무인기의 종류나 운항 형태에 무관한 지표가 필요하다는 점이다. SORA 개념에서는 수용 가능한 위험수준을 표현하는 변수로 비행 시간당 지상 제3자 치명적 사상자injuries 수를 적용할 것을 제안했다. 아래의 〈표 4-3〉에서 보는 바와 같이, 비행의 형태(Open category, Specific category, Certified category 등)에 무관하게 수용 가능한 사상자injuries 발생의 수준을 비행시간당 10^{-6}으로 정했는데, 이는 지상에 있는 일반인들은 비행의 형태에 무관하게 일정한 수준으로 보호되어야 하기 때문이다.

표 4-3 **운항범주별 사상자 발생 확률값**

	Number of fatal injuries to third parties on ground (per flight hour)	Number of hazards(per flight hour)	Number of persons struck (per hazard)	Probability that a person suffers a fatal injury, if struck
Certified Category	1E-6	1E-6 to 1E-4	1E-2 to >1	1
Specific Category	1E-6	1E-6 to 1	1E-5 to > 1	0.01 to 1
Open Category	1E-6	1E-2 to 1	1E-5 to 1E-2	0 (harmless) or 0.01 to to 1

3) SORA 수행절차

개별운항Specific Operation의 위험평가 요소를 명확히 이해하고, 각 변수parameter들에 관한 충분한 지식을 갖춘 후, 운항위험평가SORA를 수행해야 한다. SORA 수행의 개괄적 절차는 다음 그림과 같이 설명할 수 있다.

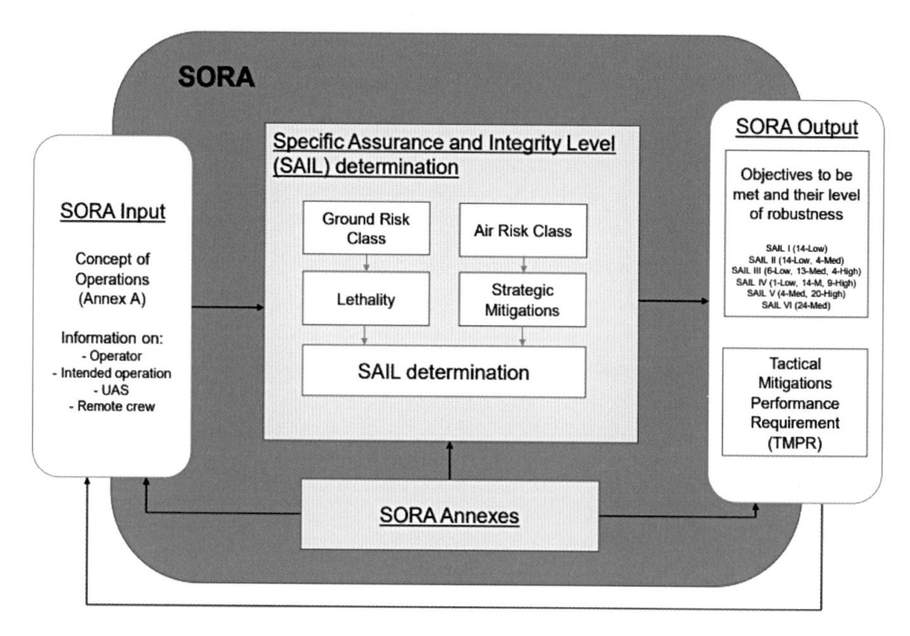

• 그림 4-8 SORA overview

현재 소개하는 SORA는 피해의 종류를 지상과 공중의 제3자 사상injury 중심으로 수행하도록 설계되었고, Critical infrastructure에 관한 위험평가는 필요한 경우에 추가로 수행해야 할 것이다. 이와 같은 제한 하에 구체적인 SORA 수행 절차는 다음 그림과 같이 설명된다.

Risk Class (ARC) for a given operation.

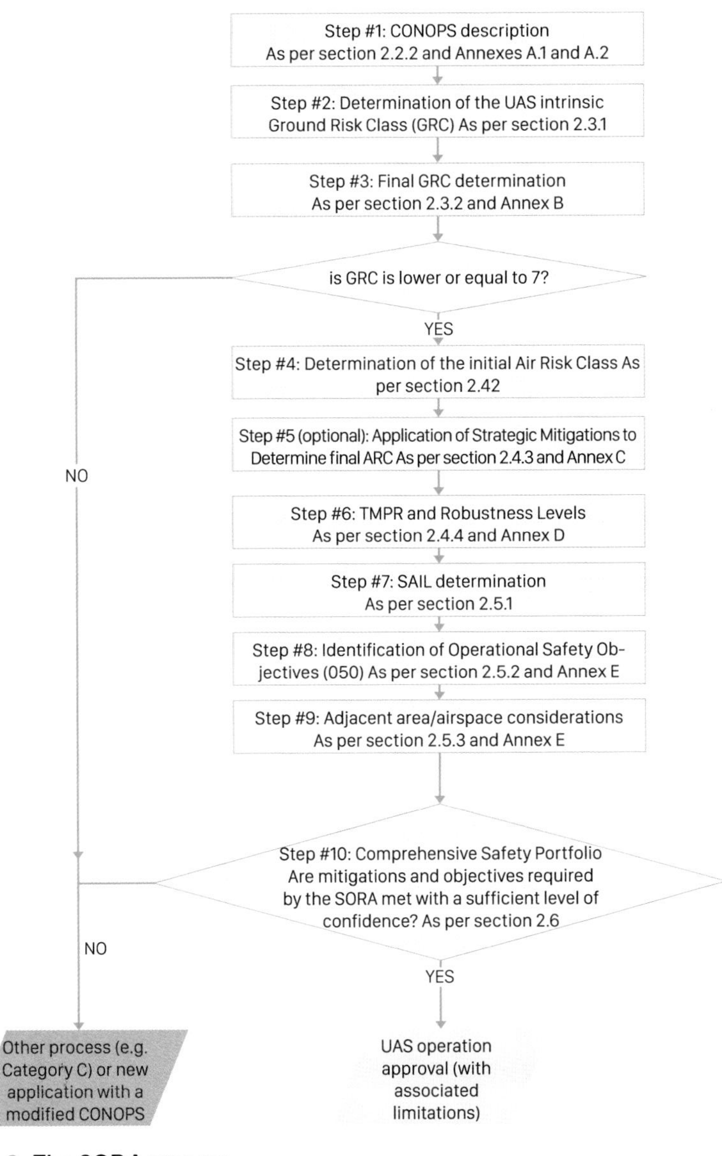

• 그림 4-9 The SORA process

SORA 단계별 수행업무

(a) Step # 0: Initial evaluation: SORA 수행이 필요한지 평가

다음과 같은 경우는 SORA 수행이 필요하지 않음

- standard sccnario 운항으로 인식된 경우
- "open" category인 경우
- 지역 당국이 지정한 NO-GO 비행에 해당하는 경우
- 지역 당국에 의하여 해당 비행이 지상 및 공중 3자에 "harmless"로 인식된 경우

(b) Step # 1: ConOps 기술

- 위험평가에 필요한 충분한 기술적, 운항적, 인적정보를 수집하여 제공함(threat and harm barriers 관련 모든 요인 고려)

(c) Step #2: Initial UAS Ground Risk ClassGRC 결정

- GRC는 11개의 등급으로 제시되며 산출 방법은 아래 〈표 4-4〉 참조

표 4-4 Ground Risk Classes(GRC) Determination

Intrinsic UAS Ground Risk Class				
Max UAS characteristics dimension	1 m/approx. 3ft	3m/approx. 10ft	8 m/ approx. 25ft	>8 m/ approx. 25ft
Typical kinetic energy expected	<700 J (approx. 529 Ft Lb)	< 34 KJ (approx. 25000 Ft Lb)	<1084 KJ (approx. 800000 Ft Lb)	>1084 KJ (approx. 800000 Ft Lb)
Operational scenarios				
VLOS over controlled area, located inside a sparsely populated environment	1	2	3	5
BVLOS over sparsely populated environment(over-flown areas uniformly inhabited)	2	3	4	6

VLOS over controlled area, located inside a populated environment	3	4	6	8
VLOS over populated environment	4	5	7	9
BVLOS over controlled area, located inside a populated environment	5	6	8	10
BVLOS over populated environment	6	7	9	11
VLOS over gathering of people	7			
BVLOS over gathering of people	8			

(d) Step #3: Harm barriers and GRC adaptation

- Step #2에서 산출한 GRC 등급이 harm barriers 제공에 의하여 조정됨
- harm barrier 별 GRC 조정 내용은 아래의 〈표 4-5〉 참조
- 조정된 GRC 등급이 7보다 크거나 같으면 운항 허락 안 됨

표 4-5 **Harm barriers for GRC adaptation**

	Robustness		
Harm barriers for GRC adaptation	Low/None	Medium	High
An Emergency Response Plan (ERP) is in place, operator validated and effective	1	0	-1
Effects of ground impact are reduce[d] (e.g. emergency parachute, shelter)	0	-1	-2
Technical containment in place and effectiv[e] (e.g. tether)	0	-2	-4

(e) Step #4: Lethality determination

- 무인기 기체에 따라 충돌에 의한 치명성이 차별됨
- 기체의 크기와 에너지 수준에 따라 치명적 가해 지역이 예견될 수 있음
- Lethality는 High, Average, Low 3등급으로 구분함

(f) Step #5: Specific Assurance and Integrity LevelsSAIL

- SAIL은 무인기 운항이 통제하에 있는지 결정하는 신뢰도임
- GRC 등급에 Lethality를 반영하여 최종 SAIL 값 결정
- SAIL 값은 아래 〈표 4-6〉의 로마자 참조
- SAIL 값이 0이면 harm barrier 확인 이외에는 추가 조치가 필요 없음

표 4-6 SAIL determination for Ground Risk

Ground Risk SAIL							
Lethality	USA Ground Risk Class						
	7	6	5	4	3	2	1
HIGH	VI	VI	V	IV	III	II	I
AVERAGE	VI	V	IV	III	II	I	0
LOW	V	IV	III	II	I	0	0

(g) Step #6: Determination Airspace Encounter Category(AEC)

- 충돌위험공역범주AEC
- 충돌위험 기준으로 공역을 분류
- 숫자가 낮을수록 충돌위험 높음
- Atypical Airspace(초저밀도 공역)는 비행 밀도가 매우 낮아 AEC 12 부여
- AEC 분류기준은 아래 〈표 4-7 참조
- AEC 부여 절차는 아래 〈그림 4-10〉 참조

표 4-7 AEC determination

Airspace Encounter Categories (AEC)	Operational Airspace
1	Operations within Class A, B, C, D, E, or F Non-Airport Environment above 500 ft AGL
2	Operations within an Airport Environment above 500 ft AGL
3	Operations within Class G airspace above 500 ft AGL within Mode C Veil/TMZ
4	Operations within Class G airspace above 500 ft AGL over Urban population
5	Operations in Class G airspace above 500 ft AGL over Rural population
6	Operations within Class A, B, C, D, E, or F Non-Airport Environment below 500 ft AGL
7	Operations within an Airport Environment below 500 ft AGL
8	Operations within Class G airspace below 500 ft AGL within Mode C Veil/TMZ
9	Operations within Class G airspace below 500 ft AGL over Urban population
10	Operations within Class G airspace below 500 ft AGL over Rural population
11	Operations in airspace above FL600
12	Operations in atypical airspace

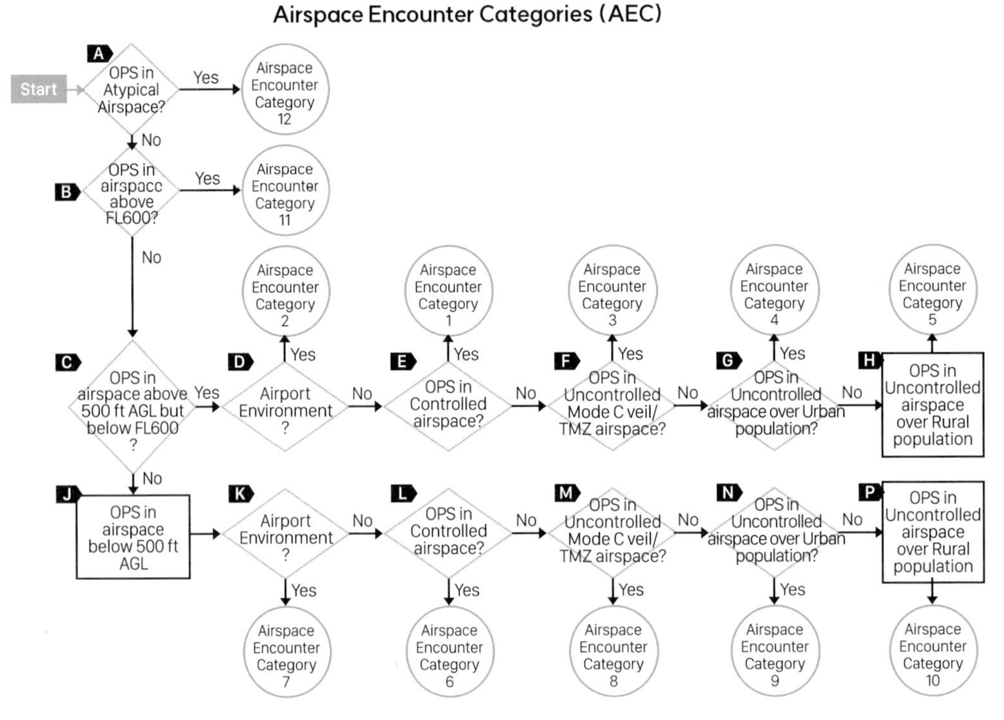

• 그림 4-10 **AEC assignment process**

(h) Step #7 : Initial assessment of the Air-Risk Class

- ARC는 정성적 분석에 의한, 무인기가 유인기와 조우할 가능성의 등급
- ARC는 다음과 같은 3개 매개변수로 결정
  - a. Rate of proximity-시스템 내의 항공기 대수에 의함
  - b. Geometry-항공기의 교차를 줄이는 항로 설계 필요
  - c. Dynamics-항공기 closing 속도가 빠를수록 위험 증가
- ARC 결정은 다음 〈표 4-8〉에 의함

표 4-8 ARC determination

	Airspace Encounter Categories (AEC)	Operational Airspace	Air Risk Class (ARC)
Integrated Airspace Operations above 500 ft.	1	Operations within Class A, B, C, D, or E airspace above 500 ft. AGL	4
	2	Operations within an Airport Environment above 500 ft. AGL	4
	3	Operations within Class G airspace above 500 ft. AGL within Mode C Veil /TMZ	4
	4	Operations within Class G airspace below 500 ft. AGL over urban environment	3
	5	Operations within Class G airspace above 500 ft. AGL over rural environment	3
VLL Operations 500 ft. Airspace below	6	Operations within Class A, B, C, D, or E airspace below 500 ft. AGL	3
	7	Operations within an Airport Environment below 500 ft. AGL	4
	8	Operations within Class G airspace below 500 ft. AGL within Mode C Veil /TMZ	3
	9	Operations within Class G airspace above 500 ft. AGL over urban environment	3
	10	Operations within Class G airspace below 500 ft. AGL over rural environment	2
VHL	11	Operations in airspace above FL600	2
Any	12	Operations in Atypical Airspace	1

- ARC가 낮을수록 안전. ARC1은 추가 완화 조치없이 수용 수준
- ARC2, ARC3는 완화조치 요구됨.
- ARC4는 유인기 수준의 안전 조치 요구됨

(i) Step #8: Establish Strategic Mitigations

- Strategic Mitigations와 Tactical Mitigations 적용 가능

- Strategic은 ARC를 줄이는 것이고, Tactical은 잔여 ARC에 대한 대응 방안임
- Strategic Mitigation – 시간제한, 공간제한, 분리절차 적용 등
- ARC 조정 후 SAIL 결정 사례(아래 표 4-9 참조)

표 4-9 **SAIL determination**

Air Risk Class	Specific Assurance and Integrity Level(SAIL)
ARC 4	SAIL VI
ARC 3	SAIL IV
ARC 2	SAIL II
ARC 1	SAIL I

(j) Step #9: Assess Required Level of Tactical Mitigation

- Tactical Mitigation은 잔여 위험에 대한 대책임
- Tactical Mitigation 대응책

  Traffic Collision Avoidance System[TCAS],

  Air Traffic Control[ATC],

  Airborne Collision Avoidance System[ACAS-X],

  Mid–Air Collision Avoidance System[MIDCAS],

  Detect and Avoid[DAA],

  Airborne–Based Sense And Avoid[ABSAA],

  Ground–Based Sense And Avoid[GBSAA],

  See and Avoid,

  Visual Line of Sight[VLOS], etc.
- Air Risk Process는 종합적으로 아래 〈그림 4–11〉과 같음

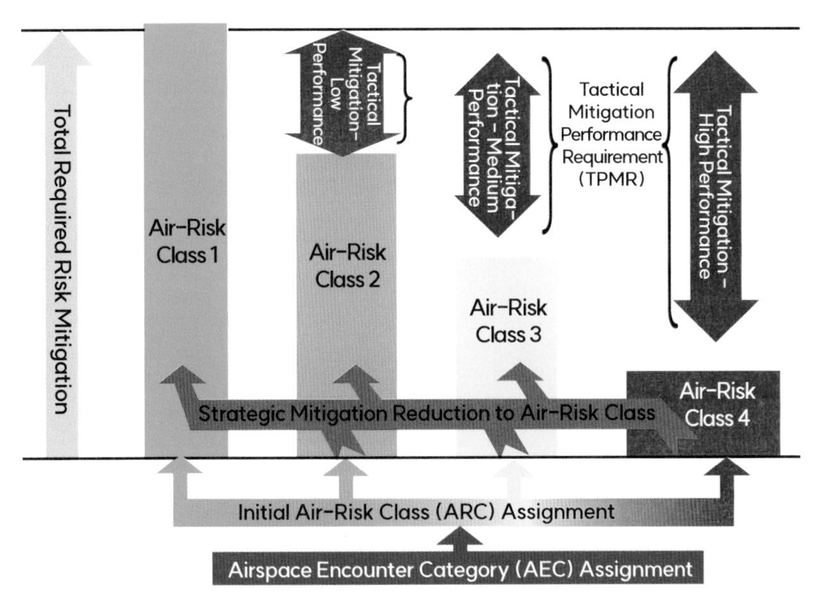

• 그림 4-11 **The Air Risk Process**

(k) Step #10: Identification of recommended threat barriers

- SAIL 값에 따라 Threat barrier들의 적용을 고려함
- 아래의 〈표 4-10〉은 각 Threat barrier 적용 권고 수준을 SAIL 값에 따라 부여한 결과임

표 4-10 **Recommended threat barriers**

Technical issue with the UAS	SAIL					
	I	II	III	IV	V	VI
Ensure the operator is competent and/or proven (e.g. ROC)	O	L	M	H	H	H
UAS manufactured by competent and/or proven entity (e.g. industry standards)	O	O	L	M	H	H
UAS maintained by competent and/or proven entity (e.g. industry standards)	L	L	M	M	H	H

UAS developed to authority recognized design standards (e.g. industry standards)[g]	O	O	O	L	M	H
Automatic protection of critical flight functions (e.g. envelope protection)	O	O	L	M	H	H
Safe recovery from Human Error	O	O	L	M	M	H
A Human Factors evaluation has been performed and the HMI found appropriate for the mission	O	L	L	M	M	H
Aircraft on collision course						
The use of mitigations directly related to the risk of collision has been addressed in previous steps of the SORA.						
Adverse operating conditions						
Operational procedures are defined, validated and adhered to	L	M	H	H	H	H
The remote crew is trained to identify critical environmental conditions and to avoid them	O	L	M	M	M	H
Environmental conditions for safe operations defined, measurable and adhered to	L	L	M	M	H	H
UAS designed and qualified for adverse environmental conditions (e.g. adequate sensors, DO-160 qualification)	O	O	M	H	H	H
Deterioration of external systems supporting UAS operation						
C3 link performance is appropriate for the operation	O	L	L	M	H	H
UAS is designed considering system safety and reliability	O	O	L	M	H	H
Inspection of the UAS (product inspection) to ensure consistency to the ConOps	L	L	M	M	H	H

Operational procedures are defined, validated and adhered to	L	M	H	H	H	H
Remote crew trained and current and able to control the abnormal situation	L	L	M	M	H	H
Safe recovery from technical issue	L	L	M	M	H	H
Human Error						
Operational procedures are defined, validated and adhered to	L	M	H	H	H	H
Remote crew trained and current and able to control the abnormal situation	L	L	M	M	H	H
Multi crew coordination	L	L	M	H	H	H
Adequate resting times are defined and followed	L	L	M	M	H	H

※ 표에서 SAIL값을 표시하는 문자들은 다음과 같은 의미를 가짐

O: 자의적 선택

L: 약한 수준의 권고

M: 중간 수준의 권고

H: 강한 수준의 권고

(l) Step #11: Feasibility check

- 최종적으로 제출된 ConOps의 이행 가능 검토를 실시함
- SAIL 값을 낮추기 위한 추가 조치가 필요한지 여부의 결정
- Parachute 사용으로 GRC 개선, 비행로 변경으로 ARC 개선 등을 적용할 수 있음

(m) Step #12: Verification of robustness of the proposed barriers

- Harm barriers와 Threat barriers의 견고성 확인
- Low(선언), Medium(증거 제시), High(제3자 수용) 등 3등급
- SORA 결과에 의한 운항 승인

무 인 기

교통관리와

운 항 안 전

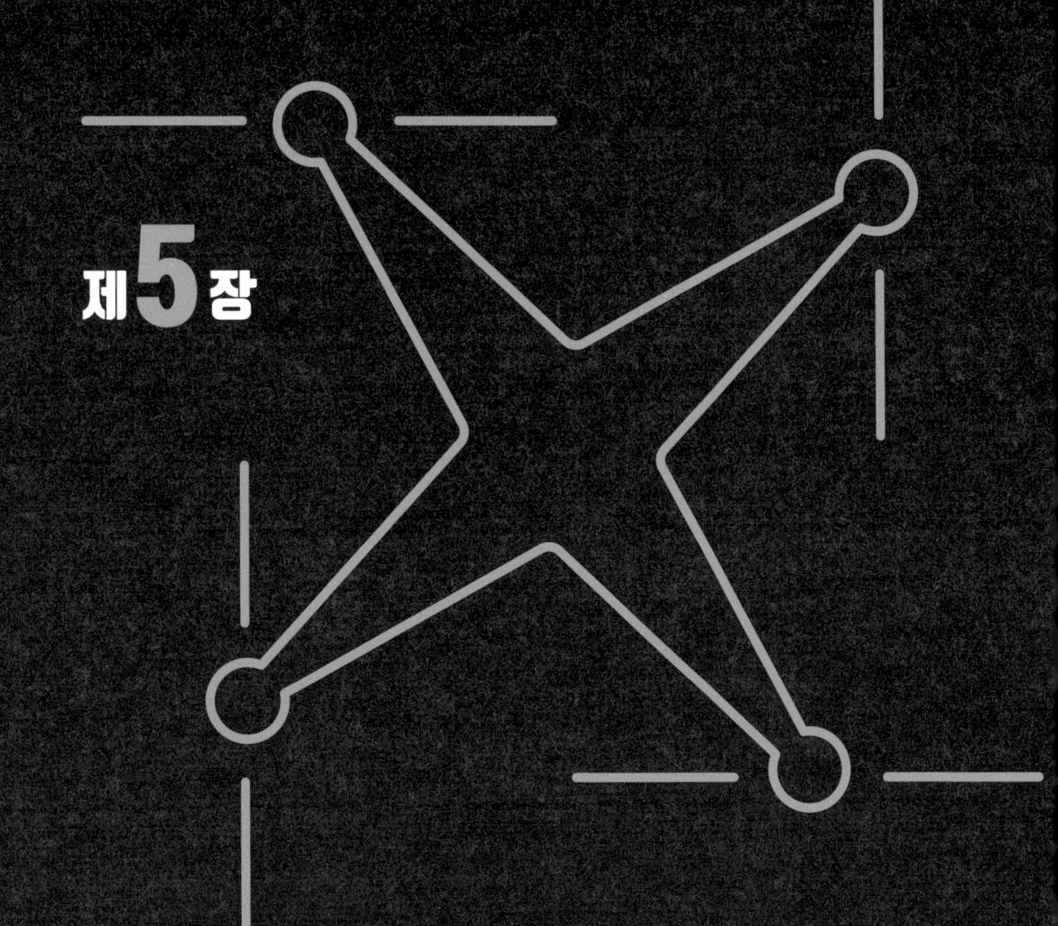

제5장

무인항공기 운항의 위험요인 분석

제 5 장

무인항공기 운항의 위험요인 분석

제1절 무인항공기 운항의 위험요인 개요[1]

1_ 무인기 운항에 따른 위험요인(Hazards) 개요

유인기 운항의 안전대책은 탑승객과 승무원의 사상死傷을 주로 고려하는 데 반해, 무인기 운항의 안전대책은 지상 제3자나 지상 자산과의 충돌에 의한 피해 요인과 상대편 무인항공기의 탑승자 보호를 주로 고려한다. 따라서, 충격의 크기가 주요 관심사가 되고, 운동에너지에 의한 충격 중심으로 위험평가를 고려하게 된다. 그러나, 위험요인hazards 발생 분야는 전통적인 항공분야 위험요인 발생 분야와 유사하게 정리할 수 있다. 즉 위험요인 발생 분야는 다음과 같이 3개 분야로 나눌 수 있다.

1 다음과 같은 학술자료에서 발췌함. Kelly J. Hayhurst et al, UNMANNED AIRCRAFT HAZARDS AND THEIR IMPLICATIONS FOR REGULATION, 25th Digital Avionics Systems Conference, October 15, 2006

(1) 무인기 설계분야UAS Design Domain

(2) 무인기 운항 승무원 분야UAS Flight Crew Domain

(3) 무인기 운용분야UAS Operational Domain

이 세 분야는 서로 영향을 미치므로, 포괄적인 고려도 필요하고 유인기의 위험분석 방법을 참고할 필요도 있다.

2_ 무인기 설계분야 위험요인(Design Domain Hazards)

무인기 설계분야는 무인기 기체뿐만 아니라 무인기 운항에 관련되는 모든 기술적 지원 부분까지 포함한다. 즉, Vehicle, C2 Control Station, Communication Link, Launch & Recovery Systems, Payload systems 등 무인기 운항을 지원하는 하드웨어와 소프트웨어를 모두 포함하는 무인기 운영시스템 전체의 설계를 포괄한다. Communication Links는 무인기 운항 안전에 심각한 영향을 미치는데, 무인기 기체와 지상통제소와의 커뮤니케이션, 무인기 조종자와 관제사와의 커뮤니케이션 등이 포함된다고 볼 수 있다. 무인기 기체와 지상통제소와의 커뮤니케이션은 매우 중요한 분야인데, 다음과 같은 세 가지 타입의 무선통신 Links를 포함한다.

(1) flight control link

(2) telemetry link

(3) payload나 sensor 장비 관리용 link

또한, 지상 통제소에는 다음과 같은 장비가 포함된다.

(1) Operator console

(2) Command-input device(joysticks 등)

(3) Video monitors

(4) Control station data encoder and transmitter

(5) Data and Video Receivers

(6) Antennas

무인기는 유인기와는 달리, 용도에 따른 payload와 flight control이 통합된 경우가 많다. 비행 임무에 따라 payload의 통합 형태기 정해지는데, 예를 들면, 감시 임무 비행의 경우 자동으로 목표물을 추적할 수 있는 기능을 갖추도록 무인기 기체가 조성될 수 있다.

어떻든, 무인기 시스템을 디자인할 때 가장 중요한 고려요인은 무엇보다도 무인기 통제실패loss of vehicle control가 될 것이다. 다음 사항은 무인기 통제실패를 유발할 수 있는 잠재적 요인이라 볼 수 있다.

(1) loss of command and control link

Radio links는 간섭이나 데이터 결함에 취약함

(2) 제3자 통신의 신뢰성 문제

규제당국의 평가가 없는 통신서비스 기관에 의지하게 됨

(3) Ground station environment

통제소의 연기, 화재 등 위험요인 및 통제소 보안 문제

(4) 자원 공유(shared resources)

기체와 payload가 냉방이나 전력을 공유하는 경우 flight function이 payload 냉방 등에 의해 영향받지 않도록 함

(5) Payload induced loss of vehicle control

(6) Payload mitigation of certain failures

통신장비가 payload인 경우 back-up 기능 수행

(7) Alternate communications with ATC

원격 조종자와 ATC 간의 통신은 전화로도 가능

3_ 운항승무원 분야 위험요인(UAS Flight Crew Domain Hazards)

대부분의 UAS는 비행상태를 조종자에게 표출해주고 조종자는 비행상태를 통제할 수 있도록 운영되는데, UAS 분야에서 조종자는 비행을 직접 통제하는 파일럿과 임무와 관련하여 탑재한 장비를 운영하는 사람을 포함하는 개념이다. 어떻든, 비행체와 조종실이 분리된 UAS 운용은 유인기와는 다른 종류의 위험요인과 훈련 요건이 필요하다. 또한, UAS의 경우는 한 사람의 조종자가 복수의 항공기를 조종할 수도 있고, 여러 조종자가 한 대의 항공기 조종에 관여할 수도 있는데 일반적으로 다음과 같은 위험요인이 예상된다.

(1) Reduced Pilot Situational Awareness

조종자가 항공기와 분리되어 있어서 Situational Awareness가 미흡하고, 반응 지연 문제가 발생할 수 있음

(2) Multiple Vehicle Control

복수 항공기 조종자의 경우는 업무 부하 증가, 혼란 가능성 증대로 특별훈련이 필요함

(3) Equipment Failure Training

장비 작동이 실패하는 경우에 대비하여 UAS 디자인, 조종자 훈련, 원격 조종에 적합한 절차 개발 등이 필요함

(4) Training for environmental hazards on the ground

지진, 폭풍 등 위험요인에 대한 설계/절차 개발이 필요함

4_ 무인기 운용분야 위험요인(Operational Domain Hazards)

유인기 운용과 비교하면, 무인기 운용은 기체의 성능이 매우 다양하고 운항 단계도 다양하면서도 기체의 비용(가격)은 적은 편이다. 무인기 기체 자체와 운항 특성에 의하여 무인기 운용자는 다음과 같은 위험요인을 예상할 수 있다.

(1) UAS의 See and avoid 능력, 운영상 유연성에 의한 위험요인
(2) 지상 이동 다양성Launch and Recovery에 의한 위험요인
(3) 비상상황에서 자체 파괴 해법관련 문제
(4) 지시 능력 상실과 항공기 통제능력 상실과 관련된 문제

구체적으로는, 다음과 같은 위험요인을 고려해야 한다.

(1) Situational Awareness for Ground Operation

UAS 조종자의 지상운영에는 비행준비 절차가 포함될 수 있으며, 어떤 경우는 UAS 조종자가 원격에서 조종하고 지상 지원 요원을 별도로 배치할 수도 있는 등 다양한 상황에 대한 고려가 필요함

(2) Safety Margins for Ground Operations

UAS는 명령 지연 등이 있을 수 있으므로 유인기보다 지상 이동 분리 간격을 여유 있게 유지해야 함

(3) 관제공역(controlled airspace) 진입

UAS는 launch, recovery 등이나 기타의 다양한 이유로 관제공역과 비 관제 공역 전환 이동이 예상되므로 이를 고려한 운항, 훈련, 장비 등의 요건이 적용되어야 할 것임

(4) 비행의 종결(flight termination)

UAS는 비행 중 문제 발생 시, 유인기보다 비행 종결 결정을 쉽게 내릴 수 있음. 그러나, 중도에 비행을 종결하는 경우 인구 밀집 지역이 아닌 곳에 착륙하도록 해야 하고 위험물을 탑재한 경우에도 착륙지역 선정에 유의해야 함

(5) 추가적 ATC 업무 부하

UAS 조종자와 UAS 간에 통신이 끊기는 경우, ATC 무인기 조종자보다 UAS를 잘 관찰할 수 있으므로, ATC가 UAS 조종자에게 조언을 해야 하는 업무가 추가로 부담될 것임

5_ 위험식별 방법(Risk Identification Tools)[2]

무인기 운항에 따른 위험요인을 찾아내는 방법을 생각해보자. 첫째로는 유인기의 안전정책에서 보아왔듯이 기존의 사건/사고 사례를 분석하면 위험요인을 식별해 낼 수 있다. 이미 발생했던 사건/사고 사례에서 유용한 위험요인을 식별하려면, 사건/사고를 유발했던 운항에 대한 비행자료가 필요하다. 그런데, 무인기 운항은 역사도 짧을뿐더러 아직까지는 운항 안전을 위한 통제

2 제5항은 Reece A. Clothier and Rodney A. Walker가 Handbook of Unmanned Aerial Vehicles의 하나의 장(chapter)으로 작성한 The Safety Risk Management of Unmanned Aircraft Systems (2013). 에서 발췌한 내용임

시스템이 없는 상태에서 비행했기 때문에 유용한 데이터를 확보하기가 어렵다. 구체적으로는 다음과 같은 위험요인 식별 방안이 제안되고 있다.

Historical – 사건/사고 사례 검토
Brainstorming – 전문가 지식에서 추출
Systematic – 형식과 절차 기준

※ Historical tool은 사례 데이터가 군사용 무인기 위주, 민간 부분은 데이터 부족(사건/사고 보고 체제가 최근에 도입됨)

(1) 위험요인식별(Hazard Identification)

무인기 운항과 관련된 위험요인은 1차적 위험요인primary hazards과 2차적 위험요인secondary hazards으로 나눌 수 있다. 1차적 위험요인은 무인기가 유인기나 지상 인원 및 건조물, 지형 등에 충돌할 수 있는 위험이다. 2차적 위험요인은 1차적 위험사건에 의한 후속적 위험으로서, 공중 충돌에 의한 항공기 파편 지상 낙하 피해, 유인기 탑승자에 대한 피해, 위해물질hazardous material 방출에 의한 인명피해, 항공기 지상 충돌에 의한 화재 등의 피해를 유발하는 위험요인이라 할 수 있다.

우선은, 무인기 운항의 위험요인 유발과정을 살펴보아야 할 필요가 있을 것이다. 위험요인은 일련의 시스템 실패 과정에서 비롯된다고 볼 수 있는데, 무인기 운항에는 전통적인 유인기와 비교하여 다음과 같은 시스템 구성인자들이 연관된다; (1) Command and Control을 위한 통신연결, (2) 지상통제요소, (3) 비행종결 시스템, (4) 기체의 Launch와 Recovery를 위한 장치 등.

결국, 무인기 운항안전 확보를 위해서는 시스템적인 사고가 필요하다. 항공기 기체, 통신시스템, 지상통제시스템, 비행임무, 환경 등을 포함하는 전체 시스템을 고려해야 한다. 또한, 인적요인도 비교적 복잡하게 고려되어야 하는데, 무인기 운항 및 운항감독뿐만 아니라, 무인기 기체와 시스템의 정비와 관련한 인적요인도 중요하고, 통제 이양에 따른 인적요인도 추가적으로 고려하여야 한다.

또한, 소프트웨어 부문의 위험요인도 고려해야 한다. 무인기 소프트웨어는 COTS(Commercial–Off–The–Shelf) 로서 경험에 의해서만 신뢰성이 확보되는데 알고리즘 행태와 이행 등을 모두 고려해야 한다. 끝으로, 시스템의 보안분야도 고려해야 한다. 외부에서 의도적으로 간섭하여 무인기의 정상운항 시스템을 방해하는 범죄에 의한 위험요인으로서, 재밍, 전파간섭 등으로 무인기와 운항환경의 인터페이스를 교란하는 방법으로 범죄가 행해질 수 있다.

6_ 무인기 시스템(UAS)과 무인기 시스템의 운항 위험요소[3]

1) 무인기 시스템(UAS) 구성요소와 무인항공기의 종류

무인기 시스템은 무인항공기 자체와 운항 수행을 위한 부속요소를 포함하여 다양하게 구성되며 다음과 같이 시스템 구성요소와 그에 따른 무인기 분류, 비행방식 등을 정리할 수 있다.

(1) 무인기 시스템 구성요소

- 무인항공기(Unmanned Aircraft)
- 명령/통제 링크(Command and control link / Data link)
- 지상 통제소(Ground control stations)

(2) 무인항공기는 다음과 같이 분류(UA classification)

- **고정익(Fixed wing)**: 장시간 또는 고공 비행 가능

3 Mangesh Ghonge et al, Review of Unmanned Aircraft System, International Journal of Advanced Research in Computer Engineering & Technology (IJARCET) Volume 2, Issue 4, April 2013

- **회전익(Rotary wing)**: hovering과 높은 기동력(날개 구성; 전통적 헬기 방식, coaxial rotors, tandem rotors, multi-rotors)
- **Blimps(기구, 비행선)**: 대형, 장시간, 저공, 저속 비행
- **Flapping wing**: 작은 flexible/morphing wing

(3) 무인항공기의 비행방식은 다음과 같은 세 가지로 구분됨

- **원격조종(Remote control)**: 인간의 지속적 input 필요
- **반자율비행(Semi-autonomous flight)**: 비행 전 준비, 이착륙 시 인적 통제 필요
- **자율비행(Autonomous flight)**: 감시monitor만 수행함

2) 무인항공기 항공전자 구조(UAV Avionics Architecture)

무인항공기의 항공전자는 다음과 같이 구성된다.

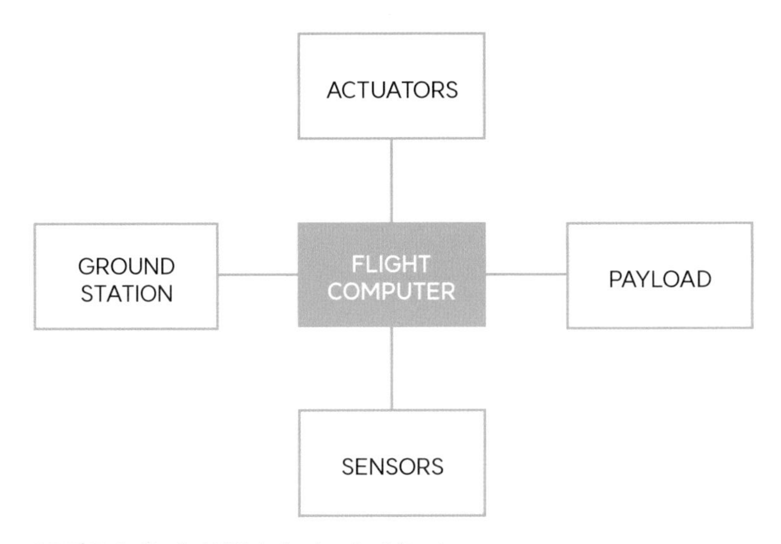

* 그림 5-1 Basic UAV Avionics Architecture

(1) Flight Computer는 무인기 비행에 사용되는데 아래와 같은 방법 중 하나가 채용됨

- Two way data link(radio) for remote control
- 항공기 제어 시스템에 연결된 On−board computer(with GPS navigation)

(2) Actuator는 비행 통제와 운항을 위한 시스템으로 통제소, 통신링크, 데이터 터미널, 출항과 회수 시스템, 지상 지원 장비 또는 ATC 인터페이스를 포함함

(3) Payload는 다양한 임무를 위한 탑재품(예: 카메라, 비디오 장비, 수색 장비, 고성능 레이더 등)

(4) Sensors는 인간의 참여 없이 비행 기능을 유지하기 위한 감지 장비

- radar, photo(video) camera, IR scanners, ELINT 포함
- Navigation sensor and mircroprocessor(자율운항에 필요)
- Aircraft onboard intelligence(guidance, navigation and control)
- Communication systems(data link)(Air data terminal)

(5) Ground Control Station(GCS or C3)

- C3Command, Control, and Communication
- 기술 발전에 의해 한 사람이 복수의 UA 통제 가능
- Command & Control 기능은 계획, 인력, 장비 통신, 항법 등의 결합으로 수행됨

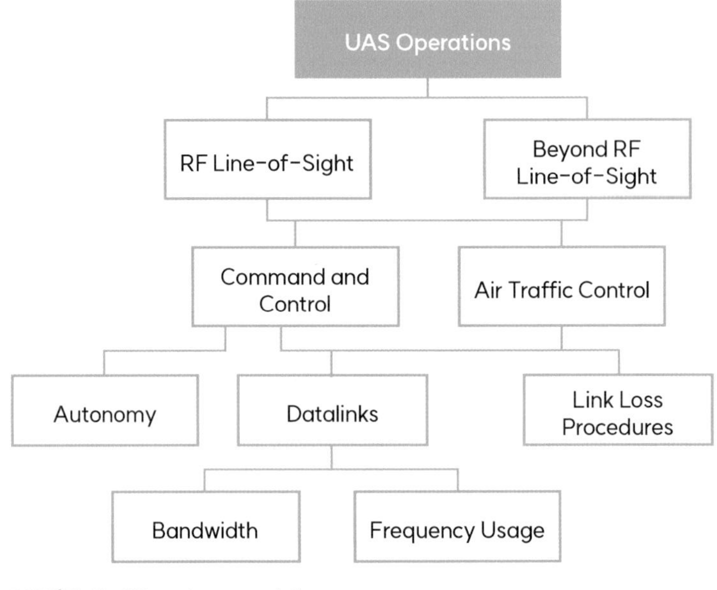

• 그림 5-2 **C3 system model**

3) 무인기 시스템(UAS)의 자율화

(1) Automated(or Automatic) system

센서sensor의 입력에 의한 반응으로 사전에 구성된 규칙을 논리적으로 따르도록 프로그램되어 예측된 결과가 발생하는데, 다음과 같이 구성된다.

- **Automated(autopilot) 시스템 구성**: attitude sensors, onboard processor, such as PID control, neural network^{NN}, fuzzy logic^{FL}, sliding mode control, and H∞ control

(2) Autonomous system

무인기 자율 시스템은 다음과 같은 특성을 갖는다.

- 고급 수준의 의도와 지시를 이해함
- 지시나 의도의 이해와 환경 인지를 바탕으로 적절한 조치를 취함

- 다수의 대안 중에서 취할 조치를 결정함
- 자율 운항 무인기의 전반적 활동은 예측 가능하지만 개개의 행동은 예측이 불가능함
- 자율 운항은 인간의 간섭없이 독립적으로 임무를 수행함
  - Decision-making by Autonomous Systems
  - Delegation to an Autonomous System
  - Sub-systems and Autonomous Capability
  - Learning Systems type of autonomous system
- 무인기 자율성의 핵심 요소
  - flight control
  - navigation
  - guidance
- 자율 운항 기술
  - navigation sensors and avionics
  - communication systems
  - C3command, control, and communication infrastructure
  - onboard autonomous capabilities
- 미래의 10대 자율 통제 수준
  ① Remotely guided
  ② Real-time health/diagnosis
  ③ Adapt to failures & flight conditions
  ④ Onboard route re-plan
  ⑤ Group co-ordination
  ⑥ Group tactical re-plan
  ⑦ Group tactical goals
  ⑧ Distributed control

⑨ Group strategic goals

⑩ Fully autonomous

- 자율 운항 기능
  - Navigation
  - Guidance and Flight Control
  - Sense-and-Avoid
  - Fault Monitoring
  - Intelligent Flight Planning
  - Payload
  - Operating System and Software Considerations
  - Automated recovery

제2절 무인기 운항의 인적요인 분야 위험요소[4]

1_ 무인기 인적요인 개요[5]

미국의 군용 무인기 운용에 따른 사고 발생률을 보면, 무인기의 사고율이 유인기보다 훨씬 높다. 주요 이유는 현재의 무인기 설계가 인간과 시스템 인터페이스human/system interface에 심각한 결함요인이 있기 때문으로 인식된다.

외부 조종자EP: External Pilot에 의한 무인기 비행의 경우, 대부분의 사고는 착

4 McCarley J. and Wickens, C., Human Factors Concerns in UAV Flight, University of Illinois at Urbana Champagne: Hobbs, Alan (2010), Human Factors in Unmanned Aircraft Systems : Kevin W. Williams (2006), Human Factors Implications of Unmanned Aircraft Accidents: Flight-Control Problems, FAA 등을 참조했음.

5 Kevin W. Williams, Human Factors Implications of Unmanned Aircraft Accidents: Flight-Control Problems, FAA, 2006

륙 단계에서 발생하는데, Joystick 조작과 항공기 기동의 일관성에 문제가 있는 것으로 판단한다. 또한, 장거리 비행의 경우 통제 이양transfer of control의 문제가 빈번한데, 대개가 이양받은 조종자가 완전한 정보를 파악하지 못해서 사고가 발생하는 것으로 분석되고 있다.

Automation에 의한 자율 비행은 자율 기능이 정상적으로 작동하는데도 예상하지 못한 문제가 발생하는 경우가 있는데, 대개가 자동화 프로그램 개발자가 모든 상황을 완전히 반영할 수 없기 때문에 문제가 발생하는 것으로 파악된다. 이 문제는 AI에 의해 해결될 수 있으나 현재로서는 초보적 발전단계라 할 수 있다.

2_ 무인기 인적요인의 특성과 주요 고려 사항

유인기 운항의 인적요인은 탑승 조종사 중심으로 고려되는데, 무인기 인적요인은 조종자가 탑승하지 않고 지상이나 기타 항공기 외부에서 조종하므로, 무인기 인적요인은 항공기 밖에서 운항업무를 진행하는 운항계획자의 인적요인, 지상 조종자(또는 통제자) 인적요인, 기체 및 지상 통제장비 정비사의 인적요인 등이 고려되고, human/machine 인터페이스와 심도 있게 관련된다.

유인기 운항 안전은 탑승자 안전관련 요소가 심각하게 고려되는데 무인기의 경우는 승무원이나 승객이 없으므로(미래에 UAM 분야가 무인기 영역으로 편입되면 무인기에서도 승객 요소가 고려될 것임) 탑승자 안전문제는 전혀 고려 대상이 아니고 지상 및 외부 제3자에 대한 피해 중심으로 안전 대책이 고려된다.

또한, 무인기는 운항시스템을 구성하는 지원 장비가 기술 집약적이고, 장비에 의해 비행이 실현되므로, 무인기 시스템 정비사의 인적요인이 매우 중요하게 고려된다.

3_ 무인기의 정비사 인적요인

1) 무인기 운항분야 정비의 특성

전통적으로 유인기 정비사는 기체의 감항성 유지만 책임지는데, 부인기 운항 정비는 기체뿐만 아니라 다양한 무인기 운항 시스템의 정비업무를 포함한다. 즉, 무인기 기체, 통신장비, 컴퓨터, 무선통제 장비, 발사/회수 도구 등을 포함한 정비업무를 고려해야 한다.

무인기에는 조종사가 탑승하지 않으므로 비행 중 발생하는 이상 상황을 감지하고 문제를 추적trouble shooting하는 데 어려움이 있다. 물론, 무인기에 탑재된 비행 모니터링 시스템은 정비사에게 많은 운항 데이터를 제공하지만, 조종사가 손의 느낌, 소리, 진동, 냄새 등의 감각 기관을 활용한 비정상 상황에 관련된 정성적 정보 보고 체제가 존재하지 않는다는 점은 무인기 운항 시스템의 결함 식별에 한계점으로 지적된다.

상업용으로 쓰이는 소형 무인기 운항의 경우, 기술 분야별 특화된 정비사 없이 일반적 기술 능력만 갖춘 정비사들이 정비를 담당하는데, 그들은 대개 기체조립, 운항준비, 운항수행 등을 맡으면서 정비업무도 수행하고, 조종과 정비를 구분하지 않고 운항 업무를 담당하는 경우가 많다.

2) 무인기 운항의 정비 분야 인적요인

무인기 운항의 기술적 안전을 담당하는 정비사는 통신과 통제를 위한 전반적 기술을 이해하고 있어야 한다. 즉, 컴퓨터의 하드웨어, 소프트웨어는 물론이고, 무선통신장비, 모뎀 등도 이해해야 하는데, 이러한 모든 기술 자격을 갖춘 정비 능력자를 보유하기는 쉽지 않은 게 현실이다.

지상 통제 시스템GCS과 무인기와의 데이터 링크 문제가 발생하면 항공기 통제 실패loss of control가 되어 사고 발생의 주요 원인이 되는데, 특히, 데이터

링크에는 비교적 생소한 기술 적용이 요구되고 있어 무인기 운영자나 정비사가 대처하는 데 한계가 있다.

또한, 대부분의 소형 무인기 운항 시스템에서 지상 조종 시스템은 일반적인 랩톱 컴퓨터나 데스크톱 컴퓨터를 이용하는데, 이러한 장비들은 습도, 극한 기온, 먼지 등에 취약하다. 하지만 야외에서 운영되는 경우가 많아 문제가 발생할 수 있어 정비사 인적요인이 심각하게 고려되어야 한다.

사소한 컴퓨터 에러(예: 화면 잠김, 소프트웨어 속도 저하 등)라도 운항 중에 발생하면, 심각한 위험요인이 되므로 컴퓨터 시스템 안정을 위한 인적요소를 고려해야 한다. 운항 통제에 사용하는 컴퓨터를 운항과 운항 사이에 이메일, 인터넷 검색, 파일 작성 등에 활용하면, 바이러스 감염의 위험이 존재하게 된다.

유인기의 경우, 항공전자 시스템avionics은 안전 인증제도에 의해서 결함 없이 운영되는데, 무인기의 경우 컴퓨터 하드웨어와 소프트웨어에 대한 안전 인증제도가 부재하여, 컴퓨터 속도 저하, 화면 잠김, 무선통신 주파수 간섭 등의 기술적 문제가 발생할 가능성이 크다. 컴퓨터 에러에 의한 문제가 발생해도, 원인은 알지 못하고 컴퓨터를 재부팅하든지, 여타의 시행착오 기법으로 문제를 해결하여 원인 탐색 노력이 비과학적인 점도 문제의 소지가 될 수 있을 것이다.

소형 무인기는 대부분 비행 전후에 분해/결합을 자주 해야 하므로 전기, 연료, 데이터 시스템의 연결과 분리가 발생하는 과정에서 에러가 발생할 가능성도 크다. 또한, 무인기의 지상 통제장비는 운항 중에도 정비사의 접근이 가능하여 비행 중일 때 지상장비를 점검하거나 정비하는 것이 비행에러를 유발할 수도 있을 것이다.

4_ 무인기 지상 통제 및 조종자 인적요인

1) 기존의 지상통제소 디자인의 human factor 관련 문제점

무인기 운항은 지상에 있는 원격 조종자가 정보/통신 수단을 이용하여 항공기를 제어하게 되는데, 빈번하고 time critical한 절차의 메뉴 선택 방법이 복잡하게 디자인된 경우가 많으며, 정보 제공 방법이 문자 중심으로 이루어진다. 경우에 따라서는 안전에 중요한 통제요인들이 보호되지 않은 상태에서 부주의로 작동될 수 있는 곳에 위치하여 문제가 될 수도 있다. 핵심기능과 여타 기능이 선택된 모드에 따라 통제되어, 중요도에 따른 주의집중, 경각심 유발이 필요한 경우도 있을 것이다.

디자인이 잘못된 경우, 조종자 좌석에서 접근하기 어려운 통제 위치가 존재하기도 하고, 중요한 내용을 가리는 팝업 윈도가 존재하는 문제라든가, 표출 화면의 확대와 관련된 문제 등도 안전을 저해할 수 있을 것이다.

2) 지상 통제 및 원격 조종자 인적요인 문제점

무인기 조종자는 감각 능력을 활용하는 것이 제한적이어서 항공기 항법, 충돌 회피, 날씨 문제 등을 유인기 조종사처럼 창문을 통하여 감지할 수 없다. 비행 중에 활용할 수 있는 청각, 후각, 자기 고유의 느낌 등에 의한 항공기 상태 파악이 불가능하고, 탑재된 카메라는 조종자에게 제한된 외눈 이미지만 전달할 수 있는 한계점이 있다.

무인기 조종자는 통제 링크의 상태를 감청하고 링크 방해interruptions에 대비해야 하는데, 링크의 잠재적 문제는 수동 조작을 어렵게 하거나 음성 통신에 혼란을 유발할 수 있다. 지상 통제소는 조종실이라기보다는 통제사무실 또는 일반 사무실과 유사한 분위기이고, 상대적으로 면적이 넓어서 추가적인 정보의 표출 등이 조종실보다는 용이하지만, 사무실 같은 분위기에서는 방해받기

쉬우므로 절차를 철저히 적용하는 것이 쉽지 않다.

5_ 무인기 운항 절차와 인적요인

1) 무인기 운항 절차의 인적요인

무인기 운항에 사용되는 장비와 시스템은 광범위한 외부 서비스 인터페이스에 의존한다. 즉, 무인기 원격 조종실은 컴퓨터 장비와 소프트웨어 등 다양한 생산자가 제공하는 상품화된 제품을 활용하기 때문에, 일관성 문제와 통합성 문제를 야기할 수 있을 것이다. 대개의 무인기 운항은 자동화에 전적으로 의존해야 하며 비상시에 수동으로 조종하는 선택을 하기가 어려운 실정이다. UAM 이외의 무인기의 경우, 사람이 탑승하지 않았다고 가정하므로, 무인기 조종자는 비상시에 항공기를 파괴하거나 처박아 버리는 것이 착륙을 시도하는 것보다 지상 제3자 피해를 줄일 수 있다고 판단할 수 있다.

2) 장거리, 장시간 운항에 의한 인적요인

무인기 임무 중 장거리, 장시간 운항을 해야 하는 경우, 통제 이양이 지리적으로 원거리에 있는 통제소 간에 이루어질 수도 있고, 동일한 통제실에서 콘솔 간에 이루어질 수도 있는데, 통제 이양에는 모드에러, 통제 세팅의 비일관성, 통신에러 등의 문제가 발생할 수 있다. 초장거리 비행의 경우 단조롭고, 피곤한 상황에서 통제 이양이 발생하게 되는데, 체류하는 비행 패턴, 느린 상승과 하강 등은 관제사에게 문제를 일으킬 수 있으며, 조종자는 유인기와는 매우 다른 전기 추진, 연료전지, 사출식 출발 절차 등과 상호작용을 해야 한다.

6_ 무인기 인적요인 개선을 위한 일반적 고려사항

UAV 조종자는 감각을 사용한 비정상 상황 인지가 어렵고 화면 Display에 의한 시각에 의존한다. 따라서, 촉각 등을 활용하는 기술 개발이 필요하다(예: Multimodal Display). 무인기와 지상 장비 간의 통신 링크의 bandwidth 제한으로, 무인기 조종자에게 제공되는 시각정보의 질이 좋지 않고, 시간적, 공간적 결정이 제한되며, 전송 지연의 문제 해결을 위한 기술 개발도 역시 필요하다.

무인기 자동화(자율비행화) 수준과 방법에 따른 안전성을 고려해야 하며, 특히 이착륙 단계의 비행 안전이 중요하다. 인간 조종자와 자동화 시스템의 인터페이스에 관한 연구가 필요한데, 안전수준 개선을 위한 Automation by consent와 Automation by exception의 선택 문제, 자동화 부문 선택, 자동화 수준 선택 등의 연구가 필요할 것이다.

Crew composition의 적정화도 필요한데, 복수의 crew가 바람직한지 단수의 crew가 바람직한지는 비행 임무와 Human Factor 연구 결과에 따라 결정될 수 있을 것이며, Crew의 교육/훈련 요구사항에 관한 연구도 필요하다.

무인기 운항 시스템 개발자에게 인적요인을 고려한 설계의 문제점을 파악하도록 하고, 사용자들이 시스템을 구비할 때 인적요인을 평가하도록 한다든지, 에러 확률을 줄일 수 있는 설계 표준을 개발하여 제공하도록 하는 것도 바람직할 것이다. 특히, 무인기 통제소는 항공기의 조종석과 사무실의 특성을 모두 부분적으로 갖추도록 고안되어야 할 필요가 있다.

제3절 위험요인 식별과 분석 사례[6]

1_ 서론(Introduction)

저고도(대개 500피트 이하의 고도)에서 운항하는 소형 무인기의 안전은 UTM가 제공하는 다음과 같은 서비스에 의하여 확보된다; 공역설계, 코리도, 동적 지오펜싱, 심각한 기상회피, 혼잡관리, 지형회피, 항로계획 및 변경, 분리관리, 시퀀싱sequencing, 우발사태 관리 등.

향후 무인기의 운항이 빈번해지고, 도심지역에서 자동화된 군집드론이 BVLOS 비행을 하게 되면, 운항 상황의 복잡성 증가에 의한 위험요인 증가와 안전수준 확보가 어려워질 것이다. 이러한 상황 전개에 의한 안전확보는 다차원적인 문제가 될 것인데, 이것을 3차원 그래프로 표현하면 그림과 같다.

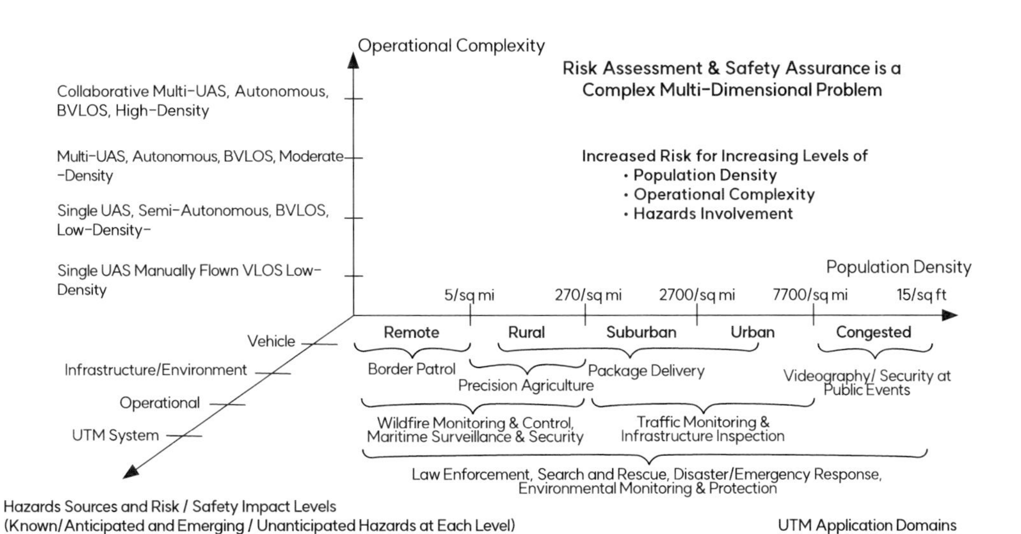

* 그림 5-3 **Multidimensional Problem Space for Assessing Risk and Ensuring the Safety of sUAS and UTM Operations**

6 제3절은 Christine Belcastro et al, Hazards Identification and Analysis for Unmanned Aircraft System Operations, AIAA Aviation Forum, 2017의 내용에 근거함

상기 그림의 Y축에서 보는 바와 같이 위험요인의 근원을 분류하면, 기체(Vehicle), 기반시설 및 환경(Infrastructure & Environment), 운항측면(Operational), UTM 시스템 등으로 구성되고, X축에서 보여주는 공역의 위치에 따른 위험성은 오지(remote), 시골(rural), 외곽지역(sububan), 도시지역(urban), 혼잡지역(congested) 등으로, 위험성이 증대된다. Z축은 운항의 복잡성을 보여주는데, 저밀도 단수 VLOS 운항, 단수의 반자동 BVLOS 저밀도 운항, 중간 밀도의 복수 자동 BVLOS 운항, 고밀도 공역에서의 자동 군집 드론에 의한 BVLOS 운항 등으로 위험 수준이 높아지는 운항 활동을 보여주고 있다. 따라서, 각 운항의 위험 수준의 위상은 이 세 가지 변수의 조합에 의하여 결정될 것이다.

이 보고서는 위험요인을 분석하는 방법을 두 가지로 나누어서 수행했다. 첫 번째 방법은 현재의 소형 무인기 위험요인 분석이다. 현재의 위험요인 분석은 지금까지 발생했던 무인기 사건/사고를 분석하여 정리하는 것이다. 두 번째 방법은 미래의 무인기 운항 위험요인 분석인데, 이는 향후의 UAS 활용 변화 및 전환에 따른 위험요인 예측이다.

2_ 현재의 무인기 운항 위험요인

1) 사건/사고 빈도 분석

본 논문의 연구자들은 396건의 군용 및 민간용 소형 무인기 사건/사고 사례를 수집했다. 그중에서 중량 55파운드 이하의 소형 민간용 무인기 사건/사고 사례 100건만 분석 대상으로 했고, NTSB 기준에 따라, 사건과 사고로 나누어 분석했다. 이 연구에서, 사고accidents는 사람이 심각하게 다치거나 죽는 경우와 다른 항공기를 심각하게 손상하는 경우가 되고, 나머지는 사건incident으로 간주했다. 100건의 사례 중에서 사고는 4건이고 나머지 96건은 사건으로 분류됐다. 〈표 5-1〉은 사건/사고의 일차적 원인을 분류한 것이다. 이 표에서, "Flight Crew"는 원격 조종자(기장)나 기체 제어에 참여하는 사람 또는 타 항공기를 확인하고 회피를 책임지도록 지명된 관찰자를 모두 포함하는 개념이다.

표 5-1 **Small UAS Mishaps Summarized by Primary Cause**

Primary Cause	Incidents	Accidents	Fatal Accidents	Total
Flight Controls	15			15
Flight Crew	11	2	1	14
Propulsion	9			9
Lost Link	8			8
Software	6			6
Sensors	2			2
Remote Control	2			2
Wind Shear	2			2
Other	10			10
Undetermined	31		1	32
Total	**96**	**2**	**2**	**100**

〈표 5-2〉는 무인기 형태별 사건/사고 분포이고 〈표 5-3〉은 무인기 중량별 사건/사고 분포이다. 표에서 보는 바와 같이 가벼운 무인기들의 사고가 많았다.

표 5-2 **Small UAS Mishaps Summarized by Configuration**

UAV Configuration	Incidents	Accidents	Fatal Accidents	Total
Multi-Rotor	33	2		35
Fixed-Wing	33			33
Helicopter	7		2	9

Hybrid	5			5
Thrust Vector	1			1
Not Reported	17			17
Total	**96**	**2**	**2**	**100**

표 5-3 Small UAS Mishaps Summarized by Weight Class

UAV Weight Class	Incidents	Accidents	Fatal Accidents	Total
A: W <= 4.4 lb	49	2		51
B: 4.4 < W <= 20 lb	33		2	35
C: 20 < W<=55 lb	14			14
Total	**96**	**2**	**2**	**100**

〈표 5-4〉는 비행 임무별 사건/사고 건수를 보여주고, 〈표 5-5〉는 사건/사고의 결과를 분류한 것인데, 표에서 보다시피 사망사고는 직접 사람에게 충돌한 경우이고 사망사고가 아닌 두 건의 사고는 무인기가 지형terrain이나 장애물에 충돌한 후에 사람에게 심각한 상해를 입힌 경우이다.

표 5-4 Small UAS Mishaps Summarized by Mission

Mission	Incidents	Accidents	Fatal Accidents	Total
Research & Development	34			34
Personal Use	23	2	2	27
Aerial Photography	9			9
Aerial Survey/Observation	6			6
Law Enforcement	6			6
Training	6			6
Illegal Activity	2			2

Other	3			3
Unknown	7			7
Total	**96**	**2**	**2**	**100**

표 5-5 **Small UAS Mishaps Summarized by Outcome**

Primary Cause	Incidents	Accidents	Fatal Accidents	Total
Collision with Terrain Collision with Terrain Collision with Water Controlled Flight into Terrain	19	1		20
Collision with Obstacle Building Man-Made Structure Natural Obstacle	18	1		19
Uncontrolled Descent	13			13
Crash in Landing Area Abnormal Runway Contact Crash in Runway Safety Area Failed to Become Airborne Recovery System Failure	13			13
Return to Base Autonomous Commanded	10			10
Flight Termination Autonomous Commanded Intentional Crash in Safe Area	6			6
Collision with Person(s)	3		2	5
Landed without Further Incident	5			5
Airspace Conflict Airspace Conflict Near Midair Collision	3			3
Collision with Ground Vehicle	4			4
Unknown	2			2
Total	**96**	**2**	**2**	**100**

2) 일반 통계분석

사건/사고들에 대한 일반적 통계분석 결과는 아래의 그림들에 잘 표시되어 있다. 첫 번째 그림은 사건/사고의 심각성을 지상 인원에 대한 사상과 지상 시설에 대한 훼손, 공공장소에 대한 충돌 등으로 구분하여 빈도수를 보여주고 있다.

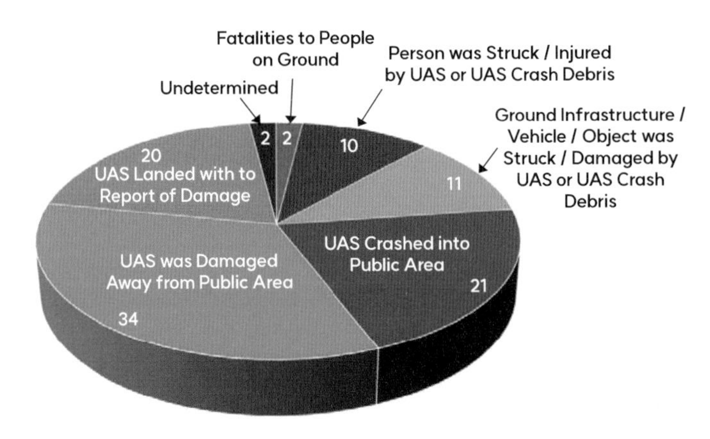

* 그림 5-4 sUAS Mishap Statistics Relative to Severity

다음 그림은 사건/사고 건수를 비정상 운항 형태별로 분류한 것이다.

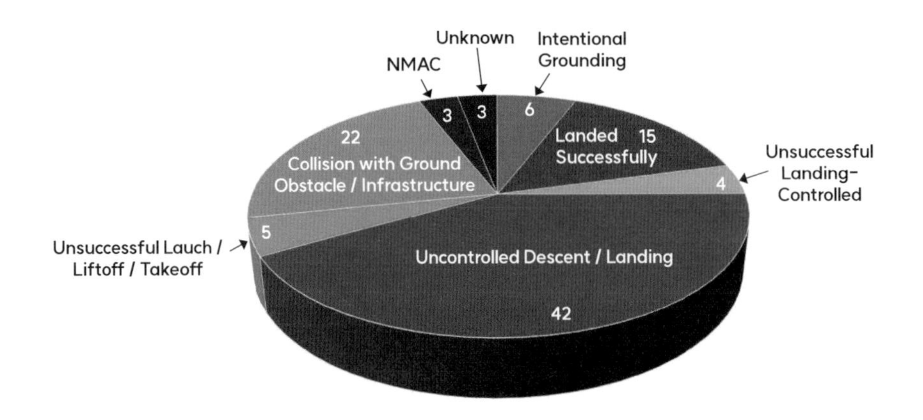

* 그림 5-5 sUAS Mishap Statistics Relative to Result

아래 그림은 사건/사고를 다음과 같은 범주별로 분류한 것이다: 항공기 통제실패(LOC: Loss of Control), 연결실종(lost link), MAC/NMAC[7], 지표면 충돌, 시상 장애물 및 사람과의 충돌, 비정상 활주로 접촉, 항법능력 상실, 기타

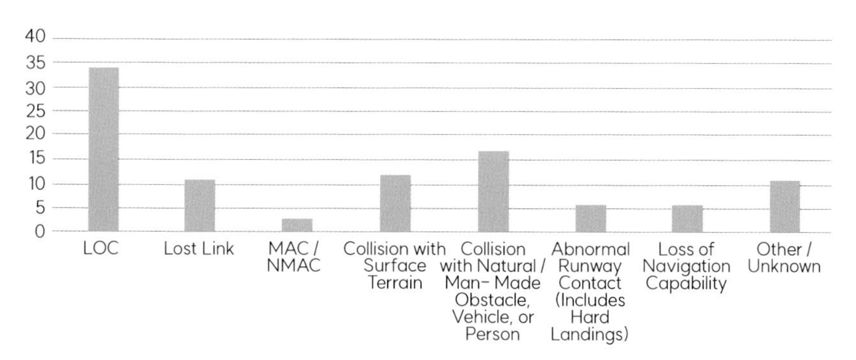

• 그림 5-6 **sUAS Mishap Statistics Relative to Mishap Category**

다음 그림은 사건/사고의 원인별 통계를 보여주고 있다. 많은 사건/사고의 원인은 LOC에 연관되어 있음을 알 수 있는데, LOC에 이르게 하는 요인은 세 가지로 구분한다: 부적절한 기내 상태, 외부적 위험요인과 방해, 비정상적 비행조건(또는 기체 전복).

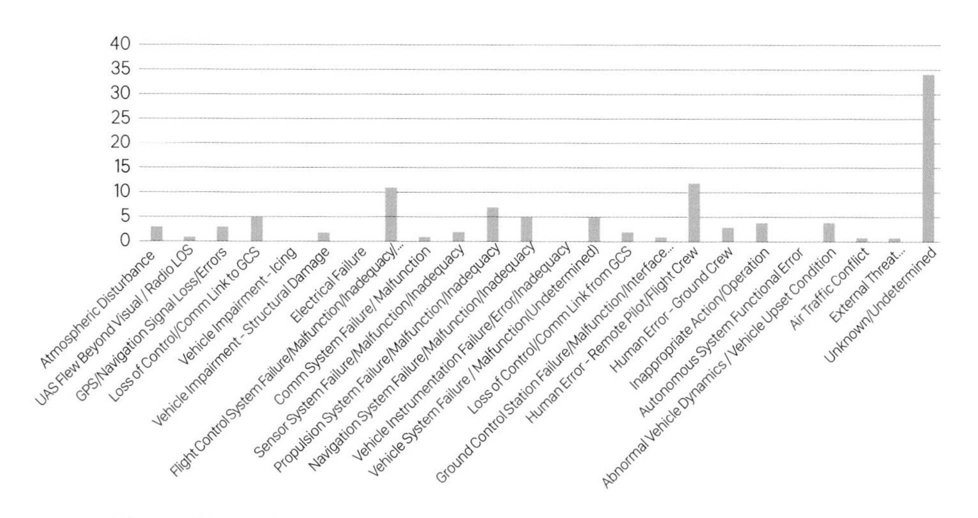

• 그림 5-7 **sUAS Mishaps Statistics Relative Causal and Contributing Factors**

7 MAC/NMAC :Mid Air Collision/Near Mid Air Collision

3) 무인기 사건/사고 징후(precursor) 분석

무인기 사건/사고의 각 원인에 대한 전조 징후에 대하여 살펴보자. 아래의 표는 본 연구에서 분석 대상으로 하는 무인기 사건/사고의 사전 징후를 합리적인 범주로 나누어 조직화한 것이다.

표 5-6 sUAS Mishap Precursors by Category and Subcategory

Precursor Categories	Precursor Subcategories	Precursors
Adverse Aircraft Conditions	System & Components Failure/Malfunction	• Flight Control Component Failure / Malfunction • Control System Design / Validation Inadequacy • Control System Operational Error (e.g., response to sensor errors) • System Operational / Software Verification Error • Propulsion System Failure / Malfunction • Navigation System Failure / Malfunction • Sensor / Sensor System Failure / Malfunction • System Failure / Malfunction (Non-Control Component) • System Failure / Malfunction (Undetermined) • Loss of Control / Communication Link
	Vehicle Impairment	• Improper Maintenance / Manufacturing • Airframe Structural Damage
Adverse Ground Support Conditions	Remote Pilot / Flight Crew Error	• Pilot / Flight Crew Decision Error or Poor Judgment • Operation In / Near Restricted Airspace • Loss of Attitude State Awareness / Spatial Disorientation (SD) • Aggressive Maneuver • Abnormal / Inadvertent Control Input • Improper / Ineffective / Unsuccessful Recovery • Inadequate Crew Resource Monitoring / Management • Improper / Incorrect / Inappropriate Procedure / Action

	Ground Control Station (GCS) Failure / Inadequacy	• Lost Communications / Control Link • GCS Power / Electrical System
	Ground Support	• Ground Support Crew Error or Improper / Incorrect Procedure • Ground Recovery System Failure
Environmental Hazards / External Hazards & Disturbances	Adverse Navigational Environment	• Flight Beyond Visual / Radio Line of Sight • Loss of GPS Signal • Erroneous GPS Signal
	Weather & Atmospheric Conditions	• Wind • Wind Shear
	External Threat	• Fixed Obstacle • Another Aircraft in Close Proximity • Conflict with Wildlife (Bird)
Abnormal Vehicle Dynamics & Flight Conditions	Abnormal Vehicle Dynamics	• Uncommanded Motion • Oscillatory Vehicle Response • Abnormal Control for Trim / Flight and/or Control Asymmetry • Abnormal / Counterintuitive Control Response
	Vehicle Upset Conditions	• Abnormal Attitude • Abnormal Airspeed • Undesired Abrupt Dynamic Response • Unsuccessful Launch • Abnormal Flight Trajectory • Uncontrolled Descent • Stall / Departure

표에서 보는 바와 같이 무인기 사건/사고의 징후는 네 개의 범주로 나누었다: (1) 항공기 자체의 부적절 상태(Adverse Aircraft Conditions); (2) 지상 지원시스템의 부적절 상태(Adverse Ground Support Conditions); (3) 환경요인과 외부 장애요인(Environmental Hazards and External Disturbances); (4) 비정상적인 기체 역학과 비행상태(Abnormal Vehicle Dynamics and Flight Conditions). 이러한 각 범주에는 하부 범주가 귀속되어 세분된다.

사건/사고의 분석은 각 위험요인이 순차적으로 연계되어 궁극적으로 사건/사고에 이르게 되는 경위 분석 방법으로 수행되었으며 각 연결 고리에 간섭하여 수정조치를 취하는 경우 사고를 예방할 수 있다. 이러한 방법은 근본적 원인을 분석하는 방법인 Root Cause Analysis보다 위험 완화대책을 식별하여 개발하는 데 있어서 유리할 것이다.

범주별로 개별 사건/사고 징후에 따른 사건/사고 빈도를 살펴보자. 먼저, 항공기 자체의 부적절 상태Adverse Aircraft Conditions 범주에 속하는 징후별 사건/사고 빈도를 정리한 것은 아래의 표와 같다.

표 5-7 Number of Mishaps Resulting from Precursors under Adverse Onboard Conditions

Adverse Onboard Conditions		Number of Occurrences
Subcategory	Precursor	
System Failures / Malfunctions / Inadequacy		**49**
	Flight Control Component Failure / Malfunction	4
	Control System Design / Validation Inadequacy	4
	Control System Operational Error (includes response to erroneous sensor inputs)	4
	System Operational Error (Software Verification Error)	4
	Propulsion System Failure / Malfunction	8
	Navigation System Failure / Malfunction / Impairment	6
	Sensor / Sensor System Failure / Malfunction / Inadequacy	4
	System / Subsystem Failure / Malfunction (Non-Control Component)	3
	System Failure / Malfunction / Error (Undetermined - Includes Intermittent Problems)	6
	Lost Control / Communications Link	6
Vehicle Impairment		**3**
	Improper Maintenance / Manufacturing	1

Airframe Structural Damage 2	2
Total	**52**

또한, 지상 지원시스템의 부적절 상태Adverse Ground Support Conditions에 범주에 속하는 개별 징후별 사건/사고 빈도는 다음 표와 같다. 표에서 보는 바와 같이 인적요인에 의한 사건/사고 발생 빈도가 상대적으로 높은 것을 알 수 있다.

표 5-8 **Number of Mishaps Resulting from Precursors Adverse Ground Support Conditions**

Adverse Ground Support Conditions		Number of Occurrences
Subcategory	Precursor	
Remote Pilot / Flight Crew Error		**25**
	Pilot / Flight Crew Decision Error / Poor Judgment	4
	Operation In / Near Restricted Airspace 9	9
	Loss of Attitude State Awareness	1
	Aggressive Maneuver	1
	Abnormal / Inadvertent Control Input / Maneuver	1
	Improper / Ineffective / Unsuccessful Recovery	1
	Inadequate Crew Resource Monitoring / Management	1
	Improper / Incorrect / Inappropriate Procedure / Action	7
Ground Control Station Failure / Inadequacy		**5**
	Lost Communications / Control Link from GCS	4
	GCS Power / Electrical System	1
Ground Support		**3**
	Ground Support Crew Error or Improper / Incorrect Procedure	2
	Ground Recovery System Failure	1
Total		**33**

한편, 아래의 표는 환경요인과 외부 장애요인Environmental Hazards and External Disturbances의 이상 징후에 의한 사건/사고 빈도를 보여주는데, 상대적으로 사건/사고 빈도가 적다는 것을 알 수 있다.

표 5-9 Number of Mishaps Resulting from Precursors under Environmental/External Conditions

Environmental / External Conditions		Number of Occurrences
Subcategory	Precursor	
Adverse Navigational Environment		**5**
	Flight Beyond Visual / Radio Line of Sight	2
	Loss of GPS Signal	2
	Erroneous GPS Signal	1
Weather & Atmospheric Conditions		**3**
	Wind	2
	Wind Shear	1
External Threat		**4**
	Fixed Obstacle	2
	Another Aircraft in Close Proximity to sUAS	1
	Conflict with a Bird	1
Total		**12**

마지막으로, 비정상적인 기체 역학과 비행상태Abnormal Vehicle Dynamics and Flight Conditions 범주의 이상 징후에 의한 사건/사고 발생 빈도는 아래의 표에 정리되었는데, 상당히 많은 사건/사고가 항공기의 역학적 비정상 상황에 의하여 발생되었음을 보여준다.

표 5-10 Number of Mishaps Resulting from Precursors under Abnormal Vehicle Dynamics and Upsets

Abnormal Vehicle Dynamics / Vehicle Upset Conditions		Number of Occurrences
Subcategory	Precursor	
Adverse Navigational Environment		**14**
	Uncommanded Motions	6
	Oscillatory Vehicle Response	6
	Abnormal Control for Trim / Flight and/or Control Asymmetry	1
	Abnormal / Counterintuitive Control Response	1
Vehicle Upset Condition		**38**
	Abnormal Attitude	2
	Abnormal Airspeed (Includes Low Energy)	1
	Undesired Abrupt Dynamic Response	2
	Unsuccessful Launch of sUAV	5
	Abnormal Flight Trajectory	1
	Uncontrolled Descent	16
	Stall / Departure	1
Total		**52**

3_ 미래의 무인기 운항 위험요인

무인기를 상업적 목적으로 운항하게 될 미래의 무인기 운항 위험요인은 현재의 무인기 운항 위험요인과 매우 다르게 전개될 것이다. 무인기 활용 목적이 다양화되고, 무인기의 기술적 발전이나 운항환경 등이 과거나 현재의 무인기와는 매우 다를 것이기 때문이다. 따라서, 미래의 무인기 운항 상황을 예측하고 잠재적 위험요인을 살펴보는 것이 필요하다.

1) 미래 위험요인 식별 절차(Future Hazards Identification Process)

가까운 미래에 무인기는 상업적(또는 경제적)으로 활용될 것인바, 우선은 구체적으로 어떻게 활용될 수 있을지 조사해 보아야 하는데, 정부나 민간 예측 기관의 자료를 조사하거나 브레인스토밍 등의 의견조사를 이용할 수도 있을 것이다. 드론 활용의 패러다임 전환은 무인기의 기술적 · 운영적 측면 등에 영향을 줄 것이고, 이에 따른 새로운 위험요인이 무인기 기체, 지상통제소, 운항, UTM 부문에 존재할 것이며, 미래의 드론운용 위험요인 예측 절차를 다음 그림과 같이 정리할 수 있을 것이다.

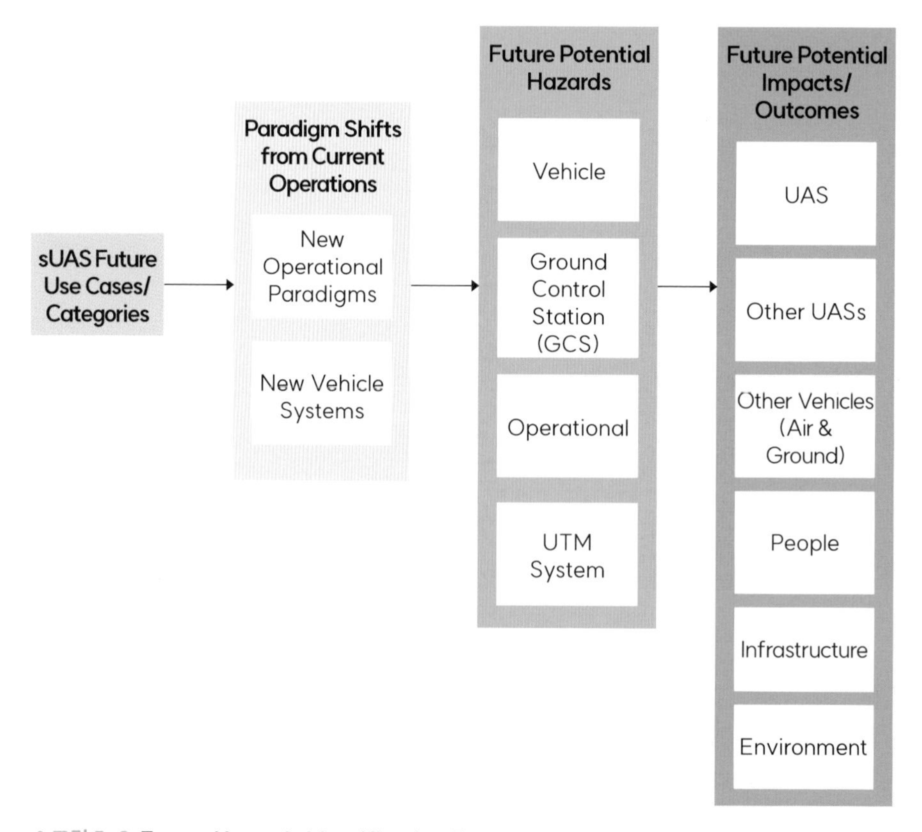

• 그림 5-8 Future Hazards Identification Process

2) 미래의 드론 운항 활용분야

정부와 산업체 및 학계의 계획과 예측을 종합해보면, 미래의 드론 운용 분야 및 상세 설명은 다음 표와 같이 정리할 수 있다.

표 5-11 **Summary of Use Case Categories Used in Future Hazards Identification Process**

Use Case Category	Description
Videography at Public Events	Includes Sporting Events, Fireworks Displays, Parades, Festivals, etc.
Security at Public Events & Counter UAS Operations	Monitoring, Detection, & Mitigation of Security Threats & Rogue UAS
Infrastructure Inspection	Critical Infrastructure - Includes Dams, Canals, Railroads, Bridges, Mines, Power Distribution Lines, Oil Pipelines, Onshore Oil and Gas Facilities, Offshore Oil Platforms, and Wind Turbine Blades, etc.
Search & Rescue	Includes Missing Persons, Missing Airplane, Missing Ship, Survivors from a Shipwreck or Aircraft Accident, etc.
Disaster Response	Includes Widespread Events Associated with Landslides, Mudslides, Hurricanes, Floods, Tornadoes, Earthquakes, etc., and Includes Volcano Inspection / Monitoring after Eruption Event, Avalanche Monitoring / Control, Flood Mapping, etc.
Emergency Response	Includes Localized Events such as Aircraft Accidents, Multi-Vehicle Collisions, etc.
Monitoring & Patrol	Includes Border Patrol, Individual / Group / Vehicle Identification and Tracking, Maritime Patrol along Coastal Border Regions, Intelligence, Surveillance, and Reconnaissance of an Area or Building of Interest, etc.

Maritime Surveillance & Security	Includes: Surveillance, Situational Awareness, and Security of Ports, Waterways, and the Coast; Security zone enforcement (e.g., deterring unauthorized vessels from entering a security zone); Airborne patrol of waterfront facilities (marinas, boat launch sites, etc.); Vessel inspection prior to boarding; Facility security inspections; Airborne wide-area surveillance in ports and/or offshore for potential terrorist activity; Drug interdiction
Wildfire Monitoring & Control	Includes Coordinated Multi-Vehicle (Air and Ground) Operations
Law Enforcement	Includes Aerial Photography for Suspect Tracking, Motor Vehicle Accident Response, Crime Scene Investigation, Accident Scene Investigation, Search and Rescue of Missing Persons (Amber Alerts, ...), etc.
Package / Cargo Delivery	Includes Package Delivery to Individual Consumers in Rural / Suburban / Urban Environment, and Delivery of Emergency Medical Supplies in Remote Locations
Imaging / Data Acquisition / Survey of Public / Private Land	Includes Construction Site Inspection, Terrain Mapping, Land Surveys for Future Construction, etc.
Environmental and Wildlife Monitoring & Protection	Includes Wildlife Inventory and Monitoring, Atmosphere / Environment Data Collection and Monitoring, Air and Water Quality/Pollution Monitoring, Climate Change Analysis, Volcano Inspection / Monitoring, Landscape Monitoring, etc.
Precision Agriculture	Includes Crop Dusting, Inspection, Vegetation Inventory and Monitoring, etc.

3) 미래 드론 운용 위험요인 식별

위의 표에서 보는 바와 같은 새로운 분야에 드론을 활용하기 위해서는 드론의 기술 수준이나 운영 방법이 현재와는 매우 다를 것이며, 위험요인도 새로

이 식별되어야 한다. 특히, 다수의 군집 비행이나 협업 비행이 한 명의 조종자에 의해 수행되는 상황이 예상되므로 이에 따른 위험요인 식별도 필요할 것이다. 또한, BVLOS 비행의 증가, 드론에 대한 테러 위협 증가, 자율 운항 드론의 증가 등이 드론 비행 안전분야의 새로운 도전영역이 될 것도 명백하다. 알고리즘이나 소프트웨어에 의존하는 비행이 늘어날 것인데, 이러한 분야의 정확성 확인 등은 현재로서는 쉽지 않은 것이 문제가 된다. 아래의 표는 특히, 군집비행과 관련한 위험요인을 보여주고 있으며, 순차적으로 제시되는 다음의 표는 감시와 순찰Monitoring and Patrol 목적의 드론 운용과 관련한 위험요인을 보여준다. (그 밖의 드론 운용 영역에 대한 예측 위험요인도 분석되었으나, 본서에서는 설명을 생략한다.)

표 5-12 **Example Future Hazards Identified for Multi-UAS Operations**

Future Use Case / Category	Paradigm Shifts from Current Operations		Future Potential Hazards			
	New Operational Paradigms	New Vehicle Systems	Vehicle-Level Hazards	Ground Control Station (GCS) / Infrastructure	Operational	UTM / USS System
All / Many	Multiple UAS Operations			Poor Interfaces / Displays for Multiple Vehicle Operations (Situational Awareness, Safety Monitoring, Surveillance Information Processing, Detection Notification, etc.)		
All / Many	Multiple UAS Operations			Poor Interface for Switching Between Manual and Autonomous UAV Control for Selected UAV (e.g., under Vehicle Impairment) Leading to Unanticipated Mode Changes and/or Transient Control Input Signals		

All / Many	Multiple UAS Operations			Inability / Ineffective Means to Manually Take Control Of UAV with Issues while Continuing to Monitor the Remaining UAS in Operation		
All / Many	Multiple UAS Operations				Poor Management and/or Multi- Sector Coordination of Multiple UAVs	
All / Many	Multiple UAS Operations				Pilot Overload & Loss of Situational Awareness under Multiple UAV Operations	
All / Many	Multiple UAS Operations				Poor Safety Monitoring of Multiple UAVs	
All / Many	Multiple UAS Operations					UTM System Allows Entry into Restricted Airspace
All / Many	Multiple UAS Operations					UTM System Allows Entry into Secured Airspace by Unauthenticated(Rogue) UAS
All / Many	Multiple UAS Operations	Loss of Navigation Capability by One or More UASs				
All / Many	All / Many Multiple UAS Operations				GPS Outage During Operation	
All / Many	Multiple UAS Operations					Inadequate / Faulty Multiple UAS Coordination for Cooperative Missions and/or Across Multiple Independent Missions
All / Many	Multiple UAS Operations				Communication Interference Among Multi-UAS Operators (e.g., Electromagnetic Interference and/or Using Same Frequency for Communication)	

표 5-13 Example Future Hazards Identified for Monitoring & Patrol

Future Use Case / Category	Paradigm Shifts from Current Operations		Future Potential Hazards			
	New Operational Paradigms	New Vehicle Systems	Vehicle-Level Hazards	Ground Control Station (GCS) / Infrastructure	Operational	UTM / USS System
Monitoring & Patrol (e.g., Border Patrol, Individual / Group / Vehicle Identification and Tracking, Maritime Patrol along Coastal Border Regions, Intelligence, Surveillance, and Reconnaissance of an Area or Building of Interest, etc.)		Use of Weaponized Vehicles	Payload Failure(e.g., Weapons) resulting in CG Shift / Incomplete Release / Vehicle Instability			
		Use of Weaponized Vehicles	Erroneous / Inadvertent Discharge of Weapons			
	Launch and Recovery of UAS from a Moving Vehicle Ground Control Station (GCS)			Lost Link with Mobile GCS		
	Operation under Uncertain Conditions				Weather Conditions (e.g., Fog, Rain, Dust, Snow, etc.) Compromise Sensors Used in Monitoring and Patrol	
	Coordination Across Multiple Municipalities and/or Jurisdictions					Ineffective Coordination by UTM System Among Multiple Operators In the Same Vicinity (DHS, Police, News Media, etc.)

무 인 기

교통관리와

운 항 안 전

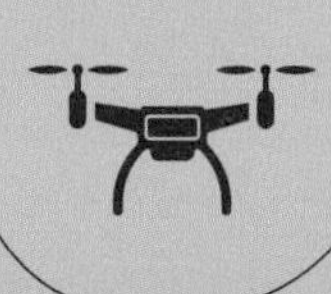

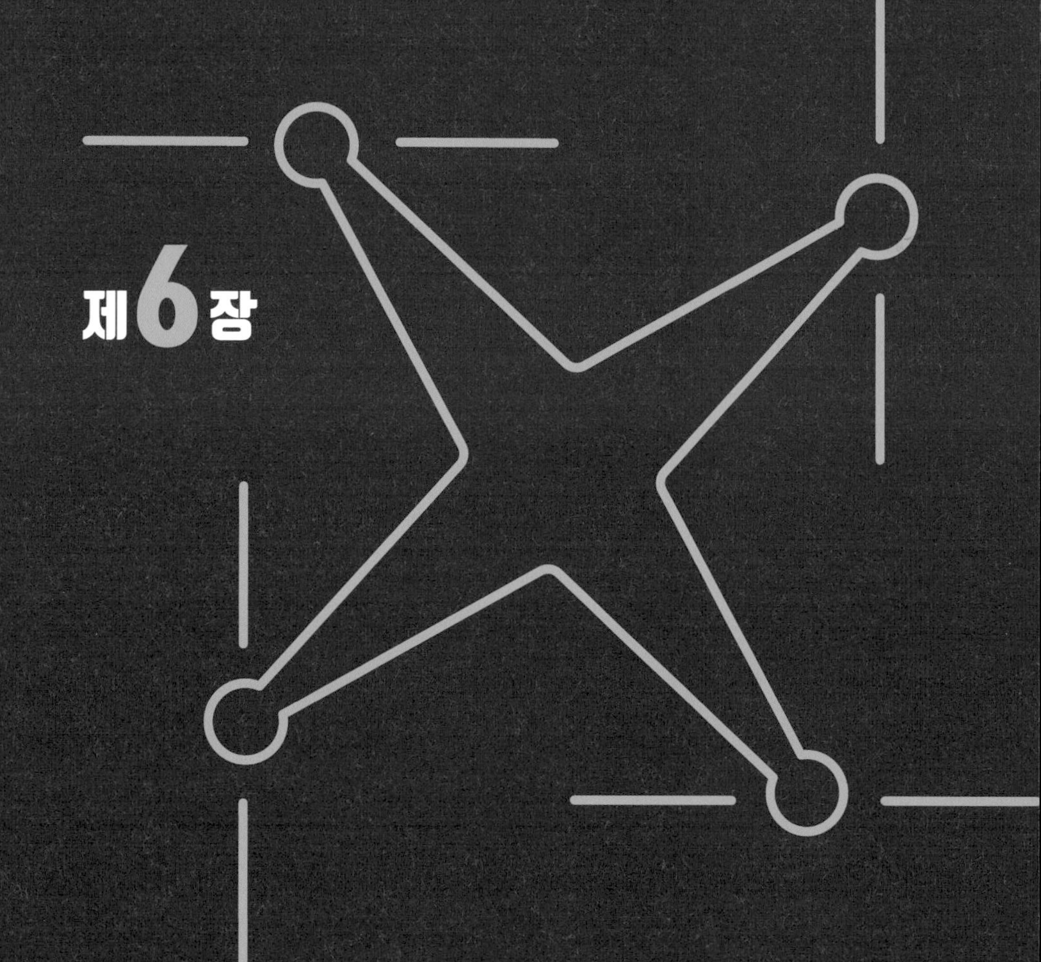

결론 및 첨부

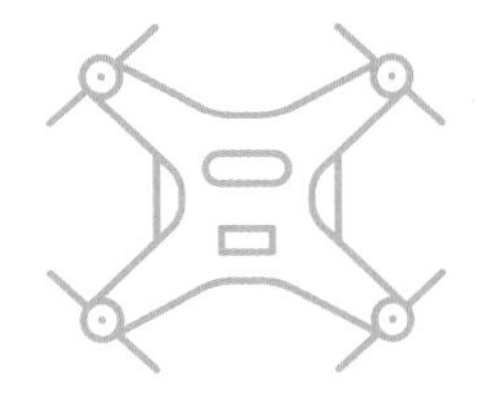

제 6 장

결론 및 첨부

군사적 효용성으로 인해 상당 기간 기술발전을 해온 무인항공기(드론)는 최근 들어 민간용으로도 긴요하게 활용되기 시작하면서 교통관리와 안전성 확보가 드론 산업 활성화의 주요 전제조건으로 대두되었다. 본서는 유럽이나 미국 등 선진국에서 드론 교통관리와 안전운항 확보를 위해 공공기관에서 발간한 개념서 또는 지침서를 검토하고 학자들이나 실용적 연구기관들이 발표한 논문이나 보고서 등을 섭렵하여 체계적으로 정리해보았다.

서론에서는 무인항공기의 개념과 발전사를 간략히 살펴보고 무인기 운영시스템을 정리했다. 본론에서는 무인기가 운영되는 공역의 분류와 필수요건, 필요한 지원 서비스 등을 정리한 후 무인항공교통관리 개념을 국제민간항공기구ICAO가 제시하는 개념을 중심으로 소개했다. 중후반에서는 드론 안전운항을 위한 위험평가와 수용 가능한 안전성 확보 방안 등의 논의를 소개하고 미래 드론 운영의 위험요인Hazards도 소개했다.

주지하다시피, 무인기 활용 분야나 성능이 획기적으로 발전할 것으로 예상하여 미래의 드론 안전성 확보에 관한 구체적 제안은 아무도 자신 있게 내놓지 못하고 있다. 본서도 학자들의 연구 결과를 토대로 미래의 무인기 안전운항을 위한 요건을 정리했으나 지속적인 문헌 검토에 의한 업데이트가 필요하다고 본다. 이어지는 첨부 1도 미래 운항환경을 고려한 위험요인 예측을 정리한 것이다.

첨부 1: 무인기 운항시스템 에러와 비행 환경에 따른 위험요인[1]

1-1. 항공기 제어능력 상실(Aircraft Loss of Control) 위험요인 1

(운항상황: 한 대의 수동 조종 무인기에 의한 시골의 저밀도 지역 운항, VLOS)

(1) 항공기 제어능력 상실 위험원인 요소

- 기체의 기능실패(제어시스템, 추력시스템, 비행시스템 설계)
- 기상요소(비, 눈, 천둥, 바람/Wind shear/Turbulence)
- 조종자 에러
- 전자기 간섭EMI: Electromagnetic Interference
- 발사(이륙) 실패Unsuccessful Launch
- 비행통제시스템 설계/감리/에러 및 부적절
- 비행통제시스템 소프트웨어 이행/인증 에러
- 장애물에 의한 불안정적/적극적 회피 기동
- 조류 충돌 및 기타

(2) 항공기 제어능력 상실의 결과

- 예측 불능의 부적절 비행궤적
- 예측 불능의 불안전 통제
- 비통제 하강

(3) 항공기 제어능력 상실의 영향

- 배정된 지오펜스 이탈

1 Christine Belcastro et al, Hazards Identification and Analysis for Unmanned Aircraft System Operations, AIAA Aviation Forum, Appendix F의 Combined Hazard Sets에 근거함.

- 비통제 하강 및 착륙
- 비통제 하강에 의한 지상 충돌
- 기체 손상

(4) 제어능력 상실에 의한 위험 사건

- 무인기 간 공중 충돌
- 유인기와 공중 충돌
- 건물/장애물/사람과의 충돌
- 파편의 낙하 피해
- 발화에 의한 지상 피해

1-2. 항공기 제어능력 상실(Aircraft Loss of Control) 위험요인 2

(운항상황: 한 대의 반자율 운항 무인기의 도시 중밀도 지역 운항, BVLOS)

(1) 항공기 제어능력 상실 위험원인 요소(반자율 운항)

- (1-1항의 모든 요소)
- 유상하중, 무게중심 불안정
- 비행통제시스템의 부적절한 Resilience 위험
- 물건 회수retrieval 시도에 따른 기체 불안정
- 물건 회수 시스템의 고장에 의한 기체 불안정
- 수상 발사/착륙 불안정
- 악조건(예: 화재, 연기, 안개, 바닷물 접촉 등)에서 추력 또는 영상 시스템 실패

(2) 항공기 제어능력 상실의 결과

- (1-1항의 모든 결과)

(3) 항공기 제어능력 상실의 영향

– (1–1항의 모든 영향)

– 유인기와의 공중 충돌

– 주요 지상 시설 충돌

(4) 제어능력 상실에 의한 위험 사건

– (1–1항의 모든 영향의 규모 증대)

– 지상 인원 사상

– 관련 유인기 탑승인원 사상

– 주요 지상시설 파손/파괴

1-3. 항공기 제어능력 상실(Aircraft Loss of Control) 위험요인 3

(운항상황: 한 대 또는 군집 반자율/자율 운항, 도시 고밀도 지역, BVLOS)

(1) 항공기 제어능력 상실 위험원인 요소(단/군집, 반자율/자율 운항)

– 1–1항의 모든 요소

– 운항 중 기체손상(예: 번개, 폭발, 방사능 유출 등)

– 운항 악조건

– 군집비행의 연쇄적 요인(cascading factor)

– 예기치 않은 배터리 전력 고갈

(2) 항공기 제어능력 상실의 결과

– 1–1항의 모든 결과

– 복수의 무인기 제어 실패

(3) 항공기 제어능력 상실의 영향

- 1-1항의 모든 영향
- 유인기와의 공중 충돌
- 주요 지상 시설 충돌

(4) 제어능력 상실에 의한 위험 사건

- 1-1항의 모든 영향의 규모 증대
- 지상 인원 사상
- 관련 유인기 탑승인원 사상
- 주요 지상시설 파손/파괴

2-1. 항공기 비행이탈/지오펜스 위반 위험요인 1

(운항상황: 한 대의 수동 조종 무인기에 의한 시골의 저밀도 지역 운항, VLOS)

(1) 항공기 비행이탈/지오펜스 위반 위험원인 요소

- 통신/통제 링크 실패
- 웨이포인트Waypoint 오류
- GPS 실패/오류
- 오토파일럿 오류
- 조종자 오류

(2) 항공기 비행이탈/지오펜스 위반 위험요인의 결과

- 지상에서 항공기 통제 불가능
- 항공기 위치 감시 불가능
- 지상에서 항공기 비행 종결 불가능

(3) 항공기 비행이탈/지오펜스 위반 위험요인의 영향

- 항공기의 배당 지오펜스 이탈
- 항공기 통제 실패

(4) 항공기 비행이탈/지오펜스 위반 위험요인에 의한 사건

- 무인기와 공중 충돌
- 유인기와 공중 충돌
- 빌딩, 장애물, 사람 충돌에 의한 피해
- 파편에 의한 인명 사상

2-2. 항공기 비행이탈/지오펜스 위반 위험요인 2

(운항상황: 한 대의 반자율 운항 무인기에 의한 도시의 중밀도 지역 운항, BVLOS)

(1) 항공기 비행이탈/지오펜스 위반 위험원인 요소

- GPS 신호오류
- 네트워크 불가용Network unavailability
- 탑재 GPS 시스템 오류
- 항법중첩 결핍Lack of navigational redundancy
- GPS나 V-signal의 Jamming 또는 Spoofing
- 웨이포인트Way Points 오류
- 자동 임무 플래너 오류Error in Autonomous Mission Planner

(2) 항공기 비행이탈/지오펜스 위반 위험요인의 결과

- (2-1항의 모든 결과)
- 공통의 이유에 의한 광범위한 충돌 잠재

(3) 항공기 비행이탈/지오펜스 위반 위험요인의 영향

- 하나 또는 복수의 무인기들이 배정된 지오펜스 이탈
- 하나 또는 복수의 무인기들이 항공기 LOC 상태 돌입

(4) 항공기 비행이탈/지오펜스 위반 위험요인에 의한 사건

- 무인기, 유인기와의 공중 충돌, 빌딩, 장애물, 사람 충돌, 파편에 의한 인명 사상 등이 광범위하게 발생할 잠재성 있음

2-3. 항공기 비행이탈/지오펜스 위반 위험요인 3

(운항상황: 한 대 또는 군집 반자율/자율 운항, 도시 고밀도 지역, BVLOS)

(1) 항공기 비행이탈/지오펜스 위반 위험원인 요소

- 2-2항의 모든 위험요인 요소
- 무인기들의 항법 능력 상실
- 부적절한 설계/인증, 또는 협조적 군집비행의 이행 및 감리 부적절
- 군집 드론 운영자들 간의 통신 간섭현상
- 부적절한 우발사태 관리

(2) 항공기 비행이탈/지오펜스 위반 위험요인의 결과

- 2-2항의 모든 위험요인의 결과
- 많은 무인기들의 광범위한 사건 결과 잠재성

(3) 항공기 비행이탈/지오펜스 위반 위험요인의 영향

- 많은 무인기들의 배정된 지오펜스 이탈 가능성 잠재
- 많은 무인기들이 항공기 LOC 상태 돌입 가능성 잠재

(4) 항공기 비행이탈/지오펜스 위반 위험요인에 의한 사건

- 2-3항의 사건이 광범위하게 많은 무인기에 발생할 잠재성

3-1. 통신/통제 링크상실 위험요인 1

(운항상황: 한 대의 수동 조종 무인기에 의한 시골의 저밀도 지역 운항, VLOS)

(1) 통신/통제 링크상실 위험원인 요소

- 무인기 기체 전자기파 간섭EMI at Vehicle
- 모호한 신호Signal Obscureness
- 주파수/BW 중첩
- 지상통제시스템GCS 실패

(2) 통신/통제 링크상실 위험요인의 결과

- 지상에서 항공기 통제 불가능
- 항공기 위치 감시 불가능
- 지상에서 비행종료 수행 불가능
- 자동적 귀환Automated Return to Base

(3) 통신/통제 링크상실 위험요인의 영향

- 무인기의 배정된 지오펜스 이탈
- 항공기 LOC
- 통제에 의한 지상충돌Controlled Flight into Terrain

(4) 통신/통제 링크상실 위험요인에 의한 사건

- 유/무인기와 공중 충돌
- 빌딩 충돌, 인명피해

– 파손된 무인기 파편에 의한 사상

3-2. 통신/통제 링크상실 위험요인 2

(운항상황: 한 대의 반자율 운항 무인기에 의한 도시의 중밀도 지역 운항, BVLOS)

(1) 통신/통제 링크상실 위험원인 요소

– 3-1항의 위험원인 요소
– 도심 환경에서의 GPS Drop-outs
– 무인기에 대한 EMI Weapon targeting
– 신호 Jamming/Spoofing
– 주파수/BW 차단
– 네트워크 사용 불가unavailability

(2) 통신/통제 링크상실 위험요인의 결과

– 원하는 궤적 비행 불가능
– 원격에 의한 비행 종결 시도 불가능
– 공통적인 원인조건(예: 네트워크 상실, 광범위한 재밍 등)에 의한 광범위한 충돌 잠재력

(3) 통신/통제 링크상실 위험요인의 영향

– 단/복수 무인기의 배정된 지오펜스 이탈
– 단/복수 항공기 LOC
– 단/복수 항공기 Controlled Flight into Terrain

(4) 통신/통제 링크상실 위험요인에 의한 사건

- 단/복수 유/무인기와 공중 충돌
- 단/복수 무인기 빌딩 충돌, 인명피해
- 파손된 무인기 파편에 의한 사상

3-3. 통신/통제 링크상실 위험요인 3

(운항상황: 한 대 또는 군집 반자율/자율 운항, 도시 고밀도 지역, BVLOS)

(1) 통신/통제 링크상실 위험원인 요소

- 3-1항의 위험원인 요소
- 복수의 무인기 운영자 간의 통신 간섭(예: EMI 또는 주파수 분리 결핍)
- 기타

(2) 통신/통제 링크상실 위험요인의 결과

- 3-2항의 위험원인 결과
- 다수의 무인기가 연루된 광범위한 비정상 결과의 잠재성

(3) 통신/통제 링크상실 위험요인의 영향

- 단/복수 무인기의 배정된 지오펜스 이탈 잠재
- 단/복수 항공기 LOC 잠재
- 단/복수 항공기 Controlled Flight into Terrain 잠재

(4) 통신/통제 링크상실 위험요인에 의한 사건

- 3-2항의 사건이 광범위하게 다수의 무인기에 발생 잠재력

4-1. 항법 능력 상실 위험요인 1

(운항상황: 한 대의 수동 조종 무인기에 의한 시골의 저밀도 지역 운항, VLOS)

(1) 항법능력 상실 위험원인 요소

- 탑재 항법시스템의 실패
- GPS 신호의 상실/오류
- 지상통제소 세트업 오류Ground Station Setup Error

(2) 항법능력 상실 위험요인의 결과

- 이상적인 궤적 비행 불가능
- 의도적인 grounding

(3) 항법능력 상실 위험요인의 영향

- 무인기의 배정된 지오펜스 이탈

(4) 항법능력 상실 위험요인에 의한 사건

- 유/무인기와 공중 충돌
- 빌딩/장애물 충돌과 인명 사상
- 파손 무인기 파편에 의한 지상 인명 사상

4-2. 항법 능력 상실 위험요인 2

(운항상황: 한 대의 반자율 운항 무인기에 의한 도시의 중밀도 지역 운항, BVLOS)

(1) 항법능력 상실 위험원인 요소

- 4-1항의 위험원인 요소

- 무인기의 적대적인 강탈과 통제
- GPS/ADS-B 신호 부적절/Jamming/Spoofing
- 네트워크 불가용
- 저시정 상황에서 vision 시스템 부적절
- visual scene 인지 부적절

(2) 항법능력 상실 위험요인의 결과

- 이상적인 궤적 비행 불가능
- 의도적인 grounding
- 무인기 위치 부정확 또는 위치 결정 불가능
- 공통적 원인조건(예: GPS 신호 또는 Network 상실)에 의한 광범위한 충돌 잠재

(3) 항법능력 상실 위험요인의 영향

- 단수/복수 무인기의 배정된 지오펜스 이탈
- 안전 분리 간격 유지 불가능

(4) 항법능력 상실 위험요인에 의한 사건

- 단수/복수 유/무인기와 공중 충돌
- 빌딩/장애물 충돌과 인명 사상
- 파손 무인기 파편에 의한 지상 인명 사상

4-3. 항법 능력 상실 위험요인 3

(운항상황: 한 대 또는 군집 반자율/자율 운항, 도시 고밀도 지역, BVLOS)

(1) 항법 능력 상실 위험원인 요소

- 4-1항의 위험원인 요소
- 자율항법 시스템 오류/실패/부적절
- 비정상 상황에서 회복력resilience 결핍
- 군집 무인기 자율화 시스템 차원의 오류 전달
- 기타

(2) 항법능력 상실 위험요인의 결과

- 이상적인 궤적 비행 불가능
- 의도적인 grounding
- 무인기 위치 부정확 또는 위치 결정 불가능
- 공통적 원인조건(예: GPS 신호 또는 Network 상실)에 의한 광범위한 충돌 잠재
- 공통적 원인조건(예: GPS 신호 또는 Network 상실)과 군집 무인기 운영 관련 에러 전파에 의한 광범위한 충돌 잠재

(3) 항법능력 상실 위험요인의 영향

- 많은 무인기의 배정된 지오펜스 이탈 잠재
- 광범위한 충돌 잠재

(4) 항법능력 상실 위험요인에 의한 사건

- 광범위하고 대규모의 단수/복수 유/무인기와 공중 충돌
- 광범위한 빌딩/장애물 충돌과 인명 사상
- 광범위한 파손 무인기 파편에 의한 지상 인명 사상

5. 착륙 실패(Unsuccessful Landing) 위험요인

(운항상황: 한 대의 수동 조종 무인기에 의한 활주로 안전지역 내외에서 발생)

(1) 착륙 실패 위험원인 요소

– 불안정한 접근

– 조종자 실수

(2) 착륙 실패 위험요인의 결과

– 비정상적 활주로 접촉

– 충돌 착륙

(3) 착륙 실패 위험요인의 영향

– 항공기 파손

(4) 착륙 실패 위험요인에 의한 사건

– 충돌에 의한 화재로 지상 조종 승무원 사상

– 파편에 의한 지상 인원 사상

6-1. 비의도적 비성공적 비행 종결 위험요인 1

(운항상황: 한 대의 수동 조종 무인기에 의한 시골의 저밀도 지역 운항, VLOS)

(1) 비의도적 비성공적 비행 종결 위험원인 요소 1

– 비행 종결을 시도하거나 이행하는 절차 중 조종자 오류

– 비행종결 시스템의 오류/실패/기능장애

– 비행 종결에 부정적 영향을 미치는 예상 밖의 바람 또는 기상

– 비행 종결을 위한 조종자의 명령 링크 실패

(2) 비의도적 비성공적 비행 종결 위험요인의 결과

– 무인기의 착륙 또는 비안전 지역에 강제 충돌

(3) 비의도적 비성공적 비행 종결 위험요인의 영향

– 무인기 파손

(4) 비의도적 비성공적 비행 종결 위험요인에 의한 사건

– 충돌에 의한 화재

6-2. 비의도적 비성공적 비행 종결 위험요인 2

(운항상황: 한 대의 반자율 운항 무인기에 의한 도시의 중밀도 지역 운항, BVLOS)

(1) 비의도적 비성공적 비행 종결 위험원인 요소 2

– 안전 착륙지역 RT 식별의 부적절한 데이터베이스
– 저시정 상황에서 Vision 시스템 부적절
– 비전 시스템에 의한 부적절한 Visual Scene 인지
– 비행종결 개시를 위한 조종자의 명령링크 또는 네트워크 실패
– 탑재된 비행종결 시스템의 실패/부적절

(2) 비의도적 비성공적 비행 종결 위험요인의 결과

– 단/복수 무인기의 착륙 또는 비안전 지역에 강제 충돌

(3) 비의도적 비성공적 비행 종결 위험요인의 영향

– 단/복수의 무인기 파손

(4) 비의도적 비성공적 비행 종결 위험요인에 의한 사건

- 무인기에 의한 지상 인명 사상
- 무인기의 지상 차량 충돌
- 지상 차량 연관된 사고 유발
- 무인기와 지상 시설물 충돌

6-3. 비의도적 비성공적 비행 종결 위험요인 3

(운항상황: 한 대 또는 군집 반자율/자율 운항, 도시 고밀도 지역, BVLOS)

(1) 비의도적 비성공적 비행 종결 위험원인 요소 3

- 안전 착륙지역 RT 식별의 부적절한 데이터베이스
- 저시정 상황에서 Vision 시스템 부적절
- 비전 시스템에 의한 부적절한 Visual Scene 인지
- 비행종결 개시를 위한 조종자의 명령링크 또는 네트워크 실패
- 탑재된 비행종결 시스템의 실패/부적절
- 군집드론 비행 종결 시스템과 협력 군집드론 운항의 부적절성

(2) 비의도적 비성공적 비행 종결 위험요인의 결과

- 많은 무인기의 착륙 또는 비안전 지역에 강제 충돌 잠재

(3) 비의도적 비성공적 비행 종결 위험요인의 영향

- 많은 무인기 파손 잠재력

(4) 비의도적 비성공적 비행 종결 위험요인에 의한 사건

- 복수 무인기에 의한 지상 인명 사상
- 단/복수 무인기의 지상 차량 충돌

- 단/복수 무인기에 의한 지상 차량 연관된 사고 유발
- 복수의 무인기와 지상 시설물 충돌

7-1. 지형 및 지상 장애물과의 충돌회피 불능/실패 위험요인 1

(운항상황: 한 대의 수동 조종 무인기에 의한 시골의 저밀도 지역 운항, VLOS)

(1) 지형 및 지상 장애물과의 충돌회피 불능/실패 위험원인 요소 1

- 조종자 오류 또는 어리석은 판단
- 바람/기상에 의한 비정상적 비행 궤적
- 장애물과 충돌을 유발하는 잘못된 Way points
- 부정확한 GPS신호
- 부적절한 navigation/tracking

(2) 지형 및 지상 장애물과의 충돌회피 불능/실패 위험요인의 결과

- 건물/다리 등과의 충돌
- 전선이나 Sub-station과의 충돌
- 지상 차량과의 충돌

(3) 지형 및 지상 장애물과의 충돌회피 불능/실패 위험요인의 영향

- 무인기 파손

(4) 지형 및 지상 장애물과의 충돌회피 불능/실패 위험요인 사고

- 파손 파편의 인명 사상
- 무인기 파손 파편이 고속도로 차량의 사고 유발
- 충돌에 의한 화재로 건물과 내부 인원 사상
- 충돌에 의한 화재로 전력 시스템 손괴 및 환경훼손

7-2. 지형 및 지상 장애물과의 충돌회피 불능/실패 위험요인 2

(운항상황: 한 대의 반자율 운항 무인기에 의한 도시의 중밀도 지역 운항, BVLOS)

(1) 지형 및 지상 장애물과의 충돌회피 불능/실패 위험원인 요소

- 7-1항의 위험원인 요소
- DAA(or SAA) 능력 부적절/불가능
- DAASAA 시스템 디자인 혹은 validation 실패
- 저시정 상황에서 vision 시스템 실패 또는 부적절
- 장애물 탐지 누락
- 지형 데이터베이스의 오류/부적절/불완전
- 작고 얇은 물건(예: 전선) 감지 시스템 부적절/비효과적
- 주요 위험요인에 대한 회복력resilience 부적절
- 수상 플랫폼 발사/착륙 불안정
- 악조건(예: 화재, 연기, 재, 안개 등)에서 추력이나 vision 시스템 실패/부적절

(2) 지형 및 지상 장애물과의 충돌회피 불능/실패 위험요인의 결과

- 건물/다리 등과의 충돌
- 전선이나 Sub-station과의 충돌
- 지상 차량과의 충돌
- 유/무인기와 공중 충돌
- 공통적 원인조건(예: 시정 불량)에서 광범위한 충돌 잠재

(3) 지형 및 지상 장애물과의 충돌회피 불능/실패 위험요인의 영향

- 단/복수의 무인기 파손
- 공중/지상 차량에 대한 손상

(4) 지형 및 지상 장애물과의 충돌회피 불능/실패 위험요인 사고

- 파손 파편의 인명 사상
- 무인기 파손 파편이 고속도로 차량의 시고 유발
- 충돌에 의한 화재로 건물과 내부 인원 사상
- 충돌에 의한 화재로 전력 시스템 손괴 및 환경훼손
- 무인기의 고압선과 충돌에 의한 화재/폭발 발생
- 유/무인기와 공중 충돌
- 단/복수의 무인기가 빌딩/장애물에 충돌하고 인명 사상

7-3. 지형 및 지상 장애물과의 충돌회피 불능/실패 위험요인 3

(운항상황: 한 대 또는 군집 반자율/자율 운항, 도시 고밀도 지역, BVLOS)

(1) 지형 및 지상 장애물과의 충돌회피 불능/실패 위험원인 요소

- 7-1항의 위험원인 요소
- DAA(or SAA) 능력 부적절/불가능
- DAA^SAA 시스템 디자인 혹은 validation 실패
- 저시정 상황에서 vision 시스템 실패 또는 부적절
- 장애물 탐지 누락
- 지형 데이터베이스의 오류/부적절/불완전
- 작고 얇은 물건(예: 전선) 감지 시스템 부적절/비효과적
- 주요 위험요인에 대한 회복력resilience 부적절
- 수상 플랫폼 발사/착륙 불안정
- 악조건(예: 화재, 연기, 재, 안개 등)에서 추력이나 vision 시스템 실패/부적절

(2) 지형 및 지상 장애물과의 충돌회피 불능/실패 위험요인의 결과

- 건물/다리 등과의 충돌
- 전선이나 Sub-station과의 충돌
- 지상 차량과의 충돌
- 유/무인기와 공중 충돌
- 공통적 원인조건(예: 시정불량)에서 광범위한 충돌 잠재
- 공통적 원인조건(예: 시정불량)에서 광범위한 충돌 잠재와 군집비행에 의한 오류 전파

(3) 지형 및 지상 장애물과의 충돌회피 불능/실패 위험요인의 영향

- 여러 대의 무인기 파손
- 단/복수의 공중/지상 차량에 대한 손상

(4) 지형 및 지상 장애물과의 충돌회피 불능/실패 위험요인 사고

- 파손 파편의 인명 사상
- 무인기 파손 파편이 고속도로 차량의 사고 유발
- 충돌에 의한 화재로 건물과 내부 인원 사상
- 충돌에 의한 화재로 전력 시스템 손괴 및 환경훼손
- 무인기의 고압선과 충돌에 의한 화재/폭발 발생
- 유/무인기와 공중 충돌
- 단/복수의 무인기가 빌딩/장애물에 충돌하고 인명 사상
- 복수의 무인기가 광범위하게 충돌할 수 있는 사건 잠재력

8. 악의적 원격 강탈과 무인기 통제 탈취 위험요인

(운항상황: 한 대 또는 군집 반자율/자율 운항, 도시 고밀도 지역, BVLOS)

(1) 악의적 원격 강탈과 무인기 통제 탈취 위험 원인요소

- 운영자 또는 UTM에 Cyber Security Data 결핍
- 정교한 테러위협 수준의 증가

(2) 악의적 원격 강탈과 무인기 통제 탈취 위험요인의 결과

- 무인기가 운영자의 통제하에 있지 않음
- 많은 무인기의 동시 강탈 잠재

(3) 악의적 원격 강탈과 무인기 통제 탈취 위험요인의 영향

- 무인기들이 배정된 지오펜스 이탈

(4) 악의적 원격 강탈과 무인기 통제 탈취 위험요인에 의한 사건

- 무인기들이 의도적으로 무인항공기에 충돌
- 무인기들이 엄중한 기반시설에 의도적으로 충돌

9. 불량/무법적 무인기(Rogue/Non-compliant UAS)

(운항상황: 한 대 또는 군집 반자율/자율 운항, 도시 고밀도 지역, BVLOS)

(1) 불량/불법적 무인기 위험 원인요소

- UTM 시스템이 불량/불법적 무인기 운항 정지 불능
- 불량 무인기를 탐지/억제할 수 있는 능력 부재
- 불량 무인기를 탐지/억제하는 방법이 비효과적임
- 불량 무인기 탐지/억제 실패

(2) 불량/불법적 무인기 위험요인 결과

- 단/복수의 무인기가 UTM 시스템 내에서 운항하지 않음

- 단/복수의 무인기가 배정된 지오펜스 내에서 운항하지 않음
- 단/복수의 무인기 비행 계획이 동일한 UTM 내에서 운항하는 다른 운영자들에게 알려지지 않음
- 광범위한 불법 무인기 관련 문제 야기

(3) 불량/불법적 무인기 위험요인의 영향

- 단/복수 무인기가 다른 무인기의 임무에 방해
- 단/복수 무인기가 지상 인원 사상 등의 테러를 감행하거나 향후 테러를 위한 첩보 수집
- 단/복수의 무인기가 생화학적 독극물 살포
- 항공기 통제 상실
- 불량 무인기 파괴
- 동일한 지역에 있는 무고한 무인기 파괴

(4) 불량/불법적 무인기 위험요인에 의한 사건

- 넓고 광범위한 지역의 지상 인원에 대한 독극물 공격, 살상 등
- 유인기 탑승자 살상
- 지상 차량과의 사고 유발
- 무인기 파괴나 불량 무인기의 임무 수행에 의한 환경훼손

10. 무장한 불량/무법적 무인기

(운항상황: 한 대 또는 군집 반자율/자율 운항, 도시 고밀도 지역, BVLOS)

(1) 무장한 불량/불법적 무인기 위험 원인 요소

- UTM 시스템이 불량/불법적 무인기 운항 정지 불능
- 불량 무인기를 탐지/억제할 수 있는 능력 부재

- 불량 무인기를 탐지/억제할 수 있는 방법이 비효과적임
- 불량 무인기 탐지/억제 실패

(2) 무장한 불량/불법적 무인기 위험요인 결과

- 단/복수의 무인기가 UTM 시스템 내에서 운항하지 않음
- 단/복수의 무인기가 배정된 지오펜스 내에서 운항하지 않음
- 단/복수의 무인기의 비행 계획이 동일한 UTM 내에서 운항하는 다른 운영자들에게 알려지지 않음
- 광범위한 불법 무인기 관련 문제 야기

(3) 무장한 불량/불법적 무인기 위험요인의 영향

- 단/복수 무인기가 저격 활동에 사용됨
- 단/복수 무인기가 대량살상Weapon of Mass Destruction:WMD에 사용됨

(4) 무장한 불량/불법적 무인기 위험요인에 의한 사건

- 넓고 광범위한 지역의 지상 인원에 대한 독극물 공격, 살상 등
- 유인기 탑승자 살상
- 지상 차량과의 사고 유발

무 인 기

교통관리와

운 항 안 전

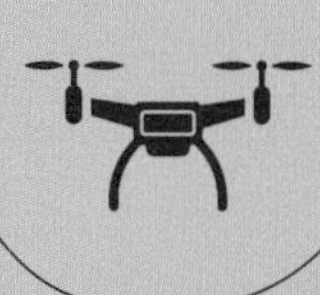

부록

부록 1

국가 차원의 UTM 운영 개념 사례 - 미국[1]

본 장에서는 국가 차원의 UTM 운영 개념을 미국 사례를 중심으로 살펴본다. 미국은 현재 연방법규에 의해 민간의 소형 레저용 무인기와 상업용 무인기를 가시 비행로VLOS: visual line of sight에 국한된 비행을 할 수 있도록 승인하고 있다. 2018년에는 이러한 비행체가 150만 대였으나 2023년에는 200만에서 300만 대가 될 것으로 예측한다. 상업용 무인기는 하루에도 여러 번 비행하는 경우가 많으므로 하루 총 운항수요도 100만 회가 넘을 것으로 예측한다.

1 미국, FAA, ConOps, Unmanned Aircraft System(UAS) Traffic Management (UTM)의 내용을 번역, 편집했음

제1절 미국의 무인기 운영 및 관리 체제 개발 배경

미연방항공청FAA은 무인기들이 비관제 공역뿐만 아니라 관제 공역에서도 비행할 것으로 예견하고 기존의 ATM 시스템 기반시설로는 엄청난 무인기 수요를 수용하지 못할 것으로 판단하고 있다. 미국 내 공역에서 비행하게 될 엄청난 양의 무인항공기들의 안전을 확보하기 위한 획기적인 조치가 필요하게 될 것이다. 따라서, FAA는 무인기를 포함하는 비행 안전 규제체제를 수립하고, 항공기 운영자들의 책임 부담을 위한 운항규정을 개발하고, 공역 이용자들에게 공정하고 효율적인 공역 이용 환경을 제공하기 위한 체제 확립을 촉진해야 한다.

미국에서 UTM에 관한 개념 체계는 NASANational Aeronautics and Space Administration가 2013년 최초로 수립하여 2014년에 발표하였다. 2015년에 NASA는 UTM 회의를 개최하여 산업계와 공동으로 저고도 무인기 교통관리의 필요성을 강조하기에 이르렀다. 이 회의 결과에 부응하여, FAA는 무인기 공역관리의 원칙을 수립했는데, NASA가 주창한 개별적인 제3의 관리 기관이 위임받은 공역을 관리하는 개념을 제3 기관은 운영자 지원 서비스에 집중하는 것으로 바꾸었다. 즉, 무인기 공역관리는 FAA가 담당하고 운영은 무인기 운영자와 지원 서비스 제공자가 협동적으로 수행하는 개념이다. 그리하여, NASA의 연구는 FAA와 운영자의 시스템 개발과 운영 절차에 집중하고, 한편으로는 UTM 이행을 위한 운영 정책 연구에 집중하도록 했다.

FAA와 NASA는 2016년에 UTM RTTResearch Transit Team를 설치하여 UTM을 개발하고 이행하기 위한 공동노력을 개시했고, 지역사회 기반의 교통관리 시스템을 구축하기 위한 연구를 시작했다. FAA는 NASA뿐만 아니라 무인기 공동체와 공동으로 궁극적으로는 기존의 유인기 교통 활동이 없는 공역에서 대규모 무인기 운항을 관리하기 위한 UTM 생태계의 개념을 개발하는 노력을 하고 있다. 미래의 무인기 운항 요건을 지원하기 위해, NASA와 FAA는 정보망networked information 교환을 통한 제3의 서비스 지원 제공자의 도움으로 무인기 운영자들 간에 협조적인 저고도 UTM 운영이 관리될 수 있는 연합된 일련의 서비스 체계의 구조를 개발했다. 이 서비스 체제 구조에는 FIMSFlight Information Management service가 중심적인 역할을 한다. FIMS는 UTM 참여자와 FAA 시스템 간의 정보 교환과 프로토콜을 지원하는 UTM 생태계의 핵심 구성요소이다. 또한, UTM 체제 구조는 모든 UTM 참여자 간의 공통적 상황인식을 지원한다.

2017년 4월에, UTM RTT는 UTM Pilot ProgramUPP을 설정했고, 2019년에는 무인기 산업계와 협의하여, 초기 UPP 성능 테스트를 위한 시험장소 세 곳을 지정했다. FAA와 NASA, 그리고 산업계의 파트너들은 UTM 운영을 지원하는 집적된 서비스 기반시설을 이용하여, 기업용 무인기 서비스를 개발하고 시연하는 기회를 가질 수 있었다. 2019년 여름에는 UPP 프로그램의 일환으로 공역승인Airspace Authorization, 공역활동 통보, 무인기 운영자들과 FAA 및 기타 관련자들 간의 협조적인 비행의도flight intent와 비행정보 공유 등이 시연되었다. 이와 같은 테스트와 시연의 결과는 UTM 성능 개념의 증거를 제공하기 위한 보고서로 편집된다. 2017년 10월에는 또한, UTM 생태계의 초기 적용이라 할 수 있는 무인기 '저고도 승인과 공고 역량LAANC: Low Altitude Authorization and Notification Capability' 테스트를 거쳤고 2018년 공식화하였다. LAANC는 거의 실시간 자동 공역승인 절차를 활용하여 무인기 운영자로 하여금 공항지역의 통제공역에 승인된 고도 이하로 접근을 허락할 수 있는데, 이때, 정부에서 승인받은 산업계의 서비스 제공자가 업무 촉진을 위한 활동을 한다. LAANC는 현재 400개의 항공교통 기관에 제공되었고 600여 개의 공항에 적용되고 있다. 또한, FAA는 2018년에 국회의 '재승인법Reauthorization Act' 통과로 UTM 시스템의 개발과 이행을 촉진할 수 있게 되었으며 무인기를 안전하게 공역에 결합하고 보안 문제를 해결하기 위한 원격식별RID: remote identification 능력을 평가할 수 있게 되었다. RID는 비행 중인 무인기가 다른 참여자들이 수신할 수 있는 식별 정보를 제공할 수 있는 능력을 의미한다. RID는 무인기가 안전하지 않은 방법으로 비행하거나 비행이 금지된 곳에서 비행할 때, 더욱 개선된 방법으로 비행하도록 유도하고, FAA나 법 집행 당국을 지원하는데 일조할 수 있다. UTM은 RID와 관련한 정보교환 체계를 지원할 것이다.

초기 단계는 지상으로부터 고도 400피트 이하 공역의 UTM 운영에 집중하지만, 점점 더 복잡한 UTM 운영도 고려하게 된다. 즉, 비통제공역Class G과 통제공역Class B, C, D, E을 관통하는 비행도 취급해야 한다. 또한, 통제공역에서의 BVLOSBeyond Visiual Line of Signt도 취급할 것이다.

Class G 공역은 NASNational Airspace System가 통제공역(예: A, B, C, D, E Class)으로 지정하지 않은 공역이므로 비통제공역이라 할 수 있다. G등급 공역에서는 항공교통관제사가 항공기 분리 서비스를 제공할 책임이 없다. 유인기들은 이 공역에서 특정한 원칙과 운항 규칙에 따라 대개 육안을 이용하여 운항을 관리한다. 무인기들이 유인기와 똑같이 이 공역에 접근하도록 하기 위해서는 UTM이 무인기와 비통제공역에 참가하는 여타의 항공기를 위한 유사한 협조적 교통관리 수단을 제공할 수 있도록 설계되어야 한다.

A, B, C, D, E등급의 통제공역에서는 관제사가 공역의 등급에 따라 다양한 수준의 항공교통 관제업무를 유인기와 무인기에 제공하는 한편, 400피트 이하 공역에서 무인기에 제공하는 서비스는 제공하지 않는다. 따라서, 무인기 운항은 비행 중인 무인기들 간에 협조적으로 관리되고 항공교통관제 당국과의 상호작용은 제한적이다.

제2절 미국 UTM운영 개념의 개요

UTM은 저고도 무인기 운항을 지원하기 위한 서비스 체계라고 할 수 있는데, UTM 서비스는 FAA의 규제하에 산업계가 지원하는 것을 원칙으로 한다. 즉, 참여자 기반의 상호 협력적인 교통관리 체계이며, 항공기 운영자와 교통관리 서비스 제공자가 협력하면서, 비행 실행, 운영관리 등의 책임을 지는데, FAA가 수립한 규칙을 이행해야 한다.

UTM은 항공기 간에 또는 항공기 운영자 간에, 또는 항공기 운영자와 FAA 간에 심층적인 정보 공유와 정보 교환을 바탕으로 운항 안전을 달성할 수 있다. 무인기 운영자들은 각자의 비행 의도를 서로서로 공유하면서 충돌방지와 안전분리에 협조해야 한다. 항공기 운영자들 간이나 FAA와 항공기 운영자 간이나 기타 관계자들 간의 주요 통신과 협조의 수단은 분포된 정보 네트워크 distributed information network가 되어야 한다. 기존의 유인기처럼 관제사와 조종사 간의 의사소통이 주가 될 수 없다. FAA는 실시간으로 공역 제한에 관한 사항을 무인기 운영자들에게 직접 제공하며, 무인기 운영자들은 관제사의 지원을 받지 않고 공역제한 사항을 적용하여 직접적으로 안전 운항을 이행해야 한다. 그러나 FAA는 필요에 따라 UTM 운영정보에 접근할 수 있어야 한다.

UTM은 복수의 무인기 운영을 위한, 일련의 연합적 서비스Federated Service[2]와 포괄적인 체제를 포함한다. 이 서비스들은 ATC에서 제공하는 분리 서비스와는 별개이지만 보완적이며, 운영자들 간에 비행의도와 공역제한에 관한 정보를 공유하는 것에 기반한다. 이 정보들은 운항계획, 통신, 분리, 기상 등을 포함하며 UTM 운영의 안전성 확보에 매우 중요하다. 무인기 운영자들은 제

2 FAA ConOps는, 'federated' refers to a group of systems and networks operating in a standard and connected environment.이라고 설명한다.

3의 UAS 서비스 제공자인 USSUAS Service Suppliers[3]를 활용할 수도 있고 자체적으로 보유하고 있는 정보를 활용할 수도 있다. USS는 UAS 커뮤니티를 지원하고, 무인기 운영자와 다른 기관들을 연결하여 USS 네트워크에 정보 흐름이 가능하게 해주며, UTM 참여자들 간의 상황인식(situational awareness) 공유를 촉진한다. USS가 지원하는 일부 서비스는 무인기 운영자가 규정과 정책을 준수할 수 있도록 정부가 요구하는 일정한 조건을 충족해야 한다.

UTM은 지속적으로 증가하는 수요와 복잡성과 위험성에 대응할 수 있도록 설계되며, 저고도 무인기 운항을 지원하기 위한 기반시설, 정책, 절차, 서비스, 인적자원 등을 포함한다. UTM은 또한, 규제 체제 수립, 새로운 운영규칙의 개발, 운영수요에 합당한 성능요건, 참여자들 간의 상황인식 공유를 위한 정보와 데이터 교환 체계 등을 필요로 한다. UTM 운영자는 운항의 종류와 관련 공역의 크기와 운영하는 항로 등에 따라 적용되는 FAA가 요구하는 필수요건을 갖추도록 해야 한다.

모든 공역 운영의 연방 책임기관으로서, 또한, 상업적 비행활동에 대한 규제와 감시 당국으로서, FAA는 UTM이 FAA 목적에 합당하고 안전하고 효율적인 공역 운영에 적합하도록 요구해야 한다. 따라서, UTM 설립을 위하여 FAA는 다음과 같은 일을 해야 한다.

- UTM 지원에 필요한 기술 발전에 따른 무인기 규제와 교통관리 체제를 개발한다. UTM 기반 시설은 진화하여 성숙한 UTM 생태계에서는 계획적인 상업 운항을 가능하게 할 것이다. 예를 들면, LAANCLow Altitude Authorization and Notification Capability는 상업운항과 취미운항을 가능하게 하는

3 USS는 ICAO 개념의 USP와 유사하며 FAA 자료에 의하면 다음과 같이 정의된다.
The USS is an integral part of the UTM ecosystem. The USS serves a support role to Operators participating in UTM. USSs are expected to develop and implement a wide variety of capabilities and services to assist Operators in the safe conduct of their operations. USSs provide infrastructure and services that may be burdensome for individual UTM participants to develop, access, or maintain. By ensuring the sharing of information across the UTM community, USSs play a critical role in maintaining shared situational awareness across participants.

승인이 될 것이며 이는 초기 UTM 능력으로 인식될 것이다.

- FAA는 시작 단계인 무인기 운항 산업의 주요 우려 사항을 해결하기 위해 "승인과 평가authorize and assess" 개념을 도입한다. 초기 UTM 능력은 이벤트 중심event-based이 될 것이며 운항 밀도에 좌우되거나 허용된 운항의 특성이나 기타 외부 요인에 영향을 받을 것이다.
- FAA는 시간의 흐름에 따른 개발 계획에 따라 FAA나 지역 규제 당국의 목적에 맞게 UTM 기술을 진화시키고 산업이 성숙해짐에 따라 통찰과 기회를 제공한다. 교통량의 증가에 따라 협동 연구와 BVLOS(Beyond Visual Line of Sight: 비가시비행) 규정 개발 등을 통하여 UTM 필수 요건을 진화시킨다.

FAA는 산업계가 증가하는 무인기 운항수요에 따른 교통관리의 표준을 개발하고 혁신의 기회를 포착하리라 기대한다.

제3절 UTM 연합서비스의 편익

연합서비스란 일련의 시스템과 네트워크가 표준적이고 연결된 환경에서 운영되는 것을 의미하는데, UTM 연합서비스는 저고도에서 대규모 무인기 안전운항과 관리를 집단적으로 할 수 있게 한다. 그러기 위해서 UTM은 다음 사항을 제공한다.

- 정부 차원의 기반시설 투자나 인력 지원의 부담을 최소화하면서 상업적 필요성과 시장의 힘에 의하여 급증하는 무인기 운항 수요에 따른 서비스 필수요건을 충족할 수 있는 혁신적인 접근
- 상황인식의 공유와 표준, 규정, 위험 감소와 안정성 유지를 위한 공동원칙, 등으로 구성되는 운영체제를 통하여 무인기 운영자의 항공기 운항과

업무상 욕구를 충족시킬 수 있는 안전하고 안정적인 환경
- 교역 공간이 변하고 성숙해짐에 따라 적응과 진화를 할 수 있도록 하는 유연하고 확장 가능한 구성
- 저고도 무인기 운항이 허용된 지역에서 산업계의 자체적 운항관리가 허용되는 한편, FAA의 공역 승인 권한이 유지되는 구성

제4절 관념적 구조(Notional Architecture)

UTM 생태계에서 FAA는 공역과 교통 운영에 대한 규제와 운영 승인 권한을 갖지만 항공교통관제ATC에 의해서 관리하지는 않는다. 즉, UTM 생태계는 APIApplication Programming Interfaces를 활용하는 분산된 네트워크와 고도로 자동화된 시스템에 의해서 결합한 연합적 참여자 집단a federated set of actors이 조직하고 협조하며 관리한다. 다음 그림은 관념적인 UTM 구조를 보여준다. 이 그림은 UTM 구조의 상위레벨 참여자 구성과 관계 및 정보 흐름을 보여준다. 그림에서 회색의 점선은 기반시설과 서비스, UTM 참여기관 등의 측면에서, FAA와 산업계의 책임 분리를 보여준다. 그림에서 보는 바와 같이 UTM은 FAA, 무인기 운영자, 서비스 제공자 간의 정교한 관계로 구성된다. 이 구성도는 특히, FAA와 무인기 운영자를 위해서 제3자 기관의 서비스가 광범위하게 활용되는 모델을 보여준다.

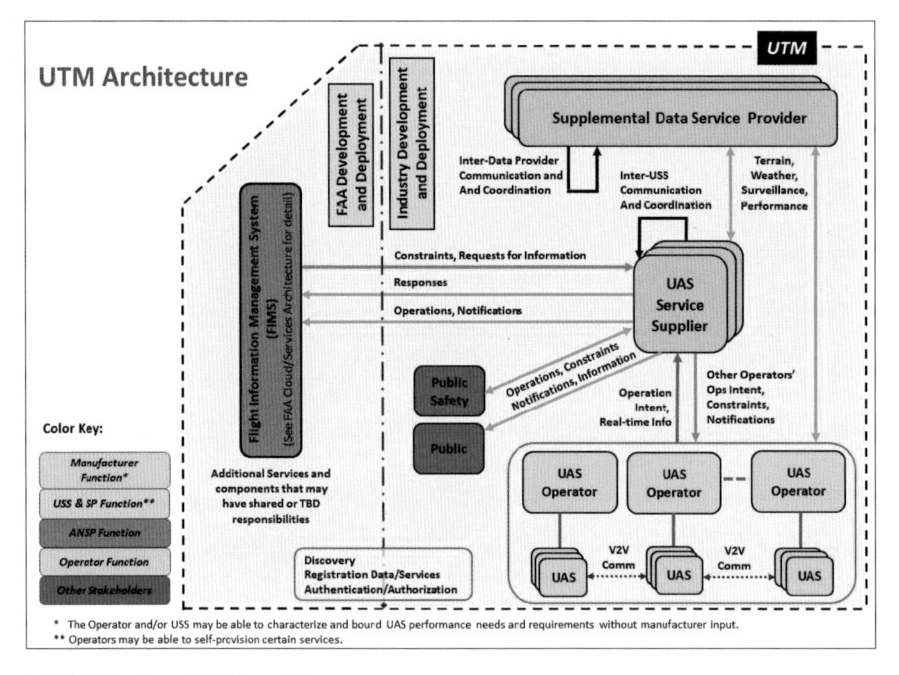

• 그림 1 Notional UTM architecture

1_ UTM 생태계의 참여자

1) 연방항공청(FAA)

FAA는 국가의 모든 공역에서의 항공기 운항에 대한 운항 승인과 감시 등을 수행하는 연방정부 규제당국이다. FAA는 공역 이용자들이 각자의 운항 목적을 달성하는 데 필요한 자원에 접근할 수 있고 다른 공역 이용자들과 공역을 안전하고 공정하게 공유할 수 있는 환경을 유지해야 한다. 이러한 목적 달성을 위하여, FAA는 규칙과 규정, 정책, 절차 등을 개발한다.

UTM과 관련해서 FAA의 주요 역할은 공역 운영에 필요한 규제 및 운영체제를 제공하고 FAA가 제공해야 할 공역 제한 데이터를 모든 UTM 공역 운영자와 이용자들에게 제공해야 한다[예: 공역제한, 시설 지도, 특별활동공역(SAA: Special Activity Airspace) 등]. FAA는 UTM과 상호 작용하여 정보 및 데이터를 교환해야 하고 규제와 감시기관로서의 의무를 다하기 위하여 FIMSFlight Information Management System를 통하여 언제든지 데이터에 접근할 수 있는 능력을 갖추어야 한다.

2) 무인기 운영자

무인기 운영자는 무인기 운영을 책임지는 개인 또는 단체로서 무인기 운항과 관리의 전반적 책임을 지는 당사자로서 규정 준수, 비행계획, 비행의도operation intent, 정보공유, 모든 정보를 활용한 안전한 무인기 운항의 책임을 진다.

3) 원격 조종자(RPIC: Remote Pilot in Command)

원격 조종자는 각 무인기 비행의 안전 운항을 책임진다. 한 개인이 무인기 운영자인 동시에 원격 조종자일 수도 있다. 원격 조종자는 무인기가 운항하는 공역의 규칙을 철저히 지켜야 한다; 다른 항공기나 지형 장애물의 회피; 공역 제한사항과 비행제한 사항의 준수; 부적절한 기상이나 환경 회피 등. 원격 조종자는 항공기 운항 성능과 위치를 감시monitor하고, 시스템이나 장비 악화 또는 환경적 취약성으로 안전성이 저해되면 해당 요인을 인식하고 적절하게 간섭해야 한다. 한 명 이상의 원격 조종자가 한 항공기의 조종을 담당할 수도 있는데, 특정 시간에는 한 명만 참여해야 한다.

4) 기타 참여자 - 공공안전기관 또는 일반 대중

기타 관계자들도 정보에 접근할 수 있고 USS 네트워크를 통해 UTM 서비스를 활용할 수 있다. 기타 관계자에는 공공안전 기관이나 일반 대중이 포함될 수 있다. 공공안전 기관은 공역 및 지상에 있는 인원과 재산의 안전을 위해서, 또는 공항이나 중요한 기반시설의 보안, 일반 대중의 프라이버시 보안 등을 위해, 필요한 경우 승인을 얻어서 UTM 운영 데이터에 접근할 수 있다. 데이터 접근은 전문 포털을 이용하거나 필요한 경우 서비스 제공자로부터 직접 안전 기관이나 치안 당국 등에 보내질 수도 있다. 일반 대중은 공공적으로 가용한 데이터에 접근할 수 있다.

2_ UTM 서비스와 지원 기반

UTM 서비스는 모듈식으로 구성되고 분리 형태로 이루어져서, 새로운 서비스의 설계와 이행이 유연하다. 이러한 모듈식 접근법은 FAA로 하여금 정부 감시와 산업의 혁신이 균형을 이루도록 할 수 있는 맞춤형 감시를 가능하게 해준다. 대부분의 기초 수준에서는 서비스가 다음과 같은 방법 중 하나로 특성화된다:

- FAA의 규정에 따라 무인기 운영자가 필수적으로 이용해야 하는 서비스, 또는 FAA 시스템에 직접적으로 연결되는 서비스. 이러한 서비스들은 FAA에 의하여 특정한 성능 규칙에 대한 인증을 받아야 한다.
- FAA의 규정의 일부 또는 전부를 지키기 위하여 무인기 운영자가 이용할 수도 있고 이용하지 않을 수도 있는 서비스. 이러한 서비스들은 수용 가능한 준칙을 지켜야 하며, FAA에 의하여 개별적으로 인증받을 수도 있다.
- 무인기 운영자에게 부가가치적 도움을 주는 서비스로서 규정 준수와는 무관한 서비스. 이러한 서비스들은 산업계 표준을 준수하지 못할 수도 있고 FAA 인증 대상도 아니다.

1) 무인기 서비스 제공자(USS: UAS Service Supplier)

USS는 무인기 운영자들이 안전하고 효율적인 공역 이용에 필요한 UTM 운영 필수요건을 준수하도록 도와주는 기관이다.

(a) USS는 무인기 운영자들이 규정과 운영요건을 준수하도록 도와주는 연합된 UTM 요소 간의 통신 연결자 역할을 한다.

(b) USS는 무인기 운영자들에게 해당 공역 내에서와 주변 공역에 존재하는 비행계획들에 대한 정보를 제공해준다. 이 정보를 바탕으로 무인기 운영자들은 자신의 비행 임무를 안전하고 효율적으로 수행할 수 있는 가능한 방안을 찾을 수 있게 된다.

(c) USS는 운항 데이터를 이력용 데이터베이스에 기록하고 보존한다. 이 데이터는 분석, 규제, 운항 책임 목적 등으로 활용될 수 있다.

이와 같은 핵심 기능에 의하여 USS들의 네트워크는 저고도 운항의 협동적 관리가 가능하도록 하여 FAA의 직접적인 개입이 필요하지 않도록 하고 있다.

USS의 서비스는 다음 사항들을 지원한다; 운항계획, 비행의도 공유, 전략적/즉시적 충돌회피, 규정준수 감독, 원격식별RID: Remote Identification, 공역승인, 공역관리 기능, 비정상 상황의 관리.

USS들은 인터넷을 통하여 정보를 교환함으로써, UTM 서비스를 활성화한다(예: 의도 정보의 교환, 공역 변경 사항 통보, 자동 질문 교환 등). 또한, 필요한 경우에 지방정부나 기타 공동체와 협조하여 공역 예약 현황을 수집, 통합하고 공역 데이터 보관 장치에 유지하여 무인기 운영자들이 접근할 수 있도록 한다.

USS들은 다음과 같은 서비스들을 제공할 수도 있다:

- 승인받은 UTM 관계자들이 USS 네트워크 내에 존재하는 활성화된 USS와 그러한 USS들이 제공하는 서비스에 대한 정보
- 무인기 소유자들이 자신이 보유한 무인기에 관한 데이터를 등록할 수 있게 해주는 서비스

– USS 등록을 위한 서비스
– 데이터 보안을 통하여, 승인된 사용자들만 데이터를 교환할 수 있도록 하는 메시지 보안 서비스.

USS는 시장에 의한 미래의 무인기 사용사업 기회 창출 욕구를 만족시키기 위해서, UTM 참여자들 지원을 위한 그 밖의 부가가치 서비스를 제공할 수 있다.

2) USS 네트워크

'USS 네트워크'란 가입한 무인기 운영자들을 대신해서 정보를 상호 교환하도록 연결된 USS들의 융합체를 뜻한다. USS 네트워크는 UTM 참여자들의 상황인식situational awareness 공유를 확보하기 위하여 운항 의도 데이터, 공역 제한 정보, 기타 네트워크 내 상세 정보를 공유한다. UTM에는 동일한 지리적 범위 내에 복수의 USS가 운영에 참여할 수 있다. USS 네트워크는 충돌방지 방법과 비행의도와 비행의도 변경에 대한 효과적이고 효율적인 정보전달을 위한 표준과 협상 등에 관하여 산업계 내에서 합의한 공동 규범을 이행해야 한다. 이렇게 함으로써, 무인기 운영자의 위험을 줄이고 공유 공역의 전반적 용량과 효율성을 개선할 수 있다. USS 네트워크는 또한, FAA나 기타 국가 공역 시스템의 안전운영에 관련된 기관에서 데이터에 접근할 수 있도록 도와야 하고, 보안과 식별을 포함한 집합적 정보 공유 기능도 촉진해야 한다.

3) 무인기 추가 데이터 서비스(UAS Suppplemental Data Service Providers)

USS와 무인기 운영자들은 핵심적이거나 강화된 서비스(예: 지형이나 장애물 데이터, 특화된 기상 데이터, 감시와 제한에 관한 정보 등)를 받기 위하여 SDSPSupplemental Data Service Providers에 접근할 수 있다. SDSP는 USS 네트워크에 연결되거나, 또는 직접적으로 무인기 운영자들에게 연결될 수도 있다(직접 연결은 인터넷 사이트 등을 이용하여 가능하다).

4) 비행정보 관리 시스템(Flight Information Management System: FIMS)

FIMS는 FAA 시스템과 UTM 참여자 간의 데이터 교환을 위한 접점이다. FIMS는 FAA와 USS 네트워크 간에 공역 제한에 관한 데이터 교환을 가능하게 한다. FAA는 FIMS를 활성화된 UTM 운영의 정보 접근점으로 활용하며, FIMS는 승인된 FAA 관계자들이 준수성 검사나 사고조사의 목적으로 UTM 운영에 관한 사후 기록 저장된 데이터에 관해 문의하거나 받는 수단이 되기도 한다. FIMS는 FAA에 의해서 관리되는 UTM 생태계의 일부라 할 수 있다.

5) 국가공역 시스템(National Airspace System: NAS) 자료원(Data Source)

FAA의 국가공역 데이터의 자료원들은 FIMS를 통해 UTM 생태계에 연결된다. 따라서, FIMS는 UTM 커뮤니티와 FAA 운영시스템 간에 데이터 흐름을 가능하게 하고 승인된 사용자들이 필요한 경우에 데이터에 접근할 수 있도록 해준다. FIMS는 또한, FAA와 UTM 관계자의 FAA 외부자 활동의 관문 역할을 함으로써 외부기관이 FAA 시스템이나 데이터에 직접 접근하는 것을 막아준다. FIMS가 데이터 교환 목적으로 접근하는 국가 공역 데이터 자료원은 소형 무인기 등록 정보, 공역승인 정보, 운영 유예 및 운영 제한 정보 등을 포함한다.

제5절 운영(Operations)

UTM 운영은 해당되는 운영 규칙과 규정을 준수하고 운영 정책을 따르면서 이행되어야 한다. UTM 운영자, 항공기, USS 서비스 등은 완전히 책임 있는 방법으로 항상 위험물로부터 충분한 수준의 분리를 유지할 것이 요구된다. UTM 운영자들은 정보 교환을 통하여 비주얼 협동 운항에 필수적인 공유된 상황인식을 제공받는 일련의 서비스에 의해 지원된다. UTM 운영체제는 다음과 같은 방법을 통하여 안전한 공역 운영관리를 지원한다:

- 운영자가 성능요건을 갖추도록 하기 위한 성능승인 발부
- 관제공역 내에서의 운항에 필요한 공역승인
- 비행의도 공유를 지원하기 위한 운항계획
- 공역 제한과 조언 정보 전파
- 충돌방지를 위한 서비스와 기술 및 장비의 활용

1_ 참여자(participation)

ATC 분리 서비스를 받지 않는 모든 무인기는 무인기 운영 필수 성능을 충족시키기 위하여 적용 기능한 UTM에 일정 수준 참여하여야 한다. (아래 그림 참조) 제공받아야 하는 서비스의 개수와 형태는 의도하는 운항의 종류와 위치, 관련된 CNSCommunication, Navigation and Surveillance와 운항소요에 따라 달라진다.

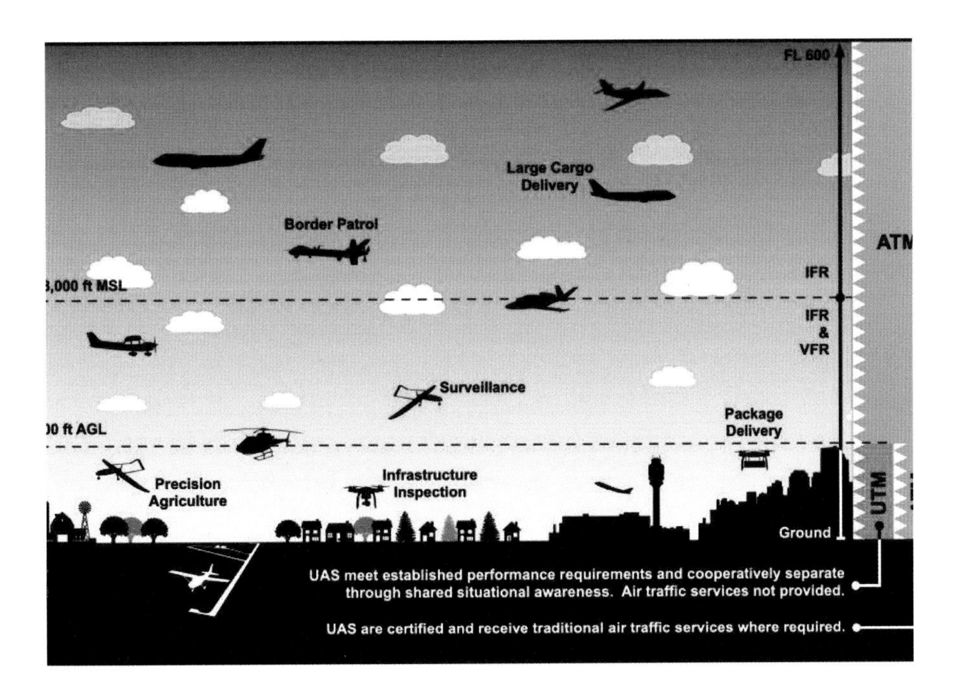

* 그림 2 Operational context of UTM services

1) 비가시(BVLOS) 운영자

BVLOS[Beyond Line of Sight] 운영자는 육안으로 다른 무인기나 유인기로부터 분리할 수 없다. 그러므로, 그들은 국가공역에서의 안전 운항을 위해서 다양한 기술에 의존해야 한다. 무인기 기술력은 일부 CNS 성능을 만족시킬 수 있기는 하지만, 다른 운영자나 FAA, 또는 기타 관계자들과 정보 교환 등을 포함한 안전운항 고려사항과 전반적인 CNS 범주를 처리할 수는 없다. 따라서, BVLOS 운영자는 안전 운항을 위하여 반드시 UTM 서비스를 활용하여야 한다. 예를 들면 다음과 같은 서비스들에 포함돼야 한다; 무인기 등록, 공역승인, 데이터 교환을 위한 근접한 타 무인기의 식별, RID[Remote Identification] 전송, 비행의도 공유와 협상을 통한 전략적 충돌방지, 비행의도 준수 감시, 공중 충돌의 통보/경보, 비행로 변경, 기상, 감시, 항법 등.

2) 가시(VLOS) 운영자

VLOS Visual Sight of Line 무인기 운영자는 다른 유인기나 무인기와 육안 분리가 가능하다. 다른 UTM 참여자와 데이터 교환(예: 전략적 충돌방지)에 의한 안전운항이 예견되지 않는다면, 해당하는 필수 규정 및 정책과 관련되는 주요 UTM 서비스를 사용해야 한다. 인가받은 취미 및 상업용 비행 수행자는 규정에 따라서, 항공기 등록, 관제공역에서의 비행을 위한 공역승인, RID 등과 관련된 필수요건을 충족해야 한다. 이러한 필수 요건들은 FAA 서비스를 통하여 충족시키거나, 정부로부터 승인받은 USS를 통하여 충족시킬 수 있다.

VLOS 무인기 운영자에게는 필수적으로 요구되지 않고 BVLOS에게 요구되는 서비스를 자발적으로 사용할 수도 있다. 그와 같은 추가적인 서비스는 VLOS 운영자의 상황인식을 개선할 수 있고, 다른 운영자나 시스템 내의 관계자들의 상황인식 개선에도 도움이 된다.

3) 유인기 운영자

유인기 운영자는 UTM에 참여할 의무는 없지만, 공역 사용자들 간의 안전경각심 공유를 위해 자발적으로 참여할 필요는 있다. 유인기 운영자는 UTM 운영에 관한 정보에 접근할 수 있고 다른 차원으로 자발적으로 참여할 수 있다.

(a) **수동적 참여**: 유인기 운영자는 USS 네트워크의 정보를 이용하여 무인기 운영자의 비행의도를 파악함으로써 자기 주변의 상황인식을 추구하지만, 자기 자신의 비행의도를 무인기 운영자에게 알리지는 않는다.

(b) **능동적 참여**: 유인기 운영자가 자신의 비행의도를 USS 네트워크를 통하여 UITM에 존재하는 무인기 운영자에게 알려서 자기 자신의 주변에서 비행하는 참여자들의 상황인식을 고양한다. 또한, 유인기 운영자들은 자기의 운항 관련 추가 정보를 제공하기 위한 장비를 탑재할 수도 있다(예: ADS-B, RID 등).

2_ 성능 승인(Performance Authorization)

1) 배경논리(rationale)

국가공역의 안전은 공역의 전반적 안전성과 효율성 충족 요건과 항공기 운영자들의 CNS 능력을 성공적으로 상관시킴으로써 확보할 수 있다. 전통적으로, 공역의 요건은 규정(예: 계기접근절차)과 ATM 재량에 따라 공표된다. 그 요건들은 VOR 기반에 따른 빅토르Victor 항로라든지, 또는 대양 운항에 필요한 HF 등과 같은 구체적인 적용 기술로 묘사된다. 최근에는 RNAV/RNP 같은 성능기반 체제나 대양 운항 필수통신성능RCP: Required Communication Performance 등으로 구체화되어 왔다. 이러한 접근법에 따라 FAA의 규제적 측면은 정책과 지침에 의하여 공역 시스템 내의 다양한 인증 보유자(예: 기체의 감항증명 보유자, 운항증명 보유자 등)에게 일관되게 CNS 승인을 보장하게 된다. 이러한 구조는 모든 참여자들의 책임과 유연한 공역 요건 충족을 보장한다.

UTM 공역 운영 측면에서도 성능승인Performance Authorization 발급제도를 통한 유사한 구조에 의존할 필요가 있다. 무인기 운영은 기종의 다양성과 운항 의도의 다양성을 고려해볼 때, CNS 성능 면에서도 매우 다양하리라 예견된다. 성능의 편차는 USS가 상이한 서비스를 제공할 때 관리할 것으로 예측할 수 있다. USS는 공역에서의 안전성과 공정성을 유지하기 위한 성능 편차에 대한 책임이 있다.

비행의 표준, 항공기 인증 등과 같은 FAA의 규제적 측면은 UTM에서도 적용되어 무인기 운항을 승인할 수 있는 역할을 하게 될 것이다. 하지만, 규제 당국이 ATC의 통제하에 있지 않은 CNS 성능을 구체적으로 좌우하지는 않을 것으로 예견된다. 이러한 CNS 성능요건들은 개별 운영자 고유의 안전 문제의 산물이거나 제안된 서비스를 효과적으로 수행하기 위하여 USS가 더욱 기민하게 결정할 것이다. 또한, 효율적인 공역 사용을 위한 일반적 원칙은 발전할 것이다.

UTM에서 규제 당국은 시스템 참여자들의 정보처리 상호운용을 확보해주는 역할을 한다. UTM에서 정보처리 상호운용은 관련된 참여자들에 의하여 어떻게 정보가 교환되고 해석될 것인지에 초점이 맞추어진다. 참여자들 사이의 CNS 필수요건에 대한 공통된 이해는 전반적 안전문제에 매우 중요하다.

2) 성능승인(Performance Authorization)의 획득

UTM 운영자들은 운항을 수행하고자 하는 공역에서 요구되는 성능의 능력을 갖추었음을 입증하기 위한 성능 승인을 UTM 운영 수행 이전에 획득하여야 한다. 성능승인은 UTM에 참여하는 운영자들의 신뢰성, 안정성, 균일성 제공을 위한 것이다.

성능승인을 얻기 위해서는 운영자들이 성능승인 청구서를 FAA에 제출해야 한다. 운영자들은 청구서에서 전반적 시스템 요구를 준수할 수 있음을 보여야 한다(공중과 지상 자산, USS/SDSP 서비스, 인적능력, 훈련, 절차 등을 모두 포함하는 포괄적인 것이어야 함). 또한, 특정된 교통량 내에서 항공기들을 유지할 수 있는 시스템 능력과 같은 성능 표준에 합당한 관련 능력을 보여주어야 한다.

FAA는 성능승인 청구서를 평가하여 운영자가 해당 공역에서 요구되는 CNS 성능 표준을 준수할 능력이 있는지 판단해야 한다. FAA는 제안된 운영(운항)의 복잡도에 따라 자신들이 직접적 규제 관여를 어느 정도 해야 하는지 가늠해 볼 수도 있다. 위험이 적은 운항에 대해서는(예: VLOS, 시골, 적은 교통량, 지상 인구의 희박 등), 운영자들이 스스로 표준 준수 능력을 선언할 수도 있다(일명, self-declare). USS는 운영자들의 Self-Declare 선언문 작성을 도움으로써 FAA의 직접적 감독업무가 쉽게 이루어질 수 있도록 할 수 있다. FAA는 적합한 성능이 달성될 수 있다고 판단되면 성능승인을 발부한다.

일단 승인이 발부되면, 운영자는 운항승인공역AAO: Authorized Area of Operation

내에서 운항을 수행할 수 있다. AAO는 명확하게 경계가 표시된 지리적 공간이다. 하나의 성능 승인으로 두 개 이상의 AAO에서 비행할 수 있는 허가를 받을 수도 있다. 하나의 성능승인으로 복수의 AAO에서 비행하는 경우, 지역의 기반시설 수준에 따라 서로 다른 성능승인 요건이 요구될 수도 있다. (아래 그림은 복수의 AAO 사례를 보여준다)

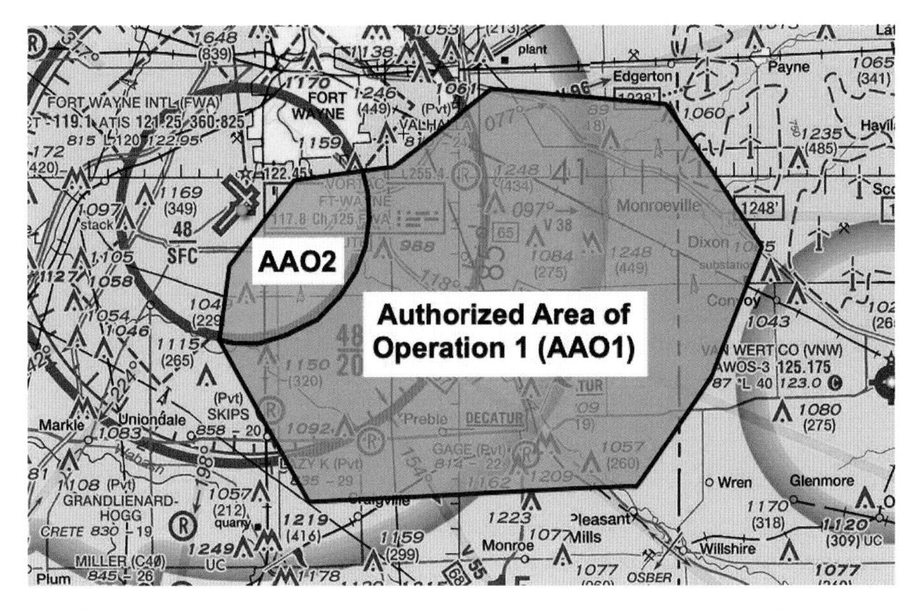

* 그림 3 Examples of multiple authorized areas of operation for a UAS Operator

FAA와 NASA를 포함하는 관련 업계 참여기관들은 증가하는 범위와 복잡성을 고려한 UTM 발전을 위한 서비스 요건과 표준을 개발하고 있다. 특정 서비스가 제공되려면, 우선은 적절한 당국에 의하여 USS가 인가되어야만, UTM 관계자들이 해당되는 표준 준수를 위한 상호운영성, 신뢰성을 확보할 수 있을 것이다.

3_ 공역승인(Airspace Authorization)

UTM 운항을 수행하는 모든 무인기들은 B, C, D, ESurface등급의 관제공역 내에서 비행하려면 FAA의 승인을 얻어야 한다. 이러한 행위를 공역승인Airspace Authorization이라 하는데 성능승인Performance Authorization과는 구별된다. 성능승인은 운영자가 의도하는 운항 공역에서 요구하는 비행성능을 갖추었는지를 입증하는 것이고, 공역승인은 관제 공역에 대한 운항 접근을 허용하고, 운항에 필요한 정보나 기능을 제공하는 것이다. 공역승인은 운영자에게 관제공역 접근 권한을 일정한 시간 동안 부여한다(통상 24시간 이내). UTM 운영자들은 FAA의 시스템을 통하여 직접적으로 공역승인을 신청하거나, 정부 승인을 받은 USS를 이용하여 자동화된 승인 절차를 이용할 수도 있다(예: LAANC).

공역승인을 할 수 있도록 인정받은 USS는 공역승인이 요구되는 운항활동을 식별하고(예: 운항의 일부가 관제공역에서 비행해야 하는지 식별), 운영자에게 ATC 승인의 필요성에 대하여 통보해야 하며, ATC 승인을 위한 정보의 준비와 제출을 지원한다. 운영자를 대행하여 공역승인을 얻기 위하여, USS는 운영자들이 제출한 모든 운항 구간에서 무인기 시설 지도UASFM: UAS Facility Map상의 각 지점grid별로 고도제한ceiling 한도와 맞는지 점검해야 한다. UASFM상의 고도제한 한도는 그리드grid로 구성되며, 공항 주변 공역 전체를 포함한다[B/C등급 공역의 첫 번째 상한first shelf, D/ESurface등급 공역의 경계선]. 각 그리드의 고도제한 한도는 ATC의 자동 승인에 따라 비행활동이 가능한 지역을 의미한다. 정부로부터 인가받은 USS는 ATC로부터 자동 승인된 운항에 대하여 언제 운항이 가능한지 결정하기 위한 목적으로 UASFM에 접근할 수 있다.

4_ 운항계획(Operation Planning)

UTM에서 비행의향서flight intent는 운항계획operation plan의 형태로서 상황인식situation awareness을 위해서 제출해야 하고 운영자들 사이에 공유된다. 이것은 ATC에 의한 항공기 운항관리를 위해 NAS/ATC 자동 시스템을 통해 전파되는 '비행계획flight plan'과는 구분된다. 운항계획은 운항 전에 만들어져야 하고 운항이 수행될 것으로 예상되는 4차원의 공역 공간을 나타내야 한다. 즉, 발진, 회수, 시간에 따른 운항 궤적 분할 등, 기타 중요하다고 여겨지는 정보들을 포함하는 운항과 관련된 핵심 이벤트가 발생하는 시간과 장소를 나타내야 한다. 단일 공간volume 표시도 가능하지만, 4차원 공간의 분할 표시는 공역의 효율성도 향상하고 운항 중첩의 가능성도 축소할 수 있는 장점이 있다.

제안된 운항계획은 다른 운항계획(예: overlapping airspace volume), 공역제한(예: airspace restrictions, sepecial use airspace, NOTAM, UVRs), 지상 상황 제한(예: 공공집회, 민감사안 발생, 장애물) 등에 의해 영향을 받을 수도 있다. 그러므로 무인기 운영자들은 계획된 운항과 관련되는 모든 정보를 평가하고 필요한 경우 수정해야 한다. 운영자는 또한, USS가 제공하는 능력(예: 운영자 협업과 충돌방지 알고리즘)에 따라서 운항 충돌 예상 상황을 식별하고 전략적 충돌방지를 해야 한다.

일단 운항계획이 완성되면, 운영자는 USS를 통해서 운항의도operation intent가 USS 네트워크에 드러나도록 해야 한다. USS 네트워크를 통한, 비행의도 공유에 따라서 운영자가 가입한 USS는 운항 개시 시점부터 충돌방지 지원을 제공하게 된다.

5_ 제한정보와 조언(Constraint Information & Advisories)

무인기 운영자는 예상 밖의 운항 조건이나 운항에 지장을 주는 비행 위험요인을 식별해야 할 책임이 있다. 운영자는 안전운항을 위하여, 이러한 정보들을 비행 전과 비행 중에 수집하고 평가하여야 한다. USS는 운영자들의 이와 같은 책임을 지원하기 위해 공역제한 정보와 조언 정보를 공급하고, 기상 등 기타 관련 자료를 제공한다. 거의 실시간 조언이 USS 네트워크를 통하여 제공되고 영향을 받는 사용자들에게 다음과 같은 사항들이 가용하도록 한다:

- 교통상황(예: USS 네트워크에 알려진 항공기와 알려지지 않은 항공기, 비협조적인 비행 등)
- 기상과 바람(예: 예상치 못한 돌풍, 폭우 등)
- 기타 저고도 비행 관련 위험요인(hazard: 예상치 못한 장애물, 기중기, 전압선, NOTAM, 조류활동, 지역적 무인기 제한, 기타 무인기 위험정보)

물론, USS가 이러한 정보의 일차적 전파자 역할을 해야 하지만, 무인기 운영자들이 이러한 정보를 수집해야 할 책임도 있다. 무인기 운영자들은 다른 정보원(예: SDSP)에서 정보를 획득할 수도 있고, USS가 운영자들을 돕기 위해 다른 정보원을 활용할 수도 있다. 무인기 운영자들은 비행 중에 조우한 현상들을 담당 USS에게 보고하여 네트워크 차원의 조언 정보 배포를 지원할 수도 있다. 이러한 것들을 무인기 보고 또는 UREP UAS Report라고 하는데 유인기의 조종사 보고 PIREP: Pilot Report에 비유될 수 있다.

UTM 안전에 영향을 주는 지상 또는 공중 활동이 예상될 때, 무인기 볼륨 예약 UAS Volume Reservations: UVR을 설정할 수 있다. UVR은 일시적 비행의 운항 안전을 지원하기 위해 설계된다. 예를 들면, 경찰활동, 비상대응, 공공안전 등으로 무인기 운항의 안전에 영향을 주는 상황이 예상될 때 해당 활동이 발생할 공역을 UTM 사용자들에게 차단하도록 공지하는 것이다. UVR은 일반적으로 짧은 기간(예: 몇 시간 정도)에 적용하며, 공역 경계선이 설정되고, 시작

시간과 끝나는 시간도 설정되어야 한다. 정부에 의하여 UVR 서비스를 제공할 수 있도록 인가받은 USS는 UVR을 생성하고 USS 네트워크를 통하여 전파함으로써, 관련되는 운영자가 인지할 수 있도록 하고, FAA의 관계자가 FIMS를 통하여 적용할 수 있도록 해야 한다.

6_ 분리(Separation)

UTM 운영자들은 타 항공기로부터의 분리, 공역, 기상, 지형, 위험물 등에 궁극적 책임을 지며, 운항하는 동안 불 안전한 조건을 회피해야 한다. 분리는 비행의도 공유, 인식 공유, 공역 볼륨의 전략적 충돌회피, 항공기 추적, 준수 감시, 전술적 충돌회피 기술 등으로 달성될 수 있다. 또한, 항로 절차 규정 수립도 필요하다(예: right-of-way 규정).

운영자(또는 RPIC)는 항공기가 자신의 비행공간flight volume 내에 존재하도록 해야 할 책임이 있고, 해당 운항에 대한 필수 성능요건을 만족하면서, 비행하는 동안 항공기 위치를 추적해야 한다. 또한, 운영자는 항공기가 규정 위반 비행을 하는지, 탑재 장비의 실패 또는 악화 상태(예: lost link, 엔진 고장 등)가 발생하는지도 감시해야 한다. 수정 불가능한 상황이 발생하면, 운영자는 해당 공역 사용자들에게 가능한 한 신속하게 통지해야 할 책임이 있고, 예견되는 당면조치를 취해야 한다. USS는 사건이 발생하면 추적과 준수 감시를 제공함으로써 문제가 발생한 운영자를 돕고, 해당 공역 운영자들에게 통보해야 한다. 유인기 운영자에게 영향을 주기에 충분한 비정상 상황에 대해서는 FAA/ATC가 적시에 참여할 수 있는 경우에 운영자는 USS를 통하여 FAA에게 상황을 알리고 FIMS를 이용해서 사건을 처리하는 데 필요한 데이터를 전송해야 한다. 운영자는 다른 운영자들과 비행 중 협조를 유지해야 할 책임이 있는데, USS의 서비스를 활용하여 협조를 수월하게 할 수도 있다. 운영자의 성능승인

과정에서 전술적 분리 유지를 위한 통신, 항법 및 DAADetect and Avoid 장비의 탑재가 요구될 수도 있다. 비행 중에 비행의도가 갱신되어야 할 필요가 있는 경우 USS는 운영자의 갱신을 수용해야 한다.

USS와 SDSP는 UTM 운영의 전략적 관리를 확보하고, 비행 중 분리 규정 준수를 위해, 비행 전 계획 단계에 운영자에게 운항지역에 관한 기상, 지형, 장애물 회피 데이터를 제공하여 운영자를 지원해야 한다. USS는 무인기 운영자들에게 운항지역에 대한 실시간에 가까운 기상 정보와 기상 예측 정보를 제공해야 한다. 운영자들은 비행 중에 기상과 바람을 감시해야 한다; 운항하는 항공기 성능에 부적합한 기상이 발생했거나 예측된 경우, 운영자는 가능한 한 빨리 안전하게 착륙할 수 있도록 조치를 취해야 한다. 운영자는 접속 기능을 활용하여 지형과 장애물 데이터를 검토함으로써, 산이나, 지형, 전선 등에 항공기가 충돌하지 않도록 해야 한다. 데이터 제공자는 최신의 지형/장애물 데이터베이스를 유지하고 제공함으로써 UTM 운영자가 정확한 회피 정보를 생성할 수 있도록 해야 한다.

7_ 책임 배분(Allocation Responsibility)

지금까지 살펴본 바와 같이 무인기 운항 안전을 확보하기 위해서는 무인기 운영자, 서비스 제공자, 정부 당국이 수행해야 할 책임 업무들이 있다. 아래의 표는 무인기 운영자, USS, FAA의 UTM 운영과 관련한 역할과 책임을 정리한 것을 보여준다.

표 1 **Allocation of Responsibilities for UTM Actors/Entities**

Function		Actors/Entities ✓ = Primary responsibility S = Support		
		UAS Operator	USS	FAA
Separation	UAS from UAS (VLOS and BVLOS)	✓	S	
	VLOS UAS from Low-Altitude Manned Aircraft	✓	S	
	BVLOS UAS from Low-Altitude Manned Aircraft[1]	✓	S	
Hazard/Terrain Avoidance	Weather Avoidance	✓	S	
	Terrain Avoidance	✓	S	
	Obstacle Avoidance	✓	S	
Status	UTM Operations Status	S	✓	
	Flight Information Archive	✓	S	
	Flight Information Status	✓	S	
Advisories	Weather Information	✓	S	
	Alerts to Affected Airspace Users of UAS Hazard	✓	S	
	Hazard Information (e.g., obstacles, terrain)	✓	S	
	UAS-Specific Hazard Information (e.g., Power-Lines, No-UAS Zones)	✓	S	
Planning, Intent & Authorization	Operation Plan Development	✓	S	
	Operation Intent Sharing (pre-flight)	✓	S	
	Operation Intent Sharing (in-flight)	✓	S	
	Operation Intent Negotiation	✓	S	
	Controlled Airspace Authorization		S	✓
	Control of Flight	✓		
	Airspace Allocation & Constraints Definition		✓	✓

1 Manned aircraft pilots share some responsibility for separation with UAS BVLOS operations(see Section 2.7.1.2).

제6절 원격 식별(RID: Remote Identification)

RID는 저고도 무인기 운항과 관련한 일반인의 우려와 사생활 침범, 보안 위협 등, 공공안전 취약성에 대한 해결책의 수단이 된다. RID는 고유 식별기로 무인기나 무인기 운영자의 전자 식별을 가능하게 한다(자동차의 번호판과 유사한 개념). RID는 특히, 운영자와 항공기가 함께 위치하지 않은 BVLOS 운항에 대하여 책임을 지고 추적을 가능하게 한다. USS가 RID 서비스를 제공하는데, USS는 RID 데이터를 처리하여 일반 대중, 경찰, FAA 및 관련 기관에 배포한다. 공공기관은 필요에 의해 더욱 정밀한 데이터에 접근할 수 있도록 한다.

RID는 일반 대중에게 안전, 보안, 사생활 침범 등의 문제를 일으킬 수 있는 무인기와 해당 무인기 운영자를 식별하기 위한 기술과 서비스를 결합하여 활용한다. 공동 네트워크를 넘나들며 정보를 교환하는 독립적 연합 시스템으로서 UTM 구조는 다음과 같은 다양한 수단으로 RID를 지원한다:

- 운영자들이 네트워크 공표를 통하여 RID를 전송할 수 있는 구조와 기반 설비 및 서비스를 제공함
- 인가받은 사람이 일반 대중 안전 관련 정보를 획득할 수 있는 서비스를 제공함

RID는 일련의 정보를 송신하어 수신자가 특정 무인기를 조종하는 운영자의 위치를 파악하고 추적할 수 있도록 하는 것이다. 위치 파악과 추적을 위해서는 RID 메시지라고 불리는 공개적으로 접근 가능한 최소한의 정보세트가 가정되어야 하는데 최소한 다음과 같은 항목을 포함해야 한다:

- 고유 식별번호 또는 UAS ID
- UAS의 위치
- 시간기록timestamp.

공개적으로 접근 가능한 RID 메시지는 인가받은 기관이 일반 대중의 안전

과 관련한 추가 정보를 획득하는 데도 사용된다.

UAS의 RID에 관한 규정은 아직 개발 단계에 있으나, 규정 개발 위원회는 2017년 9월에 UAS가 RID 및 추적 정보를 송신하는 방법으로 다음과 같은 두 가지 방법을 제안했다:

- **직접 방송**: 특정 수신인을 지정하지 않고 일방적으로 데이터를 송신하는 방법. 데이터는 방송 범위 내에서 누구든지 수신 가능하다.
- **네트워크 공표**: 데이터를 인터넷 서비스나 연합된 서비스망에 송신하는 방법. 고객들은 공표된 데이터에 접근하여 UAS ID와 추적 정보를 얻을 수 있다.

공표된 네트워크를 이용하는 무인기 운영자는 RID 메시지를 RID 서비스 제공업무를 인가받은 USS(이러한 USS는 RID USS라고 칭함)에게 보낸다. RID 메시지를 받은 RID USS는 RID 메시지가 모든 다른 RID USS가 접근할 수 있도록 해야 하는데, 이렇게 함으로써, 다양한 USS들이 보유한 RID 메시지가 완전히 포함된 데이터베이스가 배포되는 효과가 있다. 일반 대중도 RID USS가 제공하는 서비스를 이용할 수 있다; 가능한 예는 공공적으로 접근 가능한 데이터에 관한 질의를 지원하는 휴대폰 앱 서비스일 수 있다. 하나의 RID USS를 통한 질문은 질문을 받은 오리지널 RID USS에 무관하게 그 질문의 범위에 일치하는 모든 RID 메시지로 돌아오게 된다. 더불어, FAA는 RID 메시지 정보가 필요할 때, 해당하는 RID 메시지를 USS 네트워크를 통해 RID USS들에게 질문할 수 있다.

인가받은 일반 대중에 대한 안전 기관은 공개적으로 접근 가능한 RID 메시지보다 상세한 정보가 필요할 때 USS 네트워크에 질문할 수 있다. FAA로부터 일반 대중 안전 서비스를 제공하는 자격 증명을 받은 USSpublic safety USS는 자격 증명이 없는 USS보다 USS 네트워크 내에서 정보 접근성이 높다. 예를 들면, 경찰관들은 public safety USS에 등록하여 USS 네트워크에서 제출된 UAS ID에 관한 질의를 하는데 도움을 받을 수 있을 것이다. UAS ID와 결합된 무인기 운영자들을 보유하고 있거나 서비스를 제공하고 있는 USS들은 public safety USS에게 경찰관들의 요구에 따라 접근할 수 있는 수준의 정보를 제공하여야 하는데, 무인기 운영자의 이름과 연락정보가 포함될 수도 있을 것이다.

제7절 공역관리(Airspace Management)

UTM은 무인기 운항이 승인되고, 안전하고 공정한 공역 접근이 보장되도록 설계된다. UTM은 무인기 운항과 운영자, 항공기, 운항환경 및 공역 등급에 상응하는 필수 요건을 부과한다. 공역관리는 다음과 같은 방법에 따라 다층적으로 안전/보안 및 공정한 공역 접근이 예상될 수 있도록 해야 한다:

- 무인기 운영자와 장비, USS 등이 적절한 능력을 보유하고, 계획된 운항에 관한 성능요건을 확보하도록 하기 위한 성능승인과 인증Performance Authrization and Certifcation
- 관제공역에서의 UTM 운영에 관계하는 ATM 당사자들에게 상황인식Situational Awareness을 제공하도록 하기 위한 공역승인Airspace Authorization
- 대화형의 사전 비행계획을 통한 전략적 교통관리Strategic Traffic Management
- 충돌방지 서비스와 UTM 참여자에 대한 비행 중 충돌경보를 통한 항공기 분리 방안 제공(예: 항공기 비행의도, 공역 제한사항, 회피 지침을 위한 DAA 기반의 위험요인 등)
- 운항계획, 합의된 절차와 반응 원칙, 사전 프로그램된 시스템, 비행 이변에 대한 항공기의 대응 등을 활용한 우발 상황 관리Contingency Management
- 공역의 제한사항과 조언 상항에 대한 실시간에 가까운 통보를 함으로써 공역의 안전성 보호
- 적절한 지상장비, 탑재장비, DAA 충돌회피 로직 등을 활용한 항공기와

장애물 회피

– RID 정보 교환을 통한 항공기와 무인기 운영자(또는 RPIC)의 식별

공역의 보안은 NAS 데이터와 시스템 보호를 통하여 확보된다. 또한, UTM 운영에 관한 식별 정보의 수집과 유지, 제공에 의해서도 보안을 확보하며, RID를 통한 항공기와 운영자의 정보 수집과 유지 제공도 보안 확보의 일환이다. 항공기 등록, 운영자의 기록부, USS 서비스, 적절한 항공기 등록 체계 등에 관한 정보의 수집과 유지 제공도 보안에 도움이 된다.

끝으로, UTM 운영에 대한 공역접근의 공정성은 참여자 간의 공역 활용을 최적화하기 위한 운영통합operation orchestration과 운영자 협상operator negotiation을 통하여 조성된다.

1_ 안전(Safety)

안전 운항은 지상과 공중의 인원과 자산에 대한 안전 확보와 관계된다. UTM은 무인기 안전 운항을 위하여 다층의 분리 확보 방안을 갖고 있다. 즉, 전략적 측면의 비행계획과 관리 도구에서부터, 전술적 측면의 항공기와 장애물 충돌회피 능력을 확보하고 있다.

1) 전략적 운항관리(Strategic Management of Operations)

UTM 운항 안전은 대화형 계획과 비행의도 정보의 조화로운 통합뿐만 아니라 복수의 무인기 운항상황에 따른 전략적 충돌방지를 가능하게 하는 적절한 환경 고려 등을 통하여 전략적으로 관리될 수 있다. 운항 의도의 공유, 전략적 충돌방지, 공역 제한에 대한 평가, 기상보도와 예측능력 및 기타 핵심적 UTM 지원 특성은 전술적 분리 관리의 필요성을 줄이고, 기상이나 공역 제한

에 의한 비행 중 의도 변경의 가능성을 줄여 준다.

BVLOS 비행을 계획하는 운영자들은 USS 네트워크를 통하여 운항 의도를 다른 운영자나 공역 이용자들과 공유해야 한다. 운항 의도 데이터는 운항의 공간적, 시간적 요소들로 대부분 구성된다. 최소한, 운항 의도는 의도된 비행 경로를 구성하는 운항볼륨 조각Operation Volume Segments들을 포함해야 한다. 운항볼륨Operation Volume은 운영자의 무인기가 진입하고 이탈하는 특정 시간을 갖는 4차원의 공역 블록block이다. 이 볼륨들은 비행 경로에 따라, 한 볼륨의 이탈 시간이 인접하는 볼륨의 진입 시간과 동일하게 연속적으로 이어지면서 쌓일 것이다. 결국, 연속되는 각 운항볼륨은 전체 비행 프로파일의 조각을 포괄하게 될 것이다.

운항볼륨은 운영자의 성능승인Performance Authorization에서 주어진 AAOAuthorized Area of Operation 내에 포함된다. UAS의 성능 능력은 운항볼륨 조각들의 크기를 결정하는 대표적 요인이 된다. 즉, 항법 성능 수준이 높은 무인기는 성능 수준이 낮은 무인기보다 적은 볼륨 내에서 비행할 수 있을 것이다. 항법 성능요건은 비행 밀도가 높은 시간대에 있는 공역에서 더욱 엄격할 것이다. USS는 전략적 충돌방지를 위한 분리 유지 목적으로 필요한 경우, 운항볼륨 조각의 중첩을 최소화하고 관리하는 것을 돕는다. 전술적 충돌방지 방안은 전략적 충돌방지 방안의 다음 단계인 분리 방안인데, 전략적 충돌방지 방안만으로는 안전운항을 지원하기에 역부족일 때 필요하게 된다(예: 교통량이 많은 지역이나 지상에 사람들이나 자산들이 밀집해 있는 곳에서의 충돌방지 방안).

비행의도 데이터는 다음과 같은 몇 가지 주요 기능에 사용된다;

- 다른 유인기나 무인기 운영자들에게 안전성을 향상하고 경각심을 공유하도록 하기 위한 인접 운항에 대한 정보 제공
- 운항볼륨의 충돌방지(예: 전략적 분리)
- 규율 준수 감시와 추적

USS도 역시 적절한 조언 정보와 기상정보 및 기타 추가 정보를 적시, 적소

에 제공하기 위하여 비행 의도 데이터를 활용한다(예: 운항볼륨의 위치와 진입/이탈 시간).

비행의도 정보는 운영자들이 USS 네트워크를 통하여 UTM 참여자와 기타 공역 사용자에게 제공하는데, 상황인식을 제고하고 협조적인 상호작용을 위한 것이다. 유인기 운영자와 VLOS 무인기 운영자는 비행의도를 공유할 의무는 없지만, 지상 400피트 이하나 인접 고도에서 비행하는 경우, 그들의 비행로에 영향을 줄 수 있는 운항활동을 식별하기 위하여 비행 전 책임의 일부로 비행의도 공유를 인식할 것이 권고된다.

비행의도 공유 과정 동안에 기타 데이터들도 필요할 수 있는데, 그중 어떤 것은 USS의 서비스 제공을 지원하기 위하여 USS 네트워크와 공유될 수도 있고, 어떤 것들은 비밀을 지키며 운영자와 그 운영자와 관계되는 USS 사이에만 공유될 수도 있다(예: 등록 정보). 서비스 제공 관점에서, 사전 프로그램된 항공기 반응과 분리관리 기능 및 정상/비정상 사건 동안의 우발적 사태 처리 지원을 위하여 필요한 기타 데이터들도 해당 USS와 공유가 가능해야 한다(예: RPIC 접속 번호, command and control link 상실을 대비한 planned response).

계획 단계에 제출된 운영자 데이터는 제출 시점에 준법 확인(예: 성능승인 규정 준수, 조종자 인증, 특정 장비나 기술의 사용 등)을 위해 정부 기관의 기록과 확인할 필요는 없다. 그러나 운영자 계정과 기록은 FAA의 재량에 따른 감사를 받아야 한다.

실시간 NAS 공역 제한 데이터는 항공기를 비행규제 공역으로부터 분리하기 위하여 FIMS를 통하여 USS 네트워크에 제공되어야 한다(예: 수색과 구조 또는 특별 활동 공역 및 기타 UTM 운영에 영향을 줄 수 있는 공역관리 의사결정). 운영자는 이러한 제한된 공역과의 충돌방지를 위하여 비행의도를 변경할 수 있다. USS들은 직접적 관계자 활동을 지원하기 위한 공역예약(예: UVR) 정립을 위하여 FAA나 국가 및 지방 기관들과 협업해야 한다. 이러한 내용은 USS 네트워크에 통합되어야 하고 관련 운영자들이 비행의도 공유 절차 과정에서 경보를 받을 수 있도록 해야 한다.

USS들은 운항 안전에 영향을 줄 수 있는 비행을 포함하여 충돌을 야기할 수 있는 변화들을 지속적으로 모니터하고 운영자들에게 통보한다. 예를 들면, 공역 변화, UVR, SUA/SAASpecial Use Airspace/Special Activity Airspace 상황, 비상사태 공표 등의 FAA 공역 제한 데이터를 분석한다. 무인기 운영자들은 자신들의 운항활동에 대한 잠재적 영향을 평가하고, 이러한 평가에 근거하여 자기들의 운항활동을 변화시킬 것인지 선택을 한다.

기상과 추가 데이터 공유는 무인기 운영자들이 자기들이 운항하고자 하는 장소와 시간에 공역의 환경이 적절한지를 결정하는 데 도움이 된다(예: 기상, 바람, 계획된 장애물). 이러한 데이터들은 운영자들이 의도하는 임무를 성공적으로 완수하기에 안전한 기상 및 위험물 조건인지 판단하는 데 도움이 된다.

위험이 적고 복잡하지 않은 무인기 운항의 안전 확보는 전략적 관리 서비스만으로 충분할 수 있다. 예를 들면, 무인기나 저고도 유인기 비행활동이 뜸한 시골지역에서 BVLOS 운항을 하는 운영자는 다른 운영자들에게 분리 유지에 필요한 정보만 제공하면서 USS 네트워크를 통하여 비행의도를 공유한다. 이렇게 교통량이 적은 저고도 공역에서는 비행의도를 인지하게 된 운영자들은 이 비행을 피하면서 비행하도록 계획하거나 중첩이 예상되면, 공간적, 시간적 조정을 통하여 전략적 분리를 실현할 수 있다. 반대로, 유인기 활동이 많고 복잡한 고위험 공역에서는 전략적 관리 이상의 추가적인 분리 확보 능력이 필요하다.

2) 분리 방안과 충돌관리(Separation Provision, Conflict Management)

UTM 서비스 및 능력은 광범위하게 무인기 운항을 지원한다(지상에 사람이나 고정 자산이 없고 유인기 비행활동도 없는 시골지역에서부터 유인기 운항도 많고, 지형이나 지상 장애물이 복잡한 도시 지역까지). 운항 환경에 따른 분리대책 요건(예: 데이터 교환, 추적과 규칙준수 모니터링, 장비 및 운영자 책임 등)은 사람과 고정 자산에 대한 위험에 상응한다. 항공기와 항공기의 능력에 관한 요건은 운영자가 운항 전에 획득한 성능승인performance authorization) 과정에서 규제된다.

무인기 운영자는 다른 무인기 운영자 및 기타 공중교통 운영자와 분리책임을 공유한다. 이러한 여건을 만족시키기 위하여 교통량이 많은 공역이나 이질적인 교통량이 혼재된 공역에서 운항활동을 하고자 하는 무인기 운영자는 DAADetection and Avoid 기술 장착이 필요할 수도 있다. 저고도 유인기도 공중활동 중 충돌방지를 위하여 UTM 운영 계획 서비스에 참여해야 한다. 저고도 유인기 조종사는 BVLOS 무인기 운영자와 분리 간격 유지를 위한 책임의 일부를 공유해야 한다. 물론, 유인기 조종사는 VLOS 무인기 운영자와는 분리를 위한 책임 공유를 하지 않는다. 크기가 작은 무인기는 식별이 어려우므로, 어떤 무인기들은 가시성을 높이기 위한 설계가 요구되기도 한다.

비행 동안에, 무인기 운영자는 타 항공기 회피, 공역제한 사항 준수, 지형 및 장애물 회피 등과 관련한 모든 법규와 규정을 준수할 책임이 있다. 상업적인 서비스 제공자나 제3의 서비스 제공자가 무인기 운영자를 지원하여 안전책임을 준수하는 것을 도울 수도 있다. 항공 교통량이 매우 적은 지역에서는 알려진 비협조적인 운항(예: 규범을 따르지 않는 항공기나, UREPs에 대한 USS의 경보)에 관한 조언이 운영자에게 분리 유지를 하도록 도움을 줄 수 있다. 무인기 운영자는 항공기 추적과 감시, 지형 및 장애물 회피 데이터, 기상 데이터, 공역 제한, 교통 및 비행에 영향을 줄 수 있는 위험에 관한 조언과 통보 등에 관한 데이터 교환을 지원하기 위하여 USS와 접속을 유지해야 한다. 통보나 조언 같은 경우에 대해서는, 전반적 비행 안전에 책임이 있는 RPIC가 상황에 부응하는 조치를 취해야 한다.

무인기가 유인기 중심의 공역에서 운항할 때, 무인기 운영자는 모든 항공기로부터 분리 간격을 유지할 책임이 있다. 분리 간격 유지는 공중 교통을 식별하고 운영자에게 경고를 주기 위하여 고안된 USS 비행 충돌방지 서비스를 이용하거나 지상기반 또는 공중기반 기술에 근거한 해법에 따라 이행할 수 있다. 예를 들면, 위치공유 기술, Vehicle-to-Vehicle V2V 장비, 지상기반 감시데이터, 공중기반 감시데이터, DAA 성능 등을 활용할 수 있다. USS는 운영자에게 자신의 항공기가 주어진 볼륨volume 내에 머물도록 하는 것을 도와줌으로써, 비행 중 분리책임을 이행하도록 추가로 도와줄 수 있다(예: 항공기 추적 및 준수감시 서비스). USS는 또한, 기상/바람 정보, 지형 및 장애물 데이터, UREPs 등 비행 위험 상황 회피를 쉽게 해주는 정보를 발행함으로써 분리 책임 수행을 도울 수 있으며, 문제에 당면한 공역 이용자와 효과적인 공역관리를 위한 조치에 협조함으로써 우발 상황에 대응할 수 있도록 도와준다. 공역을 공유하는 모든 저고도 항공기는 UTM 서비스 운항을 하든, ATM 서비스 운항을 하든 간에, 책임과 규정, 절차를 명확히 이행함으로써 공역 공유가 가능하다. 항로 우선권 규칙, 수립된 회피 절차, 안전운항 규칙 등은 항공기들이 조우했을 때 화합적 상호작용이 가능하도록 해준다. 비록, 저고도 운항을 하는 유인기나 VLOS를 하는 무인기들은 비행 의도 공유가 의무적인 것은 아니지만, 비행의도 공유를 권장하며, 적어도 비행로에 영향을 주는 무인기 운항을 식별하기 위하여 UTM 서비스를 이용할 것을 권장한다. 그렇게 함으로써 무인기 식별 확률이 높아진다.

UTM BVLOS 운영자는 자신의 항공기를 추적할 수 있는 능력이 있어야 하고 항공기가 공유된 비행의도 볼륨 내에 머물도록 할 수 있는 능력이 있어야 한다. USS는 항공기 추적과 준수감시conformance monitoring 서비스를 통하여 무인기 운영자가 이와 같은 요건을 맞출 수 있도록 도와줄 수 있다. 추적과 준수감시 서비스를 위해서는 무인기가 거의 실시간으로 추적 데이터를 USS에 송신해야 한다. 결국, USS는 무인기 운영자가 자신의 항공기 위치를 감시하고 BVLOS 비행을 하는 동안에 유효한 시스템 기반의 운항 볼륨 경계 준수를 할 수 있도록 해준다. USS는 또한, 준수감시를 이용하여 운영자가 성능승인Performance Authorization에 명시된 지리적 경계 준수를 이행하는지 추적할 수 있다.

FAA는 공역관리 서비스를 지원하기 위하여 FIMS를 이용하여 USS에게 실시간으로 국가공역NAS: Nationa Air Space 제한사항 데이터가 가용하도록 해준다. 그러나, FAA는 정상 상황에서는 USS로부터 데이터를 수신하지는 않는다. ATC가 적시에 조치를 취할 수 있는 능력하에 있는 상황의 범주에 드는 비정상 상황에 대해서는 USS가 FAA에게 FIMS를 통하여 사건을 통보한다.

UVRUAS Volume Reservation이 효력을 발휘하게 되면, 자동 통보가 USS 네트워크에 보내져서, 해당 UVR과 관련되는 UTM 참여자들이 식별되고 그들이 UVR에 대한 정보를 받을 수 있도록 한다. 어떤 UVR에 영향을 받는 무인기 운영자 또는 UPIC는 전반적 비행 안전에 대한 책임을 이해하고 비행 의사결정에 신중하게 반영해야 한다. 무인기 운영자(또는 RPIC)는 탐지 장비가 탑재되고 V2V 능력이 있어서 안전하게 비행할 수 있다면 계획대로 비행을 추진할 것이고, 그렇지 않으면, 공역을 회피하거나 떠나거나 착륙을 결정할 수도 있다. FAA도 역시 FIMS를 통하여 UVR에 관한 정보를 수신할 것이고, 공역 사용자들이 해당 데이터에 접근할 수 있도록 공공 포털에 게재할 것이다. FAA는 또한, FAA 내부 관계자들에게 이 자료를 보내고 FAA 정책과 절차에 따라 기록 보관할 것이다

무인기 운영자들은 기상, 바람, 지형, 장애물 및 기타 비행 안전 의무 이행에 도움이 되는 데이터를 수신한다. 기상 서비스는 무인기 운영자에게 바람, 기온, 기압, 강수, 시정 관련 정보를 제공한다. 운영자들은 자신들이 관찰한 기상 현상에 대한 UREP를 제출하고 기타 운항관련 정보(예: 비협조적인 비행 행위)를 제공하여 이러한 정보들이 USS 네트워크에 있는 다른 운영자들과 공유되도록 해야 한다.

무인기 운영자들은 규칙과 규정을 준수하고 안전운항을 지원하기 위하여 연료 수준 등을 적절히 유지하여 지속 운항이 가능하도록 해야 할 책임이 있다. 운항 지속 가능 연료 수준에 대해서 USS에게 보고하여 USS가 감시와 우

발 상황에서의 비행 지속 가능성 등에 대하여 경고를 할 수 있도록 해야 한다(예: 항공기가 규정 준수를 할 수 없는 상황).

3) 우발사태 관리(Contingency Management)

우발 상황이 발생하면, 무인기 운영자는 그로 인해 영향을 받을 수 있는 공역 사용자들에게 통보해야 할 책임이 있다. USS는 무인기 운영자가 이 책임을 수행하는 데 도움을 줄 수 있다. 즉, USS는 USS 네트워크를 통하여 우발 상황으로 영향을 받는 무인기 운영자들, FAA 관련 기관들, 기타 공역 이용자들과 통신 관계를 수립하고 통신을 유지하기 때문에 우발 상황 통보에 도움이 될 수 있다. 만일 어떤 무인기 운영자(또는, RPIC)가 안전 미흡으로 판단되면, USS는 USS에 보고된 운항 안전 미흡 사항을 가능한 한 빨리 통보해야 한다:

- 비행 중에 탑재 장비가 고장나거나 기능이 악화된 경우(예: 연락 두절, 엔진 고장 등)
- 일정기간 동안 추적이 안 되거나 위치가 알려지지 않는 경우, 또는 비행 의도에 순응하지 않거나 순응하는 것이 불가능한 것으로 판단되는 경우

문제가 되는 운영자(또는 RPIC)의 손실이나 상해를 완화하기 위한 USS가 지원하는 대응 프로토콜protocol이 수립되어 있다.

항공기의 지휘통제 실패에 대응하는 사전 프로그램 등과 같은 우발절차나 프로토콜이 운항계획 단계에서 USS와 공유되거나 비행 중에 업데이트되면 USS 네트워크 차원에서 위험 영향을 받는 비행에 대하여 충돌방지 조치를 쉽게 할 수 있도록 할 것이다. USS들은 그들이 지원하는 운항편에 대하여 불확실한 상황에서도 운항 볼륨 내에 포함하기 위하여 적극적으로 노력한다. 즉, USS들은 문제가 있는 비행편에 대하여 새로운 경로를 반영한 운항볼륨을 신설하거나 수정하여 운항의도operation intent를 업데이트한다. 만일에, RPIC가 무인기에 대한 통제가 불가능하거나 제한적으로 할 수밖에 없는 경우, USS는

해당 무인기의 경로를 예측하여 새로운 운항 볼륨을 생성한다. 문제가 있는 비행편을 지원하게 되는 USS들은 사전에 수립된 UTM 지침서, 또는 표준적 통보 방식, 또는 메시지 프로토콜에 따라 잠재적 위험 상황에 대해 통보하거나 업데이트해야 한다. 안전에 문제가 있는 비행편에 영향을 받는 운영자들은 통보받은 내용이나 경고 내용에 따라 적절히 대응해야 한다.

USS들은 비정상적이거나 잠재적으로 위험이 있는 상황에 영향을 받을 수 있는 비-UTM 이용자들에게도 통보하여 상황을 효과적으로 관리할 수 있도록 돕기 위한 데이터를 제공해야 한다. 비-UTM 이용자는 공적, 사적, 상업적 기관들을 내포할 수 있다[예: 기구balloon 운영자, 국방성, 관제탑이 없는 공항 지역 등].

항공기의 통신 능력에 의해서도 우발 상황에 영향받는 공역 이용자들에게 통보할 수 있다. 만일 우발 상황에 있는 무인기가 V2V 통신 능력을 갖추고 있다면 협조적 장비를 갖춘 인근에 있는 영향을 받을 수 있는 항공기에 관련 정보를 방송할 수 있을 것이다.

만만치 않은 사태 발생으로 ATM 시스템에 영향을 줄 수 있는 상황이라면 (예: 규정 준수가 불가능한 무인기 사고 상황), UTM 참여자들은 FAA에 적시 조치가 가능한 정보를 통보하여야 한다. ATC의 역할은 ATC 서비스를 받는 항공기들이 문제가 발생한 무인기 운항으로부터 안전 위험을 경감시키는 서비스를 제공하는 것이다. FAA의 FIMS 게이트웨이는 USS 네트워크를 통하여 적절한 UTM 운항 데이터(예: 운항상태, 항공기위치 등) 연결을 위험요인이 해소될 때까지 제공한다. USS들이나 무인기 운영자들은 잘못된 비행에 대한 통보를 필수 데이터들과 함께 FIMS에 보내서 적절한 ATC 기관에 전송되도록 한다.

우발 상황이 지속되는 동안에 영향받는 운영자들은 문제가 있는 무인기를 피하기 위하여 규정과 규칙을 준수해야 한다. 우발 상황이 끝나면, USS는 USS 네트워크를 포함한 관련 기관에 회복 통보를 해서 공역 이용자들에게 전파되도록 해야 한다. USS 네트워크는 또한, 정상적 ATM 운영과 FAA 기록 기준, 보고기준, 절차 준수에 필요한 데이터를 제공하면서, FIMS를 통하여 FAA에 통보해야 한다. FIMS는 프로토콜에 의하여 데이터를 전송한다. 무인기 운영자들, USS들 및 기타 관련자들이 항공기, 시스템, 절차 및 운항 환경과 관련한 서비스의 식별과 개선을 위하여 성능과 운영 이슈들을 UTM 커뮤니티와 공유하고 추적하도록 격려하여야 한다.

4) 항공기와 장애물 회피(Aircraft and Obstacle Avoidance)

BVLOS와 VLOS 무인기 운영자들은 다른 모든 항공기들과 간격을 유지하고 장애가 되지 않도록 해야 한다. 서로 다른 지역에서의 운항 위험은 서로 다르고 무인기에 대한 DAA 시스템 탑재 요건도 다양하다. 공중이나 지상에 있는 인간에 대한 위험이 적은 공역에서는 무인기 간의 충돌 확률이 상대적으로 높아도 된다. 따라서, FAA는 DAA 기술을 요구하지 않을 수도 있다. 반대로, 유인기와 무인기가 혼재하거나, 통제공역 등 더욱 복잡한 환경에서는 유인기에 대한 높은 치명적 충돌 위험 때문에 탑재 장비나 실시간 회피 장비 탑재 등을 요구하거나 네트워크 기반의 해법을 요구하는 등 높은 수준의 성능 요건이 적용된다.

공중 및 지상 장애물 회피를 위한 DAA 등이 제안되는 지리적 지역은 성능 승인 과정에서 고려되어야 한다. 또한, DAA 요건은 운항 환경에 따라 맞춤으로 적용된다. 무인기와 유인기 사이의 데이터 통신은 DAA를 지원하기 위하여 적절한 간격으로 유인기로부터 위치 정보를 교환하는 것을 허용하고, 성능 승인과 적절한 규제 요건하의 운항을 허용한다.

2_ 보안(Security)

안전확보와 더불어 보안은 UTM에서 중요하게 다루어지고 일반 대중의 기대도 크다. 보안은 테러리즘과 같은 의도적인 범죄 행위에 의한 위협으로부터 보호하거나 공중이나 지상의 인간이나 재산에 영향을 주는 비의도적인 행위(예: 인간의 실수)로부터 보호하는 것을 의미한다. UTM 시스템과 정보는 내/외부적인 보안 위협으로부터 보호되어야 하는 한편, UTM 자체도 보안에 기여해야 한다. 보안위험관리의 목적은 공역 접근을 필요로 하는 UTM 커뮤니티 구성원의 필요성 효용과 FAA나 공적 안전 기관 또는 NAS 참여자를 포함하는 이해 관계자와 그들의 자산 보호의 필요성 사이에 균형을 이루는 것을 포함한다. 항공기에 대한 위협이나 항공기를 이용한 위협이 존재할 때, UTM은 적절한 정보를 제공하고 주무관청을 도와야 한다.

보안의 핵심은 교환되는 정보의 무결성이다. UTM에 적용될 수 있는 무결성 정보의 예는 항공의 모든 부문에 획일적으로 적용될 수 있도록 연구하고 있는 ICAO 연구진의 현행 연구에서 찾을 수 있다. 이러한 목적 달성을 위해, 항공사회와 산업, 각 국가 및 ICAO는 국제항공신뢰체제IATF: International Aviation Trust Framework를 위한 사이버 시큐어리티 네트워크와 식별정책Identity Policies을 정의하기 위해 협력하고 있다. IATF의 목적은 GRAINGlobal Resilient Aviation Information Network을 창출하여 국제적 운영 네트워크와 식별정책을 개발하는 것이다. GRAIN은 모든 종류의 정보 교환을 위해 항공관계자들을 상호 연결하는 네트워크의 네트워크이다. 아래 그림은 UTM 관계자들을 고려한 사이버 시큐어리티와 네트워크 정책의 관계를 보여주고 있다. IATF 네트워크 정책하에 운영되는 모든 네트워크가 필수적으로 상호 연결되는 것은 아니다. 어떤 네트워크 연결은 GRAIN으로 연결되지 않고 IATF 네트워크 정책을 이용할 수 있다. 다른 네트워크 연결은 네트워크 정책 없이 식별정책Identity Policies을 사용한다.

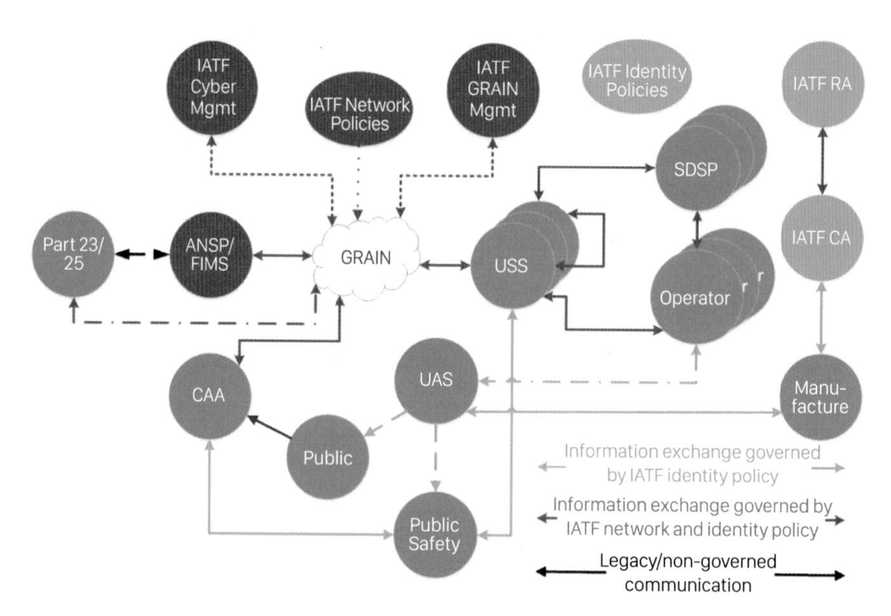

• 그림 4 **IATF network and identity cybersecurity policies applicable to UTM**

IATF 정책에 가입한 모든 UTM 관계자들은 신원확인을 위해서 IATF RARegistration Authority를 사용한다. 추가하여, IATF CACertificate Authoriy도 사용한다. RA와 CA는 상업적 기관에 의해서 이행될 수도 있다. IATF 정책하에 있는 서로 다른 CA에 의하여 발급된 신원증명은 상호 운영이 가능하고 상호 신뢰할 수 있다. 주체들 간의 신뢰 관계는 개별 관계자나 앱 도메인에 의해서 관리된다.

UTM은 필요한 보안과 완전성 기능을 지원한다. 무인기 운영 커뮤니티는 관계 당국에 의하여 요구되고 NAS 시스템과 체제를 보호하기 위하여 설계된 보안 요건을 만족해야 한다. UTM은 데이터 수집, 데이터 기록보관, IATF 내의 준비 프로토콜 등을 통하여 보안 요건을 만족해야 하며, 관계자들의 필요에 따른 지원을 위해 운영 데이터가 가용하도록 해야 한다.

1) FAA

FAA는 NAS 시스템을 보호하고 보안 위협으로부터 일반 대중을 보호하기 위하여 필수요건과 대응 프로토콜을 수립해야 한다. FAA는 비행의도나 RID 같은 UTM 데이터를 무인기 운영자가 규정을 준수하도록 하거나, 사건/사고 조사에 책임이 있는 비행을 식별하거나, 필요한 경우 다른 사용자들에게 정보를 주기 위하여 추적하는 수단으로 사용한다. FAA는 비정상 상황이나 위급 상황을 포함하여 ATM 환경의 운항과 관련한 보안문제에 대응하기 위해 UTM의 준 실시간 데이터를 사용할 수 있다. 그들은 또한, 기록된 데이터archived data를 사용하여 UTM 운영을 분석하고 NAS의 필요성을 충족시키며, 안전목적을 달성하는 데 활용한다. FAA는 또한, 연방 기구들에 안보 위협을 통보하기 위해서도 UTM 데이터를 활용한다.

2) 공공적 관련기관(Public Stakeholders)

지방이나 중앙 정부의 경찰 또는 수사 당국은 일반인들의 민원과, 안전/보안 사건에 대응하거나, 수사 등의 목적으로 UTM 데이터에 접근이 필요할 수 있다. FAA는 적절한 데이터 접근 제한 조치를 수립하여 개인과 안전 당국을 보호한다. 안전/보안 상황의 특성에 따라서 과거 데이터나 준 실시간 데이터가 필요할 수도 있다. RID 메시지와 같은 일반적 접근이 가능한 UTM 데이터는 제3자 서비스나 정부를 통하여 획득할 수 있다. 운영자 접속 정보와 같은 공공적 접근이 불가능한 UTM 데이터는 상황에 따라 관리되고 제공되며 IATF 정책에 의한 정보 요청자 식별에 근거한 신뢰도가 적용된다.

3) 데이터관리와 접근(Data Management and Access)

무인기 운영자는 안전/보안을 위하여 FAA가 규정한 데이터 저장과 공유 요건을 만족해야 한다. 관계자들은 지상과 공중 활동에 영향을 주는 무인기의 식별과 분리를 위하여 실행 중인 UTM 운영정보가 필요할 수 있다. 무엇보다도, 무인기 운영자는 승인된 기관이 준準 실시간으로 RID 메시지와 같은 정보를 요청하면 응답을 해주어야 한다. 또한, 무인기 운영자는 규정된 데이터 저장을 수행하여 사후에 이용될 수 있도록 해야 한다. 저장이 요구되는 데이터로는 비행의도, 4D 위치추적, 비행의도 비행로 변경, 비정상 상황 기록 등이다.

USS는 승인된 기관이 무인기 운영자 데이터에 대한 정보를 요청하면 준(準) 실시간으로 회신할 수 있는 데이터 관리를 해야 한다. USS는 또한, 데이터 저장 서비스를 제공할 때 승인된 과거정보 요청에 대해서도 지원할 수 있어야 한다. USS는 IATF 네트워크 통신망과 식별정보를 활용하여 의사소통을 한다.

FAA는 무인기 운영자나 USS로부터 수신한 무인기 운영자 등록 정보, 공역 승인 기록, 운영 유예와 같은 규정과 정책적 필요로 인하여 획득한 정보를 유지해야 한다. 특정한 상황에서 FAA는 상황 대응을 위한 정보를 요청할 수 있는데, 그러한 정보는 상황이 종결된 후 유지할 필요가 없다. 예를 들어, FAA는 공인된 공중 안전 관계 당국이 무인기 운영자를 식별하는 것을 돕기 위하여 네트워크에 공표된 RID 메시지를 실시간으로 요청할 수 있고, USS 네트워크에서 얻은 메시지로부터, 운영자 ID를 식별할 수 있지만, 상황이 끝나면 그러한 RID 메시지는 유지되지 않는다. IATF에 따른 무인기와 무인기 운영자 ID는 일시적으로나, 기록적인 측면에서 RID 메시지의 신뢰성과 진실성을 확보하는 데 이용된다.

FAA는 일반 대중의 안전/보안 필요성을 이유로 안전/보안 관계 당국에 일정한 서비스를 제공한다. 예를 들면, USS 네트워크에 승인된 데이터를 문의하거나 자동 정보 교환을 수월하게 할 수 있도록 설계된 포털을 제공하는 것 등이다. 국민의 안전/보안을 담당하는 각급의 정부 기관들은 FAA 외적인 전용 포털을 이용하여 승인된 정보들을 요청하고 수신할 수 있다. USS가 정보를 수집하여 그러한 기관들에 제공할 때, USS는 적용되는 보안 요건과 프로토콜을 준수해야 한다. IATF 적용 ID를 이용한 기관 간의 승인과 인증은 정보를 얻을 수 있도록 허가된 기관에만 데이터가 제공되도록 한다.

4) 네트워크 시스템(Networked System)

UTM 체제에서는 무인기 운영자들이 상호연결성과 통합성에 의존하기 때문에 새로운 보안 문제를 야기할 수 있다. USS는 다른 USS들과도 연결되고 무인기 운영자나 공공기관, 일반 대중과도 연결되기 때문에 네트워크의 복잡성이 매우 심해서 사이버 사건의 가능성도 크고, 공격 가능성도 크며, 의도하지 않은 시스템 성능 저하 가능성도 높다. 이와 같은 시스템 취약성을 극복하려면, 사이버 시큐어리티 필수요건이나 방어 체계를 개발하고 이행하여 악의적인 활동과 제3자 시스템이나 FAA 시스템에 대한 불법적인 접근을 막아야 한다. 사이버 시큐어리티 필수요건과 방어 체계는 IATF 네트워크 정책에 정의되어 있다. USS들은 IATF 적용 ID를 사용하여 상호 인증하고 신뢰를 확보한다.

5) 항공기 시스템(Aircraft System)

무인기의 설계구조는 제작사마다 차이가 있는데, 대체적으로 지상에 있는 사람과 공중에서의 보안을 조정할 수 있도록 한다. 명령과 통제 링크 기반 시스템, 이동통신, 지상 통제소의 보안 취약성과 글로벌 위치추적 시스템의 신호 취약성 등은 무인기 기술의 의도적, 비의도적 오용과 악의적 간섭(예: 해킹, 적대적 탈취 등)의 잠재적 기회를 제공할 수 있다. FAA는 성능승인 과정에서 보안 위험과 제안된 보안 필수요건을 고려하고 제안된 해결책의 적절성을 평가한다(예: 암호화된 링크). 무인기는 NAS에서 운항하기 전에 FAA의 규정과 규제에 의한 등록을 해야 한다. 물론, UTM이 운영자의 등록이 유효한지 평가하지만, 운영자의 기록도 FAA의 재량에 의한 감사를 받을 수도 있다. 무인기 운영자는 UTM 운항을 시작하기 전에 필요한 확인, 등록, 승인을 얻어야 하고, 규정과 규제에 의한 성능과 능력을 갖추었는지를 시연해 보여야 한다. 기체와 지상통제 시스템을 포함한 항공기 시스템은 적용되는 RID 요건에 합치되게 운항할 능력을 갖추어야 한다. FAA는 무인기의 미션 요건에 따라 RID가 인증 메시지에 의해 암호화되어 보호될 것을 요구할 수 있다. 이때, 인증은 IATF에 따른 무인기 식별 방법을 이용하여 완벽하고 변경 불가성을 확보해야 한다.

3_ 공정성(Equity)

UTM은 공역 사용자들이 자신들의 운항 필요성 요건에 따라 공역에 접근할 수 있는 권리를 보장하고, 서로 다른 사용자들 간의 공역 공유가 안전하게 이루어질 수 있는 운영 환경을 제공한다. UTM 자산을 공유하기 위한 협조적인 규정과 절차에 의해서, 성능승인을 받은 사용자의 공역 접근 공정성을 침해하는 우선권 체계는 없다. 교통량 수요가 적절한 공역에서는 운영자 협조와 효율적인 공역 설계, FAA의 규정 등에 의해 접근 공정성이 보장된다. 공역 수요가 증가함에 따라 성능승인을 위한 성능요건이 상승하여야 지속적인 자유로운 공역 접근이 가능해질 것이다. 수요가 지속적으로 증가하여 안전운항을 보장할 수 없거나 모든 종류의 비행을 지원할 수 없을 때는 FAA는 공역 접근 수요를 관리해야 할 것이다.

1) 공역접근

운영자들이 네트워크에서 이미 비행의도를 계획했고 공유한 상태에서 공역 지점 경쟁(중첩)이 발생할 때, USS는 비행의도의 시간적, 공간적 요소의 조정을 통하여 문제를 해결하거나 운영자들 간의 협조와 협상을 통하여 문제를 해결하도록 도울 수 있다. 운영자들은 공역 중첩에 의한 충돌회피를 위하여 개인적 선호에 따라, 또는 USS 도구(예: 운영 계획 서비스)를 사용하여 계획을 조정한다. USS의 협조적 비행 계획 능력(예: 노선 계획 기능, 공역구성 대안 등)은 공역 중첩에 처한 운영자들에게 공정한 해결책을 제공하거나 협조적인 USS 도구(예: 실시간 운영자 교환)를 사용하여 중첩을 최소화할 수 있는 수용 가능한 대안 계획을 식별하기 위하여 운항자 간의 협상이 가능하도록 한다. 무인기 운영자들과 USS들은 UTM 차원의 공역 용량 최적화를 위하여 비행의도 공유 절차 동안에 공역 볼륨 효율성을 고려한다. 무인기 운영자들은 불필요한 공역 충돌회피 비행을 방지하기 위하여 비행의도 변경이 정확하고 최신화되도록 해야 한다(예: 계획한 운항이 취소되면 운영자는 비행의도를 갱신한다). 무인기 운항 업계의 규칙은 개별 운영자들이 다른 운영자들이나 UTM 생태계 전체를 희생시키면서 자기의 운항을 최적화하는 행위를 못하도록 하는 것이다.

2) 우선권 비행(Priority Flights)

공역 접근의 우선권 요구가 UTM 운영 볼륨과 중첩될 수 있다. 공공 안전 사건의 경우(예: EMS 또는 긴급 대응 접근 등), FAA로부터 승인받은 기관(예: 경찰, 소방당국 등)은 공공 안전활동의 UTM 참여를 경고하기 위한 UVR을 요청할 수 있다. UVR은 UTM 참여자들을 공역에서 배제하지는 않지만, 무인기 운영자나 RPIC는 비행을 계속하려면 주의를 기울여야 할 것이 요구된다.

※ 원저인 FAA (2020), Concept of Operations, UAS Traffic Management UTM의 뒷부분에 있는 Operational Scenarios와 UTM Implementaiton은 본서의 취지와 부합되지 않아 생략함. 단, “Appendix C UAS Service Supplier”는 필요성이 인정되어 첨부함

<Appendix C UAS Supplier>

1. USS(UAS Service Supplier)

USS는 UTM 생태계의 통합적 역할을 담당한다. USS는 UTM 참여자들을 지원하며, 안전한 무인기 운항 지원을 위한 다양한 능력과 서비스를 개발해

야 할 것이다. 즉, USS는 개별 UTM 참여자들이 직접 개발하고 접근하고 유지하는 데 부담이 되는 기반과 서비스를 제공한다. USS는 UTM 커뮤니티 전체가 확실하게 정보를 공유할 수 있도록 함으로써, UTM 커뮤니티 전체 참여자가 상황 경각심situational awareness을 공유하도록 하는 데 결정적 역할을 하게 된다.

(1) 의사소통 연결자(Communication Bridge)

USS는 무인기 운영자, FAAvia FIMS, SDSPs, 공공관련 기관 및 기타 관련자들 간에 운항관리에 필요한 정보공유를 위한 실시간 또는 준 실시간 의사소통 연결자 역할을 한다. USS는 중대한 안전 정보를 무인기 운영자와 FAA 및 다른 관련 기관 간에 전달하는 협조자 역할을 함으로써, 무인기 운영자들이 운항에 필요한 요건을 만족시키는 데 도움을 준다. 또한, 효율적이고 안전한 운항을 위한 서비스도 제공한다. USS는 관련 기관에 다음과 같은 정보를 협조하여 전파한다. (1) 운항자 의도, (2) 공역 제한 데이터, (3) 기상데이터, (4) 항공기 추적과 적정 운항 이행 데이터, (5) 감시 데이터, (6) RID 데이터, (7) 기타 운항 안전에 중요한 데이터. 이러한 정보들은 전략적 충돌회피, UVR 통보, 비행 중 충돌방지 감지 및 회피 기능, 위험물 회피, 지형 및 장애물 회피, RID 및 기타 가치 있는 서비스 등을 포함하는 여러 가지 서비스를 지원한다. 이와 같은 교환을 성공적으로 완수하기 위하여, USS는 FIMS, 다른 USS, SDSP 및 기타 공공기관과 직접적으로 또는 USS Network와 같은 중앙 USS 간의 소통과 협조 수단을 통하여 교류되어야 한다. USS 네트워크 내부USS-USS 또는 기타 지정된 기관들과의 정보 교환을 위한 공통적 필수요건을 잘 지켜야 함을 물론, 비행정보와 기타 데이터를 공표하는 표준적 프로토콜을 준수하여, 모든 참여자가 정보 흐름과 상황을 확실히 인식하도록 해야 한다.

(2) 수요와 수용능력의 균형(Demand/Capacity Balancing)

USS는 협조적 의사결정을 지원하고, 안전성과 공정성, 효율성을 위한 운영적 충돌 방지와 항공기 충돌회피를 지원한다. 사용자들이 공역을 경쟁적으로 사용하려고 하는 경우, USS 운영자의 협상능력과 비행계획 도구(예: 비행계획 기능, 공역환경설정 선택기능)는 협조적 의사결정을 돕거나 대안적인 비행의도 옵션을 제공하여 공정한 공역 접근이 훼손되지 않도록 하며, 수요/용량 불균형을 해소할 수 있도록 한다.

이러한 목적을 달성하기 위하여, USS는 목적 달성을 위한 요건을 갖추기 위한 도구와 능력을 개발하여 획득하여야 한다. 참여자들 간의 교류를 위해서 USS는 FIMS, 여타의 USS, SDSP, 공적 기관(예: 경찰, 응급서비스, 국방부서) 등에 직접적으로 또는 USS 간의 소통망, 또는 USS 네트워크와 같은 협조 능력을 통하여 정보를 교환하도록 해야 한다.

(3) 데이터 기록 집적(Data Archiving)

규제 당국으로서, FAA는 운영자들이 규칙과 규정을 준수하는지 모니터하고, 항공사고와 사건을 조사하며, 운영자들이 FAA 규정과 목표를 준수하는지 평가하기 위하여 운영 데이터를 수집하고 분석하며, 안전 위험성을 설정하여 안전 수준을 유지할 수 있는 운영자만 운항할 수 있도록 승인한다. USS들은 FAA의 분석과 규정, 운영자 책임 해명 등의 목적을 위해 필요한 운항데이터 세트를 기록용 데이터베이스에 집적archiving함으로써, FAA에 대한 자신들의 책임을 준수하는 데 도움을 준다. USS들은 FAA가 요구하면 이 데이터를 제출할 능력이 있어야 한다.

(4) 원격 아이디(Remote ID)

RID 성능은 일반 대중이나, FAA, 경찰 당국 및 기타 보안 당국이 원격으로 자신들의 담당 영역에서 비행하는 무인기를 식별할 수 있도록 하여 안전, 보안 수준을 향상한다.

부록 2

위험요인별 위험예측(Hazard Estimates) 시뮬레이션 기술 제안[1]

1_ 수동 조종 VLOS 운항 시나리오

1) 운항환경 및 기술적 성능 설정

(a) 공역은 U1 수준의 서비스를 제공함

(b) 지상에 사람의 존재가 희박하며, 지상 건조물도 저밀도 상황

(c) 지오펜스는 존재함

(d) 비행체 중량 150kg 이하

1 이 내용은 Christine Belcastro et al의 전게서가 분석한 결과를 토대로 하여 본 편저자가 구성한 것임.

2) 위험요인별 위험예측

(1) 항공기 제어능력 상실(Loss of Aircraft Control) 위험요인 시뮬레이션

■ 다음과 같은 제어능력 상실 요인별 시뮬레이션 수행

(a) 기체의 기능실패에 기인한 Loss of Aircraft Control

– 기체의 세부 기능(예: 제어시스템, 추력시스템, 비행시스템)별 결함에 따른 Loss of Control 시뮬레이션 수행

(b) 기상요소에 의한 Loss of Aircraft Control 시뮬레이션

– 비, 눈, 천둥, 바람Windshear/Turbulence에 의한 Loss of Control 시뮬레이션 수행

(c) 조종자 에러에 따른 Loss of Aircraft Control 시뮬레이션

– 발사 실패Unsuccessful Launch에 따른 Loss of Control 시뮬레이션 수행

– 장애물에 의한 불안정적/적극적 회피 기동에 따른 Loss of Control 수행

(d) EMIElectromagnetic Interference에 의한 Loss of Aircraft Control 시뮬레이션

■ 항공기 제어능력 상실 시뮬레이션에 의한 위험예측

(a) 부적절 비행궤적

(b) 배정된 지오펜스 이탈

(c) 비통제 하강 및 착륙(또는 지상충돌)

(2) 비행이탈(지오펜스 위반) 시뮬레이션

■ 다음과 같은 비행이탈 요인별 시뮬레이션 수행

(a) 통신/통제 링크 실패에 의한 비행이탈 시뮬레이션

(b) 웨이포인트Waypoint 오류에 의한 비행이탈 시뮬레이션

(c) GPS 실패/오류에 의한 비행이탈 시뮬레이션

(d) 오토파일럿 오류에 의한 비행이탈 시뮬레이션

(e) 조종자 오류에 의한 비행이탈 시뮬레이션

- 항공기 비행이탈 시뮬레이션에 의한 위험예측

  (a) 지상에서 항공기 통제 불가능

  (b) 항공기 위치 감시 불가능

  (c) 지상에서 항공기 비행 종결 불가능

  (d) 항공기의 배당 지오펜스 이탈

(3) 통신/통제 링크상실 위험요인 시뮬레이션

- 다음과 같은 통신/통제 링크상실 위험 원인별 시뮬레이션 수행

  (a) 무인기 기체 전자기파 간섭EMI at Vehicle

  (b) 모호한 신호Signal Obscureness

  (c) 주파수/BW 중첩

  (d) 지상통제시스템GCS 실패

- 통신/통제 링크상실 위험요인의 위험예측

  (a) 지상에서 항공기 통제 불가능

  (b) 항공기 위치 감시 불가능

  (c) 지상에서 비행종료 수행 불가능

  (d) 자동적 귀환Automated Return to Base

(4) 항법 능력 상실 위험요인 시뮬레이션

- 다음과 같은 항법능력 상실 위험 원인별 시뮬레이션 수행

  (a) 탑재 항법시스템의 실패

  (b) GPS 신호의 상실/오류

  (c) 지상통제소 셀업 오류Ground Station Setup Error)

■ 항법능력 상실 위험요인의 위험예측

(a) 이상적인 궤적 비행 불가능

(b) 의도적인 grounding

(5) 비의도적 비성공적 비행 종결 위험요인 시뮬레이션

■ 다음과 같은 비의도적 비성공적 비행종결 위험 원인별 시뮬레이션 수행

(a) 비행종결을 시도하거나 이행하는 절차 중 조종자 오류

(b) 비행종결 시스템의 오류/실패/기능장애

(c) 비행종결에 부정적 영향을 미치는 예상 밖의 바람 또는 기상

(d) 비행종결을 위한 조종자의 명령 링크 실패

■ 비의도적 비성공적 비행종결 위험요인의 위험예측

(a) 무인기의 착륙 또는 비안전 지역에 강제 충돌

(6) 지형 및 지상 장애물과의 충돌회피 불능/실패 위험요인 시뮬레이션

■ 다음과 같은 지형 및 지상 장애물과의 충돌회피 불능/실패 위험원인별 시뮬레이션 수행

(a) 조종자 오류 또는 어리석은 판단

(b) 바람/기상에 의한 비정상적 비행 궤적

(c) 장애물과 충돌을 유발하는 잘못된 Way points

(d) 부정확한 GPS 신호

(e) 부적절한 navigation/tracking

■ 지형 및 지상 장애물과의 충돌회피 불능/실패 요인에 의한 위험예측

(a) 건물/다리 등과의 충돌

(b) 전선 등과의 충돌

(c) 지상 차량과의 충돌

2_ 반자율 BVLOS 운항 시나리오

1) 운항환경 및 기술적 성능 설정

(a) 공역은 U2 수준의 서비스를 제공함

(b) 지상에 사람의 존재가 예상되며, 지상 건조물도 존재하는 상황

(c) 지오펜스 존재함

(d) 비행체 중량 150kg 이하

2) 위험요인별 위험예측

(1) 항공기 제어능력 상실(Aircraft Loss of Control) 시뮬레이션

■ 다음과 같은 제어능력 상실 원인별 시뮬레이션 수행

(a) 기체의 기능실패에 기인한 Loss of Aircraft Control 시뮬레이션

– 기체의 세부 기능(예: 제어시스템, 추력시스템, 비행시스템)별 결함에 따른 Loss of Control 시뮬레이션 수행

(b) 기상요소에 의한 Loss of Aircraft Control 시뮬레이션

– 비, 눈, 천둥, 바람Windshear/Turbulence에 의한 Loss of Control 시뮬레이션 수행

(c) 조종자 에러에 따른 Loss of Aircraft Control 시뮬레이션

– 발사 실패Unsuccessful Launch에 따른 Loss of Control 시뮬레이션 수행

– 장애물에 의한 불안정적/적극적 회피 기동에 따른 Loss of Control 수행

(d) EMIElectromagnetic Interference에 의한 Loss of Aircraft Control 시뮬레이션

(e) 유상하중, 무게중심 불안정에 의한 Loss of Aircraft Control 시뮬레이션

(f) 비행통제시스템의 부적절한 Resilience에 의한 Loss of Aircraft Control 시뮬레이션

(g) 물건 회수retrieval 시도에 따른 기체 불안정에 의한 Loss of Aircraft Control 시뮬레이션

(h) 악조건(예: 화재, 연기, 안개, 바닷물 접촉 등)에서 추력 또는 영상 시스템 실패에 의한 Loss of Aircraft Control 시뮬레이션

■ 항공기 제어능력 상실 시뮬레이션에 의한 위험예측

(a) 부적절 비행궤적

(b) 배정된 지오펜스 이탈

(c) 비통제 하강 및 착륙(또는 지상충돌)

(d) 유인기와의 공중 충돌

(e) 주요 지상 시설 충돌

(2) 항공기 비행이탈/지오펜스 위반 위험요인 시뮬레이션

■ 다음과 같은 항공기 비행이탈/지오펜스 위반 원인별 시뮬레이션 수행

(a) GPS 신호오류

(b) 네트워크 불가용Network unavailability

(c) 탑재 GPS 시스템 오류

(d) 항법중첩 결핍Lack of navigational redundancy

(e) GPS나 V-signal의 Jamming 또는 Spoofing

(f) 웨이포인트Way Points 오류

(g) 자동임무 플래너 오류Error in Autonomous Mission planner

■ 항공기 비행이탈/지오펜스 위반에 의한 위험예측

(a) 지상에서 항공기 통제 불가능

(b) 항공기 위치 감시 불가능

(c) 지상에서 항공기 비행종결 불가능

(d) 항공기의 배당 지오펜스 이탈

(e) 공통의 이유에 의한 광범위한 충돌 잠재

(3) 통신/통제 링크상실 위험요인 시뮬레이션

■ 다음과 같은 통신/통제 링크상실 위험원인에 대한 시뮬레이션 수행

(a) 무인기 기체 전자기파 간섭EMI at Vehicle

(b) 모호한 신호Signal Obscureness

(c) 주파수/BW 중첩

(d) 지상통제시스템GCS 실패

(e) 도심 환경에서의 GPS Drop-outs

(f) 무인기에 대한 EMI Weapon targeting

(g) 신호 Jamming/Spoofing

(h) 주파수/BW 차단

(i) 네트워크 사용 불가unavailability

■ 통신/통제 링크상실 위험요인 예측

(a) 원하는 궤적 비행 불가능

(b) 원격에 의한 비행종결 시도 불가능

(c) 공통적인 원인조건(예: 네트워크 상실, 광범위한 재밍 등)에 의한 광범위한 충돌 잠재력

(4) 항법 능력 상실 위험요인 시뮬레이션

■ 다음과 같은 항법능력 상실 위험원인에 대한 시뮬레이션 수행

(a) 탑재 항법시스템의 실패

(b) GPS 신호의 상실/오류

(c) 지상통제소 세트업 오류Ground Station Setup Error

(d) 무인기의 적대적인 강탈과 통제

(e) GPS/ADS–B 신호 부적절/Jamming/Spoofing

(f) 네트워크 불가용

(g) 저시정 상황에서 vision 시스템 부적절

(h) visual scene 인지 부적절

■ 항법능력 상실 위험요인 예측

(a) 이상적인 궤적 비행 불가능

(b) 의도적인 grounding

(c) 무인기 위치 부정확 또는 위치 결정 불가능

(d) 공통적 원인조건(예: GPS 신호 또는 Network 상실)에 의한 광범위한 충돌 잠재

(5) 비의도적 비성공적 비행종결 위험요인 시뮬레이션 수행

■ 다음과 같은 비의도적 비성공적 비행종결 위험 원인에 대한 시뮬레이션 수행

(a) 안전 착륙지역 RT 식별의 부적절한 데이터베이스

(b) 저시정 상황에서 Vision 시스템 부적절

(c) 비전 시스템에 의한 부적절한 Visual Scene 인지

(d) 비행종결 개시를 위한 조종자의 명령링크 또는 네트워크 실패

(e) 탑재된 비행종결 시스템의 실패/부적절

■ 비의도적 비성공적 비행종결 위험요인 예측

(a) 단/복수 무인기의 착륙 또는 비안전 지역에 강제 충돌

(6) 지형 및 지상 장애물과의 충돌회피 불능/실패 위험요인 시뮬레이션

■ 다음과 같은 지형 및 지상 장애물과의 충돌회피 불능/실패 원인별 시뮬레이션 수행

(a) 조종자 오류 또는 어리석은 판단

(b) 바람/기상에 의한 비정상적 비행 궤적

(c) 장애물과 충돌을 유발하는 잘못된 Way points

(d) 부정확한 GPS 신호

(e) 부적절한 navigation/tracking

(f) DAA or SAA 능력 부적절/불가능

(g) DAA SAA 시스템 디자인 혹은 validation 실패

(h) 저시정 상황에서 vision 시스템 실패 또는 부적절

(i) 장애물 탐지 누락

(j) 지형 데이터베이스의 오류/부적절/불완전

(k) 작고 얇은 물건(예: 전선) 감지 시스템 부적절/비효과적

(l) 주요 위험요인에 대한 회복력resilience 부적절

(m) 수상 플랫폼 발사/착륙 불안정

(n) 악조건(예: 화재, 연기, 재, 안개 등)에서 추력이나 vision 시스템 실패/부적절

■ 지형 및 지상 장애물과 충돌회피 불능/실패에 의한 위험요인 예측

(a) 건물/다리 등과의 충돌

(b) 전선이나 Sub-station과의 충돌

(c) 지상 차량과의 충돌

(d) 유/무인기와 공중 충돌

(e) 공통적 원인조건(예: 시정불량)에서 광범위한 충돌 잠재

3_ 자율, BVLOS 군집(또는 단일) 운항 시나리오

1) 운항환경 및 기술적 성능 설정

(a) 공역은 U3 수준의 서비스를 제공함

(b) 지상에 사람의 존재가 예상되며, 지상 건조물도 존재하는 상황

(c) 지오펜스 존재함

(d) 비행체 중량 150kg 이하

2) 위험요인별 위험 예측

(1) 항공기 제어능력 상실(Aircraft Loss of Control) 시뮬레이션

■ 다음과 같은 제어능력 상실 원인별 시뮬레이션 수행

(a) 기체의 기능실패에 기인한 Loss of Aircraft Control 시뮬레이션

– 기체의 세부 기능(예: 제어시스템, 추력시스템, 비행시스템)별 결함에 따른 Loss of Control 시뮬레이션 수행

(b) 기상요소에 의한 Loss of Aircraft Control 시뮬레이션

– 비, 눈, 천둥, 바람Wind shear/Turbulence에 의한 Loss of Control 시뮬레이션 수행

(c) 조종자 에러에 따른 Loss of Aircraft Control 시뮬레이션

– 발사 실패Unsuccessful Launch에 따른 Loss of Control 시뮬레이션 수행

– 장애물에 의한 불안정적/적극적 회피 기동에 따른 Loss of Control 수행

(d) EMIElectromagnetic Interference에 의한 Loss of Aircraft Control 시뮬레이션

(e) 운항 중 기체손상(예: 번개, 폭발, 방사능 유출 등)에 의한 Loss of

Aircraft Control 시뮬레이션

(f) 운항 악조건에 의한 Loss of Aircraft Control 시뮬레이션

(g) 군집비행의 연쇄적 요인cascading factor에 의한 Loss of Aircraft Control 시뮬레이션

(h) 예기치 않은 배터리 전력 고갈에 의한 Loss of Aircraft Control 시뮬레이션

■ 항공기 제어능력 상실 시뮬레이션에 의한 위험예측

(a) 부적절 비행궤적

(b) 배정된 지오펜스 이탈

(c) 비통제 하강 및 착륙(또는 지상충돌)

(d) 복수의 무인기 제어실패

(e) 유인기와의 공중 충돌

(f) 주요 지상 시설 충돌

(2) 비행이탈 시뮬레이션

■ 다음과 같은 비행이탈 원인별 시뮬레이션 수행

(a) GPS 신호오류에 의한 비행이탈 시뮬레이션

(b) 네트워크 불가용Network unavailability에 의한 비행이탈 시뮬레이션

(c) 탑재 GPS 시스템 오류에 의한 비행이탈 시뮬레이션

(d) 항법중첩 결핍Lack of navigational redundancy에 의한 비행이탈 시뮬레이션

(e) GPS나 V-signal의 Jamming 또는 Spoofing에 의한 비행이탈 시뮬레이션

(f) 웨이포인트Way Points 오류에 의한 비행이탈 시뮬레이션

(g) 자동 임무 플래너 오류Error in Autonomous Mission Planner에 의한 비행이탈 시뮬레이션

(h) 무인기들의 항법 능력 상실에 의한 비행이탈 시뮬레이션
(i) 부적절한 설계/인증, 또는 협조적 군집비행의 이행 및 증명 부적절에 의한 비행이탈 시뮬레이션
(j) 군집 드론 운영자들 간의 통신간섭현상에 의한 비행이탈 시뮬레이션
(k) 부적절한 우발사태 관리에 의한 비행이탈 시뮬레이션

■ **항공기 비행이탈 시뮬레이션에 의한 위험예측**

(a) 지상에서 항공기 통제 불가능
(b) 항공기 위치 감시 불가능
(c) 지상에서 항공기 비행종결 불가능
(d) 항공기의 배당 지오펜스 이탈
(e) 무인기 LOC 발생
(f) 공통의 이유에 의한 광범위한 충돌

(3) 통신/통제 링크상실 위험요인 시뮬레이션

■ **다음과 같은 통신/통제 링크상실 원인별 시뮬레이션 수행**

(a) 무인기 기체 전자기파 간섭EMI at Vehicle
(b) 모호한 신호Signal Obscureness
(c) 주파수/BW 중첩
(d) 지상통제시스템GCS 실패(3-1항의 위험원인 요소)
(e) 복수의 무인기 운영자 간의 통신 간섭(예: EMI 또는 주파수 분리 결핍)

■ **통신/통제 링크상실 위험요인 예측**

(a) 원하는 궤적 비행 불가능
(b) 원격에 의한 비행종결 시도 불가능
(c) 공통적인 원인조건(예: 네트워크 상실, 광범위한 재밍 등)에 의한

광범위한 충돌 잠재

(d) 다수의 무인기가 연루된 광범위한 비정상 결과의 잠재성

(4) 항법 능력 상실 위험요인 시뮬레이션

■ 다음과 같은 항법 능력 상실 원인별 시뮬레이션 수행

(a) 탑재 항법시스템의 실패

(b) GPS 신호의 상실/오류

(c) 지상통제소 세트업 오류Ground Station Setup Error

(d) 자율항법시스템 오류/실패/부적절

(e) 비정상 상황에서 회복력resilience 결핍

(f) 군집 무인기 자율화 시스템 차원의 오류 전달

■ 항법능력 상실에 따른 위험요인 예측

(a) 이상적인 궤적 비행 불가능

(b) 의도적인 grounding

(c) 무인기 위치 부정확 또는 위치 결정 불가능

(d) 공통적 원인조건(예: GPS 신호 또는 Network 상실)에 의한 광범위한 충돌 잠재

(e) 공통적 원인조건(예: GPS 신호 또는 Network 상실)과 군집 무인기 운영관련 에러 전파에 의한 광범위한 충돌 잠재

(5) 비의도적 비성공적 비행종결 위험요인 시뮬레이션

■ 다음과 같은 비의도적 비성공적 비행종결 원인별 시뮬레이션 수행

(a) 안전 착륙지역 RT 식별의 부적절한 데이터베이스

(b) 저시정 상황에서 Vision 시스템 부적절

(c) 비전시스템에 의한 부적절한 Visual Scene 인지

(d) 비행종결 개시를 위한 조종자의 명령링크 또는 네트워크 실패

(e) 탑재된 비행종결 시스템의 실패/부적절

(f) 군집 드론 비행종결 시스템과 협력 군집드론 운항의 부적절성

■ 비의도적 비성공적 비행 종결 위험요인 예측

(a) 낡은 무인기의 착륙 또는 비안전 지역에 강제 충돌 잠재

(6) 지형 및 지상 장애물과의 충돌회피 불능/실패 위험요인 시뮬레이션

■ 다음과 같은 지형 및 지상 장애물과의 충돌회피 불능/실패 원인별 시뮬레이션 수행

(a) 조종자 오류 또는 어리석은 판단

(b) 바람/기상에 의한 비정상적 비행 궤적

(c) 장애물과 충돌을 유발하는 잘못된 Way points

(d) 부정확한 GPS 신호

(e) 부적절한 navigation/tracking

(f) DAA or SAA 능력 부적절/불가능

(g) DAA SAA 시스템 디자인 혹은 validation 실패

(h) 저시정 상황에서 vision 시스템 실패 또는 부적절

(i) 장애물 탐지 누락

(j) 지형 데이터베이스의 오류/부적절/불완전

(k) 작고 얇은 물건(예: 전선) 감지 시스템 부적절/비효과적

(l) 주요 위험요인에 대한 회복력 resilience 부적절

(m) 수상 플랫폼 발사/착륙 불안정

(n) 악조건(예: 화재, 연기, 재, 안개 등)에서 추력이나 vision 시스템 실패/부적절

■ 지형 및 지상 장애물과의 충돌회피 불능/실패 위험요인 예측

(a) 건물/다리 등과의 충돌

(b) 전선이나 Sub-station과의 충돌

(c) 지상 차량과의 충돌

(d) 유/무인기와 공중 충돌

(e) 공통적 원인조건(예: 시정불량)에서 광범위한 충돌 잠재

(f) 공통적 원인조건(예: 시정불량)에서 광범위한 충돌 잠재와 군집비행에 의한 오류 전파

4_ 무인기 착륙 수행 시나리오

1) 착륙 수행 절차 및 환경 설정

(a) 항공기 착륙을 위한 안전지대

(b) 한 대의 무인기가 수동 조종으로 착륙 시도

2) 착륙 위험 원인 및 위험요인 예측

■ 다음과 같은 착륙 위험 원인별 시뮬레이션 수행

(a) 불안정한 접근

(b) 조종자 실수

■ 착륙 실패 위험요인 예측

(a) 비정상적 활주로 접촉

(b) 충돌 착륙

5_ 악의적 원격 강탈과 무인기 통제 탈취 시나리오

1) 시나리오 환경 설정

(a) 자율 또는 반자율 무인기

(b) 한 대 또는 군집드론 운항

(c) 도시지역(고밀도), BVLOS 운항

2) 위험 원인 및 위험요인 예측

- 다음과 같은 악의적 원격 강탈/통제 탈취 원인별 시뮬레이션 수행

  (a) 운영자 또는 UTM에 Cyber Security Data 결핍

  (b) 정교한 테러위협 수준의 증가

- 악의적 원격 강탈과 무인기 통제 탈취 위험요인 예측

  (a) 무인기가 운영자의 통제하에 있지 않음

  (b) 많은 무인기의 동시 강탈 잠재

6_ 불량/무법적 무인기(Rogue/Non-compliant UAS) 시나리오

1) 시나리오 환경 설정

(a) 도시지역, 고밀도 상황의 BVLOS 운항

(b) 불량, 불법적 무인기와 조우

2) 위험 원인 및 위험요인 예측

- 다음과 같은 위험 원인별 시뮬레이션 수행

  (a) UTM 시스템이 불량/불법적 무인기 운항 정지 불능

  (b) 불량 무인기를 탐지/억제할 수 있는 능력 부재

  (c) 불량 무인기를 탐지/억제할 수 있는 방법이 비효과적임

  (d) 불량 무인기 탐지/억제 실패

- 불량/불법적 무인기 위험요인 예측

  (a) 단/복수의 무인기가 UTM 시스템 내에서 운항하지 않음

  (b) 단/복수의 부인기가 배정된 지오펜스 내에서 운항하지 않음

  (c) 단/복수의 무인기의 비행 계획이 동일한 UTM 내에서 운항하는 다른 운영자들에게 알려지지 않음

  (d) 광범위한 불법 무인기 관련 문제 야기

참고 문헌

- Belcastro et al(2017), Hazards Identification and Analysis for Unmanned Aircraft System Operations, AIAA Aviation Forum.
- CORUS(2019), U-Space Concept of Operations, EUROCONTROL.
- Drone Industry Insights(2015), Safety Risk Assessment for UAV.
- Eurocontrol(2023), U-space Airspace Risk Assessment, Method and Guidelines - Volume 1.
- FAA(2020), Concept of Operations, Unmanned Aircraft System UAS) Traffic Management UTM), Federal Aviation Administration, USA.
- Hobbs, Alan(2010), Human Factors in Unmanned Aircraft Systems.
- Hobbs, A. and Lyall, B.(2016), Human Factors Guidelines for Unmanned Aircraft Systems.
- ICAO(2020), Unmanned Aircraft Systems Traffic Management (UTM) - A Common Framework with Core Principles for Global Harmonization, International Civil Aviation Organization.
- ICAO(2011), Circular 328-AN/190, "Unmanned Aircraft Systems (UAS).
- ICAO(2020), MODEL UAS REGULATIONS.
- JARUS(2017), JARUS guidelines on Specific Operations Risk Assessment (SORA), Joint Authorities for Rulemaking for Unmanned Systems.
- Kay Wackwitz and Hendrik Boedecker(2015), Safety Risk Assessment for UAV Operation, Drone Industry Insights, Hamburg German.
- Kelly J. Hayhurst, Jeffrey M. Maddalon, Paul S. Miner, Michael P. DeWalt, G. Frank McCormick(2006), UNMANNED AIRCRAFT HAZARDS AND THEIR IMPLICATIONS FOR REGULATION, 25th Digital Aviaonics System Conference.
- Kevin W. Williams(2006), Human Factors Implications of Unmanned Aircraft Accidents: Flight-Control Problems, FAA.

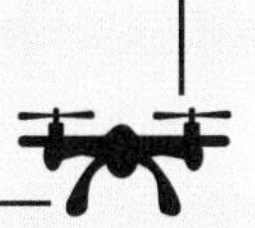

- Kopardekar, Parmial, Unmanned Aerial System(UAS) Traffic Management(UTM): Enabling Low-Altitude Airspace and UAS Operations, Appendix A, NASA, USA.
- McCarley J. and Wickens, C., Human Factors Concerns in UAV Flight, University of Illinois at Urbana Champagne.
- Mangesh Ghonge et al(2013), Review of Unmanned Aircraft System, International Journal of Advanced Research in Computer Engineering & Technology (IJARCET) Volume 2.
- NASA(2014), Unmanned Aerial System(UAS) Traffic Management (UTM): Enabling Low-Alatitude Airspace and UAS Operations, NASA/TM, 2014-218299.
- Reece A. Clothier and Rodney A. Walker(2013), The Safety Risk Management of Unmanned Aircraft Systems, Handbook of Unmanned Aerial Vehicles.
- Suraj G. Gupta et al(2013), Review of Unmanned Aircraft System (UAS), International Journal of Advanced Research in Computer Engineering & Technology.
- 바른생활(2019), "드론 역사와 발전과정 미래영상," 네이버블로그(https://blog.naver.com/erke2000/221697675770?isInf=true).
- 박찬석(2015), "드론에 대한 이해," 네이버블로그.
- 안진영(2015), 세계의 민간 무인항공시스템(UAS) 관련 규제 현황, 한국항공우주연구원.

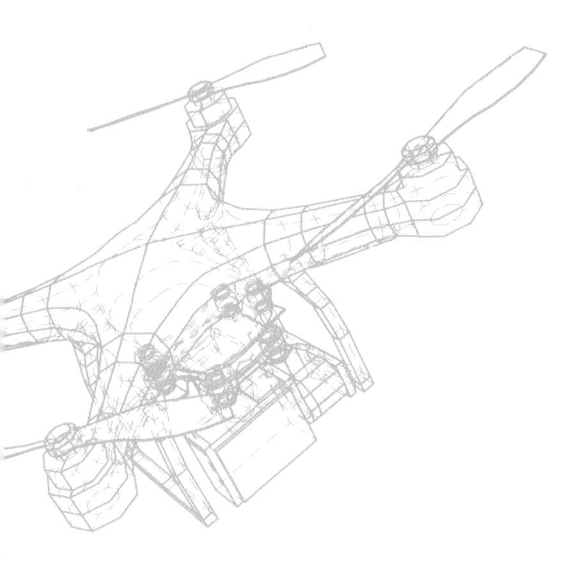

편저자 소개

유광의 박사(항공교통 전공)

한국항공대학교 명예교수

(주)루다시스(항공교통 R&D 연구소) 전문위원

한국항공대학교 항공교통물류학부 정교수(1997~2021)

저자와의
합의하에
인지첩부
생략

무인기 교통관리와 운항안전

2024년 1월 5일 초판 1쇄 인쇄
2024년 1월 10일 초판 1쇄 발행

편저자 유광의
펴낸이 진욱상
펴낸곳 (주)백산출판사
교 정 박시내
본문디자인 신화정
표지디자인 오정은

등 록 2017년 5월 29일 제406-2017-000058호
주 소 경기도 파주시 회동길 370(백산빌딩 3층)
전 화 02-914-1621(代)
팩 스 031-955-9911
이메일 edit@ibaeksan.kr
홈페이지 www.ibaeksan.kr

ISBN 979-11-6567-734-3 93550
값 25,000원